BIM 造价软件应用实训系列教程

BIM 建筑工程计量与计价实训（安徽版）

BIM Jianzhu Gongcheng
Jiliang yu Jijia Shixun

主　编　徐洁玲　张玲玲

副主编　管林松　杨　洋

重庆大学出版社

内容简介

本书分建筑工程计量和建筑工程计价上、下两篇。上篇建筑工程计量详细介绍了如何识图，如何从安徽省清单定额和平法图集角度进行分析，确定算什么，如何算的问题；讲解了如何应用广联达BIM土建计量平台GTJ软件完成工程量的计算。下篇建筑工程计价主要介绍了如何依据安徽省清单和定额，运用广联达云计价平台GCCP完成工程量清单计价的全过程，并提供了报表实例。通过本书的学习，可以让学生掌握正确的算量流程和组价流程，掌握软件的应用方法，能够独立完成工程量计算和清单计价。

本书可作为高校工程造价专业的实训教材，也可作为GIAC工程造价电算化应用技能认证考试教材，以及建筑工程技术、工程管理等专业的教学参考用书和岗位技能培训教材。

图书在版编目(CIP)数据

BIM 建筑工程计量与计价实训：安徽版/徐洁玲，
张玲玲主编.--重庆：重庆大学出版社，2022.9
BIM 造价软件应用实训系列教程
ISBN 978-7-5689-3496-1

Ⅰ.①B…　Ⅱ.①徐…②张…　Ⅲ.①建筑工程—计量
—应用软件—教材②建筑造价—应用软件—教材　Ⅳ.
①TU723.32

中国版本图书馆 CIP 数据核字(2022)第 142337 号

BIM 建筑工程计量与计价实训

（安徽版）

主　编　徐洁玲　张玲玲
副主编　管林松　杨　洋
策划编辑：林青山

责任编辑：姜　凤　　版式设计：林青山
责任校对：刘志刚　　责任印制：赵　晟

*

重庆大学出版社出版发行
出版人：饶帮华
社址：重庆市沙坪坝区大学城西路 21 号
邮编：401331
电话：(023)88617190　88617185(中小学)
传真：(023)88617186　88617166
网址：http://www.cqup.com.cn
邮箱：fxk@cqup.com.cn(营销中心)
全国新华书店经销
重庆升光电力印务有限公司印刷

开本：787mm×1092mm　1/16　印张：22.75　字数：569 千
2022 年 9 月第 1 版　　2022 年 9 月第 1 次印刷
印数：1—2 000
ISBN 978-7-5689-3496-1　定价：59.00 元

出版说明

    2012年,广联达公司联合国内众多院校,组织编写了第一版《广联达工程造价实训系列教程》,解决了当时国内急需造价实训教材的问题;2017年,对系列教材进行了修订再版。出版以来,本系列教材所服务的师生累计已经超过50万人次,促进了广大建筑院校的实训教学的发展。

    随着科学技术日新月异的发展,近些年来"云、大、移、智"等技术深刻影响着社会的方方面面,数字建筑时代也悄然到来。建筑业传统建造模式已不再符合可持续发展的要求,迫切需要利用以信息技术为代表的现代科技手段,实现中国建筑产业转型升级与跨越式发展。在国家政策倡导下,积极探索基于信息化技术的现代建筑业的新材料、新工艺、新技术发展模式已成大势所趋。中国建筑产业转型升级就是以互联化、集成化、数据化、智能化的信息化手段为有效支撑,通过技术创新与管理创新,带动企业与人员能力的提升,最终实现建造过程、运营过程、建筑及基础设施产品三方面的升级。数字建筑集成了人员、流程、数据、技术和业务系统,管理建筑物从规划、设计开始到施工、运维的全生命周期。数字时代,建筑将呈现数字化、在线化、智能化的"三化"新特性,建筑全生命周期也呈现出全过程、全要素、全参与方的"三全"新特征。

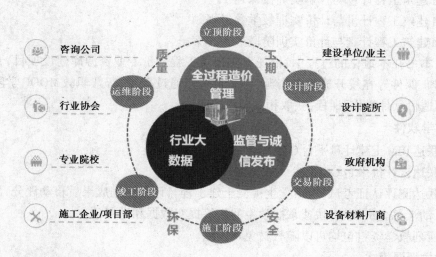

    在工程造价领域,住房和城乡建设部于2017年发布《工程造价事业发展"十三五"规划》的通知,提出要加强对市场价格信息、造价指标指数、工程案例信息等各类型、各专业造价信息的综合开发利用。提出利用"云 + 大数据"技术丰富多元化信息服务种类,培育全过程工程咨询,建立健全合作机制,促进多元化平台良性发展。提出了大力推进 BIM 技术在工程造价事业中的应用,大力发展以 BIM、大数据、云计算为代表的先进技术,从而提升信息服务能力,构建信息服务体系。造价改革顶层设计为工程造价领域指出了以数据为核心的发展方向,也为数字化指明了方向。

产业深刻变革的背后,需要新型人才。为了顺应新时代、新建筑、新教育的趋势,广联达科技股份有限公司(以下简称"广联达公司")再次联合国内各大院校,组织编写新版《广联达BIM工程造价实训系列教程》,以帮助院校培养建筑行业的新型人才。新版教材编制框架分为7个部分,具体如下:

①图纸分析:解决识图的问题。

②业务分析:从清单、定额两个方面进行分析,解决本工程要算什么以及如何算的问题。

③如何应用软件进行计算。

④本阶段的实战任务。

⑤工程实战分析。

⑥练习与思考。

⑦知识拓展。

新版教材、配套资源以及授课模式讲解如下:

1.系列教材及配套资源

本系列教材包含案例图集《1号办公楼施工图(含土建和安装)》和分地区版的《BIM建筑工程计量与计价实训》两本教材配套使用。为了方便教师开展教学,与目前新清单、新定额(安徽省18清单和安徽省18定额)、平法图集相配套,切实提高实际教学质量,按照新的内容全面更新实训教学配套资源。具体教学资源如下:

①BIM建筑工程计量与计价实训教学指南。

②BIM建筑工程计量与计价实训授课PPT。

③BIM建筑工程计量与计价实训教学参考视频。

④BIM建筑工程计量与计价实训阶段参考答案。

同时,本书在本地化的过程中,依托重庆市级工程造价专业资源库建设项目,开发了相应教学视频、课件等在线开放教学资源,学生也可以通过登录"智慧职教MOOC学院",搜索"建设工程造价软件操作"课程,获取相关教学资源。

2.教学软件

①广联达BIM土建计量平台GTJ。

②广联达云计价平台GCCP。

③广联达测评认证考试平台:学生提交土建工程／计价工程成果后自动评分,出具评分报告,并自动汇总全班成绩,快速掌握学生的作答提交数据和学习情况。

以上所列教学资料包均可以随教材免费提供。

3.教学授课模式

在授课方式上,建议老师采用"团建八步教学法"模式进行教学,充分合理、有效利用课程资料包的所有内容,高效完成教学任务,提升课堂教学效果。

何为团建? 团建就是将班级学生按照成绩优劣等情况合理地搭配分成若干个小组,有效地形成若干个团队,形成共同学习、相互帮助的小团队。同时,老师引导各个团队形成不同的班级管理职能小组(学习小组、纪律小组、服务小组、娱乐小组等)。授课时老师组织引导各职能小组发挥作用,帮助老师有效管理课堂和自主组织学习。本授课方法主要以组建团队为主导,以团建的形式培养学生的自我组织学习、自我管理能力,形成团队意识、竞争意识。在实训过程中,所有学生以小组团队身份出现。老师按照"八步教学法"的步骤,首先对整个实训工程案例进行切片式阶段任务设计,每个阶段任务利用"八步教学法"合理贯穿实施。整个课程利用我们提供的教学资料包进行教学,备、教、练、考、评一体化课堂设计,老师主要扮演组织者、引导者角色,学生作为实训学习的主体,发挥主要作用,实训效果在学生身上得到充分体现。

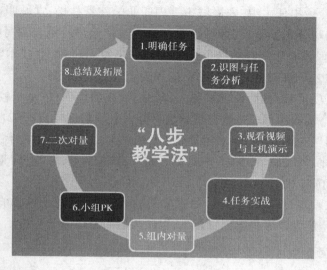

"八步教学法"授课操作流程如下:

第一步,明确任务:本堂课的任务是什么;该任务是在什么情境下;该任务的计算范围(哪些项目需要计算,哪些项目不需要计算)。

第二步,识图与业务分析(结合案例图纸):以团队的方式进行图纸及业务分析,找出各任务中涉及构件的关键参数及图纸说明,从定额、清单两个角度进行业务分析,确定算什么,如何算。

第三步,观看视频与上机演示:老师采用播放完整的案例操作及业务讲解视频,也可以自行根据需要上机演示操作,主要是明确本阶段的软件应用的重要功能,操作上机的重点及难点。

第四步,任务实战:老师根据已布置的任务,规定完成任务的时间,团队学生自己动手操作,配合老师辅导指引,在规定时间内完成阶段任务。学生在规定时间内完成任务后,提交个人成果至考试平台自动评分,得出个人成绩;老师在考试平台直接查看学生的提交情况和成绩汇总。

第五步,组内对量:评分完毕后,学生根据每个人的成绩,在小组内利用云对比进行对量,讨论完成对量问题,如找问题、查错误、优劣搭配、自我提升。老师要求每个小组最终出具一份能代表小组实力的结果文件。

第六步,小组PK:每个小组上交最终成果文件后,老师再次使用评分软件进行评分,测出各个小组的成绩优劣,希望能通过此成绩刺激小组的团队意识以及学习动力。

第七步,二次对量:老师下发标准答案,学生再次利用云对比与标准答案进行结果对比,从而找出错误点加以改正。掌握本堂课所学内容，提升自己的能力。

第八步，总结及拓展：学生小组及个人总结；老师针对本堂课的情况进行总结及知识拓展，最终共同完成本堂课的教学任务。

随着高校对实训教学的深入开展，广联达教育事业部造价组联合全国高校资深专业教师，倾力打造完美的造价实训课堂。

本书由广联达公司张玲玲负责组织制订编写思路及大纲，安徽城市管理职业学院徐洁玲、广联达公司张玲玲担任主编；安徽城市管理职业学院管林松、宣城职业技术学院杨洋担任副主编。具体编写分工如下：安徽城市管理职业学院徐洁玲负责编写第8—11章、第13、14章；安徽城市管理职业学院管林松负责编写第1—5章；宣城职业技术学院杨洋负责编写第6章、第7章、第12章；张玲玲负责编写绪论和附录。

本书得到以下项目基金资助：安徽省高等学校提质培优项目"基于校企双元合作的《建筑工程计量与计价》实训课程职业教育规划教材开发"（项目编号：TZ2021—GHJC007）、安徽省级质量工程项目"工程造价专业结构优化调整与专业改造（项目编号：2021zyyh002）"、安徽城市管理职业学院校级质量工程——规划教材项目"BIM建筑工程计量与计价实训（安徽版）（项目编号：2020ghjc01）。

本系列教材在编写过程中，虽然经过反复斟酌和校对，但由于编者能力有限，书中难免存在不足之处，诚望广大读者提出宝贵意见，以便再版时修改完善。

徐洁玲

2022年5月

目录
CONTENTS

0 绪　论

1)BIM给造价行业带来的优势

(1)提高工程量计算的准确性

从理论上讲,从工程图纸上得出的工程量应是一个唯一确定的数值,然而在实际手工算量工作中,不同的造价人员对图纸的理解不同,以及数值取定存在差异,最后会得到不同的数据。利用BIM技术计算工程量,主要是运用三维图形算量软件中的建模法和数据导入法。建模法是在计算机中绘制建筑物基础、墙、柱、梁、板、楼梯等构件模型图,然后软件根据设置的清单和定额工程量计算规则,充分利用几何数学的原理自动计算工程量。计算时以楼层为单位,在计算机界面上输入相关构件数据,建立整栋楼层基础、墙、柱、梁、板、楼梯等的建筑模型,根据建好的模型进行工程量计算。数据导入法是将工程图纸的CAD电子文档直接导入三维图形算量软件,软件会智能识别工程设计图中的各种建筑结构构件,快速虚拟出仿真建筑,结合对构件属性的定义,以及对构件进行转化就能准确计算出工程量。这两种基于BIM技术计算工程量的方法,不仅可以减少造价人员的工作误差,同时利用BIM算量模型还可以使工程量的计算更加准确、可靠。BIM的5D模型可以为整个项目的各个时期的造价管理提供精确依据,再通过模型获得施工各个时期甚至任意时间段的工程量,大大降低了造价人员的计算量,极大地提高了工程量的准确性。

(2)提升工程结算效率

工程结算中一个比较麻烦的问题就是核对工程量。尤其对于单价合同而言,在单价确定的情况下,工程量对合同总价的影响甚大,因此核对工程量就显得尤为重要。钢筋、模板、混凝土、脚手架等在工程中被大量采用的材料,都是造价工程师核对工程量的要点,需要耗费大量的时间和精力。BIM技术引入后,承包商利用BIM模型对该施工阶段的工程量进行一定的修改及深化,并将其包含在竣工资料里提交给业主,经过设计单位审核后,作为竣工图的主要组成部分之一转交给咨询公司进行竣工结算,施工单位和咨询公司基于这个BIM模型导出的工程量是一致的。这就意味着承包商在提交竣工模型的同时也提交了工程量,设计单位在审核模型的同时就已经审核了工程量。也就是说,只要是项目的参与人员,无论是咨询单位、设计单位,还是施工单位或者是业主,所有获得该BIM模型的单位和个人,得到的工程量都是一样的,从而大大提高了工程结算的效率。

(3)提高核心竞争力

造价人员是否会被BIM技术所取代呢？其实不然,只要造价人员积极了解BIM技术给造价行业带来的变革,积极提升自身的能力,就不会被取代。

当然,如果造价人员的核心竞争力仅体现在对数字核对、计算等简单重复的工作上,那么软件的高度自动化计算一定会取代造价人员。相反,如果造价人员掌握了一些软件很难取代的知识,比如精通清单、定额、项目管理等,BIM软件还将成为提高造价人员专业能力的好帮手。因此,BIM技术的引入和普及发展,不过是淘汰专业技术能力差的从业人员。算量是基础,软件只是减小了工作强度,这样会让造价人员的工作不再局限于算量这一小部分,而是上升到对整个项目的全面掌控,例如全过程造价管理、项目管理、精通合同、施工技术、法律法规等能显著提高造价人员核心竞争力的专业能力,能为造价人员带来更好的职业发展。

2)BIM在全过程造价管理中的应用

（1）BIM在投资决策阶段的应用

投资决策阶段是建设项目最关键的一个阶段,它对项目工程造价的影响高达80%~90%,利用BIM技术,可以通过相关的造价信息以及BIM数据模型上较精确地预估不可预见费用,降低风险,从而更加准确地确定投资估算。在进行多方案比选时,还可通过BIM技术进行方案的造价对比,选择更合理的方案。

（2）BIM在设计阶段的应用

设计阶段对整个项目工程造价管理有十分重要的影响。通过信息交流平台,各参与方可以在早期介入建设工程中。在设计阶段使用的主要措施是限额设计,通过它可以对工程变更进行合理控制,确保总投资不增加。完成建设工程设计图纸后,将图纸内的构成要素通过BIM数据库与相应的造价信息相关联,实现限额设计的目标。

在设计交底和图纸审查时,通过BIM技术,可以将与图纸相关的各个内容汇总到BIM平台进行审核。利用BIM的可视化模拟功能,进行模拟、碰撞检查,减少设计失误,降低因设计错误或设计冲突导致的返工费用,实现设计方案在经济和技术上的最优。

（3）BIM在招投标阶段的应用

BIM技术的推广与应用,极大地促进了招投标管理的精细化程度和管理水平。招标单位通过BIM模型可以准确地计算出招标所需的工程量,编制招标文件,最大限度地减少施工阶段因工程量问题产生的纠纷。投标单位的商务标是基于较为准确的模型工程量清单基础上制订的,同时可以利用BIM模型进一步完善施工组织设计,进行重大施工方案预演,做出较为优质的技术标,从而综合有效地制订本单位的投标策略,提高中标率。

（4）BIM在施工阶段的应用

在进度款支付时,往往会因为数据难以统一而花费大量的时间和精力,利用BIM技术中的5D模型可以直观地反映不同建设时间点的工程量完成情况,并及时进行调整。BIM还可以将招投标文件、工程量清单、进度款审核等进行汇总,便于成本测算和工程款的支付。另外,利用BIM技术的虚拟碰撞检查,可以在施工前发现并解决碰撞问题,有效地减少变更次数,从而有利于控制工程成本,加快工程进度。

（5）BIM在竣工验收阶段的应用

传统模式下的竣工验收阶段,造价人员需要核对工程量,重新整理资料,审核计算细化到具体的梁、柱,并且由于造价人员的经验水平和计算逻辑不尽相同,因此在对量过程中经常出现争议。

BIM模型可将前几个阶段的量价信息进行汇总,真实完整地记录此过程中发生的各项数据,提高工程结算效率并更好地控制建造成本。

3)BIM对建设工程全过程造价管理模式带来的改变

（1）建设工程项目采购模式的变化

建设工程全过程造价管理作为建设工程项目管理的一部分,其能否顺利开展和实施与建设工程项目采购模式(承发包模式)是密切相关的。

目前,在我国建设工程领域应用最为广泛的采购模式是DBB模式,即设计—招标—施工模式。在DBB模式下应用BIM技术,可为设计单位提供更好的设计软件和工具,增强设计效果,但是由于缺乏各阶段、各参与方之间的共同协作,BIM技术作为信息共享平台的作用和价值将难以实现,BIM技术在全过程造价管理中的应用价值将被大大削弱。

相对于DBB模式,在我国目前的建设工程市场环境下,DB模式(设计—施工模式)更加有利于BIM的实施。在DB模式下,总承包商从项目开始到项目结束都承担着总的管理及协调工作,有利于BIM在全过程造价管理中的实施,但是该模式下也存在着业主过于依赖总承包商的风险。

（2）工作方式的变化

传统的建设工程全过程造价管理是从建设工程项目投资决策开始,到竣工验收直至试运行投产为止,对所有的建设阶段进行全方位、全面的造价控制和管理,其工作方式为业主主导,具体由一家造价咨询单位承担全过程的造价管理工作。这种工作方式能够有效避免多头管理,利于明确职责与规避风险,使全过程造价管理工作系统地开展与实施。但在这种工作方式下,项目参建各参与方无法有效融入造价管理全过程。

在基于BIM的全过程造价管理体系下,全过程造价管理工作不再仅仅是造价咨询单位的职责,甚至不是由其承担主要职责。项目各参与方在早期便介入项目中,共同进行全过程造价管理,工作方式不再是传统的由造价咨询单位与各个参与方之间的"点对点"的形式,而是各个参与方之间的造价信息都聚集在BIM信息共享平台上,组成信息"面"。因此,工作方式变成造价咨询单位、各个项目参与方与BIM平台之间的"点对面"的形式,信息的交流由"点"升级为"面",信息传递更为及时、准确,造价管理的工作效率也更高。

（3）组织架构的变化

传统的建设工程全过程造价管理的工作组织架构较为简单,负责全过程造价管理的造价咨询单位是组织架构中的主导,项目各参与方之间的造价管理人员配合造价咨询单位完成全过程造价管理工作。

在基于BIM的建设工程全过程造价管理体系下,项目各参与方最理想的组织架构应该类似于集成项目交付(Integrated Project Delivery,IPD)模式下的组织架构,即由各参与方抽调具备BIM技术的造价管理人员,组建基于BIM的造价管理工作小组(该工作小组不再以造价咨询单位为主导,甚至可以不再需要造价咨询单位的参与)。这个基于BIM的造价管理工作小组以业主为主导,从建设工程项目投资决策阶段开始,到项目竣工验收直至试运行投产为止,贯穿建设工程的所有阶段,涉及所有项目参与方,承担建设工程全过程的造价管理工作。这种组织架构有利于BIM信息流的集成与共享,有利于各阶段之间、各参与方之间造价管理工作的协调与合作,有利于建设工程全过程造价管理工作的开展与实施。

国外大量成功的实践案例证明,只有找到适合BIM特点的项目采购模式、工作方式、组织架构，才能更好地发挥BIM的应用价值，更好地促进基于BIM的建设工程全过程造价管理体系的实施。

4)将BIM应用于建设工程全过程造价管理的障碍

（1）具备基于BIM的造价管理能力的专业人才缺乏

基于BIM的建设工程全过程造价管理，要求造价管理人员在早期便参与到建设工程项目中来，参与决策、设计、招投标、施工、竣工验收等全过程，从技术、经济的角度出发，在精通造价管理知识的基础上，熟知BIM应用技术，制订基于BIM的造价管理措施及方法，能够通过BIM进行各项造价管理工作的实施，与各参与方之间进行信息共享、组织协调等工作，这对造价管理人员的素质要求更为严格。显然，在我国目前的建筑业环境中，既懂BIM，又精通造价管理的人才十分缺乏，这些都不利于我国BIM技术的应用及推广。

（2）基于BIM的建设工程全过程造价管理应用模式障碍

BIM意味着一种全新的行业模式，而传统的工程承发包模式并不足以支持BIM的实施，因此需要一种新的适应BIM特征的建设工程项目采购模式。目前应用最为广泛的BIM应用模式是集成产品开发（Integrated Product Development，IPD）模式，即把建设单位、设计单位、施工单位及材料设备供应商等集合在一起，各方基于BIM进行有效合作，优化建设工程的各个阶段，减少浪费，实现建设工程效益最大化，进而促进基于BIM的全过程造价管理的顺利实施。IPD模式在建设工程中收到了很好的效果，然而即使在国外，也是通过长期的摸索，最终形成了相应的制度及合约模板，才使得IPD模式的推广应用成为可能。将BIM技术引入我国建筑业中，IPD是一个很好的可供借鉴的应用模式，然而由于我国当前的建筑工程市场仍不成熟，相应的制度需进一步完善，与国外的应用环境差别较大，因此IPD模式在我国的应用及推广也会面临很多问题。

上篇
建筑工程计量

1 算量基础知识

通过本章的学习,你将能够:
(1)掌握软件算量的基本原理;
(2)掌握软件算量的操作流程;
(3)掌握软件绘图的操作要点;
(4)能够正确识读建筑施工图和结构施工图。

1.1 软件算量的基本原理

通过本节的学习,你将能够:
掌握软件算量的基本原理。

建筑工程量计算是一项工作量极大的工作,工程量计算的算量工具也随着信息化技术的发展,经历了算盘、计算器、计算机表格、计算机建模等几个阶段,如图1.1所示。现阶段我们利用建筑模型进行工程量的计算。

目前,建筑设计输出的图纸绝大多数采用二维设计,提供建筑的平、立、剖面图纸,对建筑物进行表达。而建模算量则是将建筑平、立、剖面图结合,建立建筑的三维空间模型。模型的正确建立可以准确地表达各类构件之间的空间位置关系,土建算量软件则按内置计算规则计算各类构件的工程量,构件之间的扣减关系则根据模型由程序进行处理,从而准确计算出各类构件的工程量。为方便工程量的调用,将工程量以代码的方式提供,清单和定额则可以直接套用,如图1.2所示。

图1.1

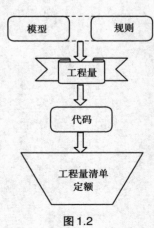

图1.2

通过使用土建算量软件进行工程量计算,已经实现了从手工计算到建立建筑模型的转变。但无论是手工算量还是软件算量,都有一个基本的要求,那就是知道算什么、如何算。知道算什么,是做好算量工作的第一步,也就是业务关,手工算、软件算只是采用了不同的手段而已。

软件算量的重点:一是快速地按照图纸的要求,正确地建立建筑模型;二是将算出来的工程量和工程量清单与定额进行关联;三是掌握特殊构件的处理并灵活应用。

1.2 软件算量操作

通过本节的学习,你将能够:
掌握软件算量的基本操作流程。

在进行实际工程的绘制和计算时,GTJ相对于以往的GCL与GGJ来说,在操作上有很多相同的地方,但在流程上更加有逻辑性,也更简便,大体流程如图1.3所示。

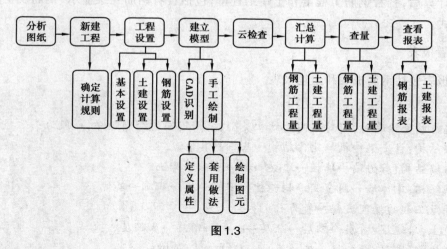

图1.3

1)分析图纸

拿到图纸后应先分析图纸,熟悉工程建筑结构图纸说明,正确识读图纸。

2)新建工程/打开文件

启动软件后,会出现新建工程的界面,单击左键即可,如果已有工程文件,单击打开文件即可,详细步骤见"2.1新建工程"部分内容。

3)工程设置

工程设置包括基本设置、土建设置和钢筋设置三大部分。在基本设置中可以进行工程信息和楼层设置;在土建设置中可以进行计算设置和计算规则设置;在钢筋设置中可以进行计算设置、比重设置、弯钩设置、损耗设置和弯曲调整值设置。

4）建立模型

建立模型有两种方式：第一种是通过CAD识别，第二种是通过手工绘制。CAD识别包括识别构件和识别图元。手工绘制包括定义属性、套用做法及绘制图元。在建模过程中，可以通过建立轴网→建立构件→设置属性/做法套用→绘制构件完成建模。轴网的创建可以为整个模型的创建确定基准，建立的构件包括柱、墙、门窗洞、梁、板、楼梯、装修、土方、基础等在内的构件。新创建出的构件需要设置属性，并进行做法套用，包括清单和定额项的套用。最后，在绘图区域将构件绘制到相应的位置即可完成建模。

5）云检查

模型绘制好后可以进行云检查，软件会从业务方面检查构件图元之间的逻辑关系。

6）汇总计算

云检查无误后，进行汇总计算，计算钢筋和土建工程量。

7）查量

汇总计算后，查看钢筋工程量和土建工程量，包括查看钢筋三维显示、钢筋及土建工程量的计算式。

8）查看报表

查看报表包括钢筋报表和土建报表。

【说明】

在进行构件绘制时，针对不同的结构类型，采用不同的绘制顺序，一般为：

框架结构：柱→梁→板→砌体结构→基础→其他。

剪力墙结构：剪力墙→墙柱→墙梁→板→基础→其他。

砖混结构：砌体墙→门窗洞→构造柱→圈梁→板→基础→其他。

软件做工程的处理流程一般为：

先地上、后地下：首层→二层→三层→……→顶层→基础层。

先主体、后零星：柱→梁→板→基础→楼梯→零星构件。

1.3 软件绘图学习的重点——点、线、面的绘制

软件算量基本
原理及操作流程

通过本节的学习，你将能够：

掌握软件绘图的重点。

GTJ2021主要是通过绘图建立模型的方式来进行工程量的计算，构件图元的绘制是软

件使用中的重要部分。对绘图方式的了解是学习软件算量的基础,下面[介]绍软件中构件的图元形式和常用的绘制方法。

1)构件图元的分类

工程实际中的构件按照图元形状可以分为点状构件、线状构件和[面状构件]。

①点状构件包括柱、门窗洞口、独立基础、桩、桩承台等。

②线状构件包括梁、墙、条形基础等。

③面状构件包括现浇板、筏板等。

不同形状的构件,有不同的绘制方法。

2)"点"画法和"直线"画法

(1)"点"画法

"点"画法适用于点状构件(如柱)和部分面状构件(如现浇板),其操作方法如下:

①在"构件工具条"中选择一种已经定义的构件,如KZ-1,如图1.4所示。

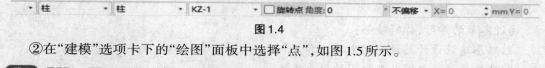

图1.4

②在"建模"选项卡下的"绘图"面板中选择"点",如图1.5所示。

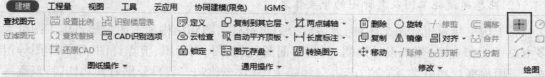

图1.5

③在绘图区,用鼠标左键单击一点作为构件的插入点,完成绘制。

(2)"直线"画法

"直线"画法主要用于线状构件(如梁和墙),当需要绘制一条或多条连续直线时,可以采用绘制"直线"的方式,其操作方法如下:

①在"构件工具条"中选择一种已经定义好的构件,如墙QTQ-1。

②在"建模"选项卡下的"绘图"面板中选择"直线",如图1.6所示。

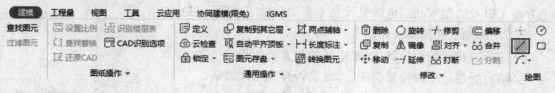

图1.6

③用鼠标点取第一点,再点取第二点即可画出一道墙,再点取第三点,就可以在第二点和第三点之间画出第二道墙,以此类推。这种画法是系统默认的画法。当需要在连续画的中间从一点直接跳到一个不连续的地方时,先单击鼠标右键临时中断,再到新的轴线交点上继续点取第一点开始连续画图,如图1.7所示。

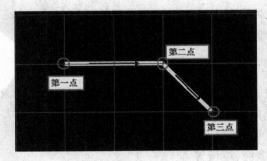

图 1.7

1.4 建筑施工图

通过本节的学习，你将能够：
(1)熟悉建筑设计总说明的主要内容；
(2)熟悉建筑施工图及其详图的重要信息。

对于房屋建筑土建施工图纸，大多数分为建筑施工图和结构施工图。建筑施工图纸大多由总平面布置图、建筑设计说明、各层平面图、立面图、剖面图、节点详图、楼梯详图等组成。下面根据这些分类，结合《1号办公楼施工图(含土建和安装)》分别对其功能、特点逐一进行介绍。

1)总平面布置图

(1)概念
建筑总平面布置图表明新建房屋所在基础有关范围内的总体布置，反映新建、拟建、原有和拆除的房屋、构筑物等的位置和朝向，室外场地、道路、绿化等的布置，地形、地貌、标高等以及原有环境的关系和邻界情况等。建筑总平面布置图也是房屋及其他设施施工定位、土方施工以及绘制水、暖、电等管线总平面图和施工总平面图的依据。
(2)对编制工程预算的作用
①结合拟建建筑物位置，确定塔吊的位置及数量。
②结合场地总平面位置情况，考虑是否存在二次搬运。
③结合拟建工程与原有建筑物的位置关系，考虑土方支护、放坡、土方堆放调配等问题。
④结合拟建工程之间的关系，综合考虑建筑物的共有构件等问题。

2)建筑设计说明

(1)概念
建筑设计说明是对拟建建筑物的总体说明。

（2）包含的主要内容

①建筑施工图目录。

②设计依据：设计所依据的标准、规范、规定、文件等。

③工程概况：内容一般应包括建筑名称、建设地点、建设单位、建筑面积、建筑基底面积、建筑工程等级、设计使用年限、建筑层数和建筑高度、防火设计建筑分类和耐火等级，人防工程防护等级、屋面防水等级、地下室防水等级、抗震设防烈度等，以及能反映建筑规模的主要技术经济指标，如住宅的套型和套数（包括每套的建筑面积、使用面积、阳台建筑面积，房间的使用面积可在平面图中标注）、旅馆的客房间数和床位数、医院的门诊人次和住院部的床位数、车库的停车泊位数等。

④建筑物定位及设计标高、高度。

⑤图例。

⑥用料说明和室内外装修说明。

⑦对采用新技术、新材料的做法说明及对特殊建筑造型和必要建筑构造的说明。

⑧门窗表及门窗性能（防火、隔声、防护、抗风压、保温、空气渗透、雨水渗透等）、用料、颜色、玻璃、五金件等的设计要求。

⑨幕墙工程（包括玻璃、金属、石材等）及特殊的屋面工程（包括金属、玻璃、膜结构等）的性能及制作要求，平面图、预埋件安装图等，以及防火、安全、隔声构造。

⑩电梯（自动扶梯）选择及性能说明（功能、载重量、速度、停站数、提升高度等）。

⑪墙体及楼板预留孔洞需封堵时的封堵方式说明。

⑫其他需要说明的问题。

3）各层平面图

在窗台上边用一个水平剖切面将房子水平剖开，移去上半部分、从上向下透视它的下半部分，可看到房子的四周外墙和墙上的门窗、内墙和墙上的门，以及房子周围的散水、台阶等。将看到的部分都画出来，并注上尺寸，就是平面图。

4）立面图

在与房屋立面平行的投影面上所作房屋的正投影图，称为建筑立面图，简称立面图。其中，反映主要出入口或比较显著地反映房屋外貌特征的那一面的立面图，称为正立面图，其余的立面图相应地称为背立面图和侧立面图。

5）剖面图

剖面图的作用是对无法在平面图及立面图上表述清楚的局部剖切，以表述清楚建筑内部的构造，从而补充说明平面图、立面图所不能显示的建筑物内部信息。

6）楼梯详图

楼梯详图由楼梯剖面图、平面图组成。由于平面图、立面图只能显示楼梯的位置，而无法清楚显示楼梯的走向、踏步、标高、栏杆等细部信息，因此设计中一般把楼梯用详图表达。

7) 节点详图表示方法

为了补充说明建筑物细部的构造，从建筑物的平面图、立面图中特意引出需要说明的部位，对相应部位作进一步详细描述就构成了节点详图。下面就节点详图的表示方法作简要说明。

①被索引的详图在同一张图纸内，如图1.8所示。

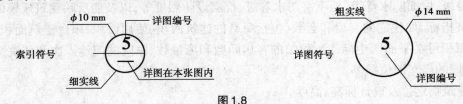

图1.8

②被索引的详图不在同一张图纸内，如图1.9所示。

图1.9

③被索引的详图参见图集，如图1.10所示。

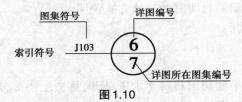

图1.10

④索引的剖视详图在同一张图纸内，如图1.11所示。

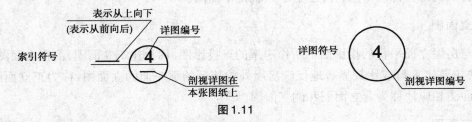

图1.11

⑤索引的剖视详图不在同一张图纸内，如图1.12所示。

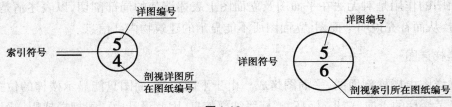

图1.12

1.5 结构施工图

通过本节的学习,你将能够:

(1)熟悉结构设计总说明的主要内容;

(2)熟悉结构施工图及其详图的重要信息。

结构施工图纸一般包括图纸目录、结构设计总说明、基础平面图及其详图、墙柱定位图、各层结构平面图(模板图、板配筋图、梁配筋图)、墙柱配筋图及其留洞图、楼梯及其他构筑物详图(水池、坡道、电梯机房、挡土墙等)。

对造价工作者来讲,结构施工图主要是计算混凝土、模板、钢筋等工程量,进而计算其造价,而为了计算这些工程量,还需要了解建筑物的钢筋配置、摆放信息,了解建筑物的基础及其垫层、墙、梁、板、柱、楼梯等的混凝土强度等级、截面尺寸、高度、长度、厚度、位置等信息,从造价工作角度出发,应着重从这些方面加以详细阅读。下面结合《1号办公楼施工图(含土建和安装)》分别对其功能、特点逐一进行介绍。

1)结构设计总说明

(1)主要内容

①工程概况:建筑物的位置、面积、层数、结构抗震类别、设防烈度、抗震等级、建筑物合理使用年限等。

②工程地质情况:土质情况、地下水位等。

③设计依据。

④结构材料类型、规格、强度等级等。

⑤分类说明建筑物各部位设计要点、构造及注意事项等。

⑥需要说明的隐蔽部位的构造详图,如后浇带加强、洞口加强筋、锚拉筋、预埋件等。

⑦重要部位图例等。

(2)编制预算时需注意的问题

①建筑物抗震等级、设防烈度、檐高、结构类型等信息,作为钢筋搭接、锚固的计算依据。

②土质情况,作为针对土方工程组价的依据。

③地下水位情况,考虑是否需要采取降排水措施。

④混凝土强度等级、保护层等信息,作为查套定额、计算钢筋的依据。

⑤钢筋接头的设置要求,作为计算钢筋的依据。

⑥砌体构造要求,包括构造柱、圈梁的设置位置及配筋、过梁的参考图集、砌体加固钢筋的设置要求或参考图集,作为计算圈梁、构造柱、过梁的工程量及钢筋量的依据。

⑦砌体的材质及砌筑砂浆要求,作为套砌体定额的依据。

⑧其他文字性要求或详图,有时不在结构平面图纸中画出,但应计算其工程量,举例如下:

a. 现浇板分布钢筋；

b. 施工缝止水带；

c. 次梁加筋、吊筋；

d. 洞口加强筋；

e. 后浇带加强钢筋；

f. 双层布筋的板的马凳筋。

2)桩基平面图

编制预算时需注意的问题：

①桩基类型，结合"结构设计总说明"中的地质情况，考虑施工方法及相应定额子目。

②桩基钢筋详图，是否存在铁件，用来准确计算桩基钢筋及铁件工程量。

③桩顶标高，用来考虑挖桩间土方等因素。

④桩长。

⑤桩与基础的连接详图，考虑是否存在凿截桩头情况。

⑥其他计算桩基需要考虑的问题。

3)基础平面图及详图

编制预算时需注意的问题：

①基础的类型是什么？决定了查套的子目。例如，需要注意判断是有梁式条基还是无梁式条基？

②基础详图情况，帮助理解基础构造，特别注意基础标高、厚度、形状等信息，了解在基础上生根的柱、墙等构件的标高及插筋情况。

③注意基础平面图及详图的设计说明，有些内容不是画在平面图上的，而是以文字的形式表现。

4)柱子平面布置图及柱表

编制预算时需注意的问题：

①对照柱子位置信息（b边、h边的偏心情况）及梁、板、建筑平面图柱的位置，从而理解柱子作为支座类构件的准确位置，为以后计算梁、墙、板等工程量做准备。

②柱子不同标高部位的配筋及截面信息（常以柱表或平面标注的形式出现）。

③特别注意柱子生根部位及顶标高，为理解柱子高度信息做准备。

5)梁平面布置图

编制预算时需注意的问题：

①结合剪力墙平面布置图、柱平面布置图、板平面布置图综合理解梁的位置信息。

②结合柱子位置，理解梁跨的信息，进一步理解主梁、次梁的概念及在计算工程量过程中的顺序。

③注意图纸说明，捕捉关于次梁加筋、吊筋、构造钢筋的文字说明信息，防止漏项。

6)板平面布置图

编制预算时需注意的问题:

①结合图纸说明,阅读不同板厚的位置信息。

②结合图纸说明,理解受力筋范围信息。

③结合图纸说明,理解负弯矩钢筋的范围及其分布筋,并根据信息调整好板分布筋的计算设置。

④仔细阅读图纸说明,捕捉关于洞口加强筋、阳角加筋、温度筋等信息,防止漏项。

7)楼梯结构详图

编制预算时需注意的问题:

①结合建筑平面图,了解不同楼梯的位置。

②结合建筑立面图、剖面图,理解楼梯的使用性能(举例:1#楼梯仅从首层通至3层,2#楼梯可从负1层通往18层等)。

③结合建筑楼梯详图及楼层的层高、标高等信息,理解不同踏步板的数量、休息平台、平台的标高及尺寸。

④结合图纸说明及相应踏步板的钢筋信息,理解楼梯钢筋的布置状况,注意分布筋的特殊要求。

⑤结合详图及位置,阅读梯板厚度、宽度及长度,平台厚度及面积,楼梯井宽度等信息,为计算楼梯实际混凝土体积做准备。

2 建筑工程量计算准备工作

通过本章的学习,你将能够:

(1)正确选择清单与定额规则,以及相应的清单库和定额库;

(2)正确选择钢筋规则;

(3)正确设置室内外高差及输入工程信息;

(4)正确定义楼层并统一设置各类构件混凝土强度等级;

(5)正确进行工程量计算设置;

(6)按图纸定义绘制轴网。

2.1 新建工程

通过本节的学习,你将能够:

(1)正确选择清单与定额规则,以及相应的清单库和定额库;

(2)正确选择钢筋规则;

(3)区分做法模式。

一、任务说明

根据《1号办公楼施工图(含土建和安装)》,在软件中完成新建工程的各项设置。

二、任务分析

①清单与定额规则及相应的清单库和定额库都是做什么用的?

②清单规则和定额规则如何选择?

③钢筋规则如何选择?

三、任务实施

1)分析图纸

在新建工程前,应先分析图纸中的"结构设计总说明(一)"中"四、本工程设计所遵循的标准、规范和规程"中第6条《混凝土结构施工图平面整体表示方法制图规则和构造详图》16G101—1、2、3,软件算量要依照此规定。

2)新建工程

①在分析图纸、了解工程的基本概况之后,启动软件,进入软件"开始"界面,如图2.1

所示。

图2.1

②用鼠标左键单击界面上的"新建工程",进入新建工程界面,输入各项工程信息。

工程名称:按工程图纸名称输入,保存时会作为默认的文件名。本工程名称输入为"1号办公楼"。

计算规则:如图2.2所示。

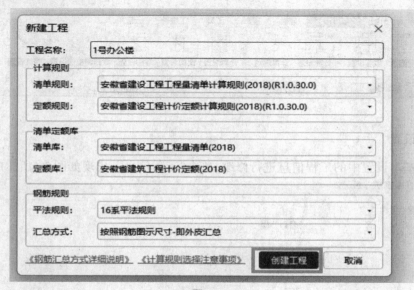

图2.2

平法规则:选择"16系平法规则"。

单击"创建工程",即完成了工程的新建。

新建工程

四、任务结果

任务结果如图2.2所示。

2.2 工程设置

通过本节的学习,你将能够:

(1)正确进行工程信息输入;

(2)正确进行工程计算设置。

一、任务说明

根据《1号办公楼施工图（含土建和安装）》，在软件中完成新建工程的各项设置。

二、任务分析

①软件中新建工程的各项设置都有哪些？
②室外地坪标高的设置如何查询？

三、任务实施

创建工程后，进入软件界面，如图2.3所示，分别对基本设置、土建设置、钢筋设置进行修改。

图2.3

1)基本设置

首先对基本设置中的工程信息进行修改，单击"工程信息"，出现如图2.4所示的界面。

计算规则　编制信息　自定义

属性名称	属性值
工程名称:	1号办公楼
项目所在地:	
详细地址:	
建筑类型:	居住建筑
建筑用途:	住宅
地上层数(层):	4
地下层数(层):	1
裙房层数:	
建筑面积(m²):	3155
地上面积(m²):	(0)
地下面积(m²):	(0)
人防工程:	无人防
檐高(m):	14.85
结构类型:	框架结构
基础形式:	独立基础
建筑结构等级参数:	
抗震设防类别:	
抗震等级:	三级抗震
地震参数:	
设防烈度:	7
基本地震加速度（g）:	
设计地震分组:	

图2.4

蓝色字体部分需要填写,黑色字体所示信息只起标识作用,可以不填,不影响计算结果。

由图纸结施-01(1)可知:

结构类型为框架结构;抗震设防烈度为7度;框架抗震等级为三级。

由图纸建施-09可知:

室外地坪相对±0.000标高为-0.45 m。

檐高:14.85 m(设计室外地坪到屋面板板顶的高度为14.4 m+0.45 m=14.85 m)。

【注意】

①常规的抗震等级由结构类型、设防烈度、檐高3项确定。

②若已知抗震等级,可直接填写抗震等级,不必填写结构类型、设防烈度、檐高3项。

填写信息如图2.5所示。

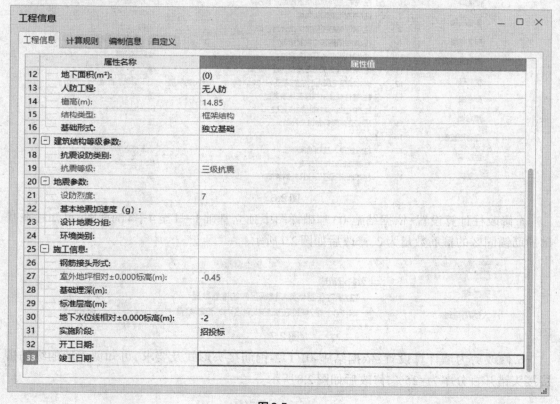

图2.5

2)土建设置

土建规则在前面"创建工程"时已选择,此处不需要修改。

3)钢筋设置

①"计算设置"修改,如图2.6所示。

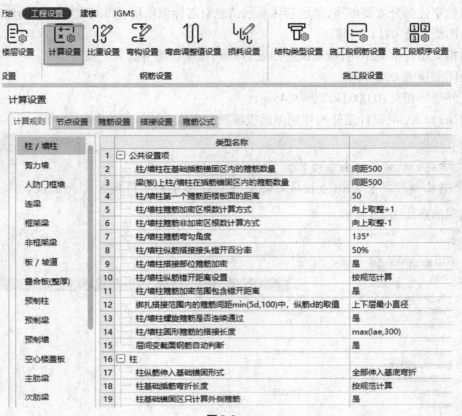

图2.6

a.修改柱计算设置：依据结施-03基础详图中独立基础1—1至4—4剖面图，可知柱在基础插筋锚固区的箍筋数量为2，修改后如图2.7所示。

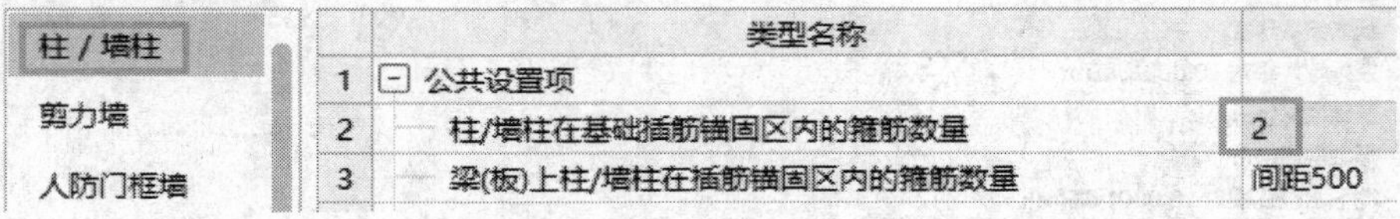

	类型名称	
1	⊟ 公共设置项	
2	柱/墙柱在基础插筋锚固区内的箍筋数量	2
3	梁(板)上柱/墙柱在插筋锚固区内的箍筋数量	间距500

（左侧栏：柱／墙柱、剪力墙、人防门框墙）

图2.7

b.修改剪力墙计算设置：依据结施-01(1)2-钢筋接头形式及要求，可知剪力墙的纵筋搭接接头错开百分率为≤25%，修改后如图2.8所示。

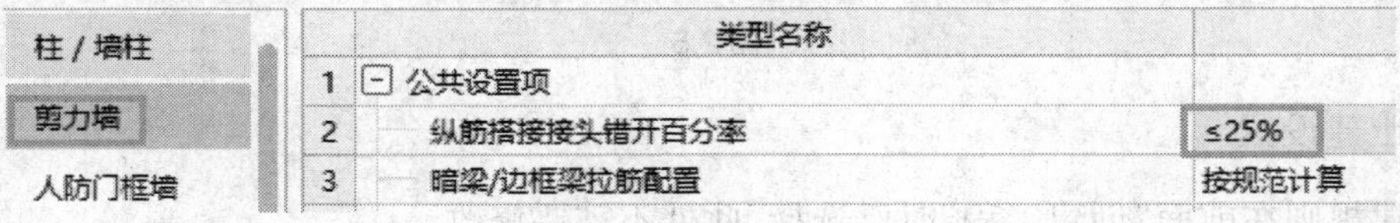

	类型名称	
1	⊟ 公共设置项	
2	纵筋搭接接头错开百分率	≤25%
3	暗梁/边框梁拉筋配置	按规范计算

（左侧栏：柱／墙柱、剪力墙、人防门框墙）

图2.8

c.修改梁计算设置。结施-05中说明"4-主次梁交接处，主梁内次梁两侧按右图各附加3组箍筋，间距50 mm，直径同主梁箍筋"。

单击"框架梁"，修改"26-次梁两侧共增加箍筋数量"为"6"，如图2.9所示。

计算设置

| 计算规则 | 节点设置 | 箍筋设置 | 搭接设置 | 箍筋公式 |

柱 / 墙柱			类型名称	
剪力墙	16	下部原位标注钢筋做法		遇支座断开
人防门框墙	17	下部通长筋遇支座做法		遇支座连续通过
连梁	18	下部纵筋遇支座做法		锚入加腋
框架梁	19 ⊟	侧面钢筋/吊筋		
	20	侧面构造筋的锚固长度		15*d
非框架梁	21	侧面构造筋的搭接长度		15*d
板 / 坡道	22	梁侧面原位标注做法		遇支座断开
叠合板(整厚)	23	侧面通长筋遇支座做法		遇支座连续通过
预制柱	24	吊筋锚固长度		20*d
预制梁	25	吊筋弯折角度		按规范计算
预制墙	26 ⊟	箍筋/拉筋		
	27	次梁两侧共增加箍筋数量		6
	28	起始箍筋距支座边的距离		50
	29	抗震KL、WKL端支座为梁时,则在该支座一侧箍筋加密		否
	30	框架梁箍筋加密长度		按规范计算

图2.9

　　单击"非框架梁",修改纵筋绑扎搭接接头错开百分率(不考虑架立筋)为≤25%,修改后如图2.10所示。

计算设置

| 计算规则 | 节点设置 | 箍筋设置 | 搭接设置 | 箍筋公式 |

柱 / 墙柱			类型名称	
剪力墙	1 ⊟	公共部分		
人防门框墙	2	纵筋搭接接头错开百分率(不考虑架立筋)		≤25%
	3	宽高均相等的非框架梁L型、十字相交互为支座		否
连梁	4	截面小的非框架梁是否以截面大的非框架梁为支座		是
框架梁	5	梁以平行相交的墙为支座		否
	6	梁垫铁计算设置		按规范计算
非框架梁	7	梁中间支座处左右均有加腋时,梁水平侧腋加腋钢筋...		按图集贯通计算
	8	梁中间支座处左右均有加腋时,梁柱垂直加腋加腋钢...		按图集贯通计算
板 / 坡道	9 ⊟	上部钢筋		
叠合板(整厚)	10	非通长筋与架立钢筋的搭接长度		150
预制柱	11	上部端支座负筋输入一排时伸入跨内的长度		Ln/5
	12	上部中间支座第一排非通长筋伸入跨内的长度		Ln/3
预制梁	13	上部第二排非通长筋伸入跨内的长度		Ln/4

图2.10

　　d.修改板计算设置:结施-01(2)中,"(7)板内分布钢筋除注明者外见表2.1"。

表2.1　板内分布钢筋

楼板厚度(mm)	≤110	120~160
分布钢筋配置	φ6@200	φ8@200

　　单击"板",修改"3-分布钢筋配置"为"同一板厚的分布筋相同",如图2.11所示,单击"确定"按钮即可。

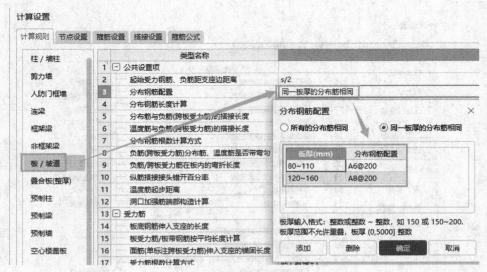

图2.11

根据结施-01（1）2-钢筋接头形式及要求，可知板的纵筋搭接接头错开百分率为≤25%，修改后如图2.12所示。

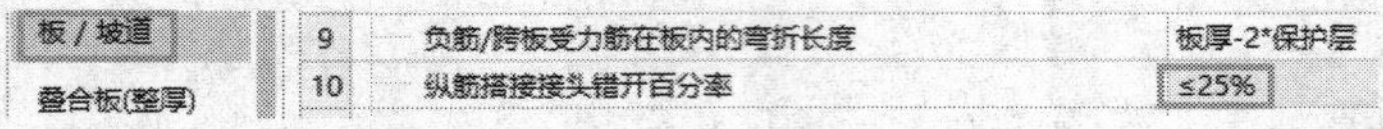

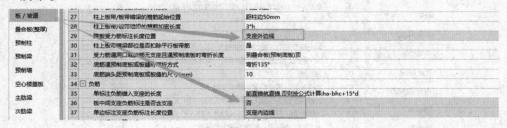

图2.12

查看各层板结构施工图，"跨板受力筋标注长度位置"为"支座外边线"，"板中间支座负筋标注是否含支座"为"否"，"单边标注支座负筋标注长度位置"为"支座内边线"，修改后如图2.13所示。

图2.13

e.修改基础计算设置：依据结施-03基础详图中独基处止水板做法，可知独立基础下部钢筋弯折为L_a，综合基础的混凝土强度等级C30，抗震等级三级，钢筋为三级钢等信息，可知$L_a=37d$，修改后如图2.14所示。

	17	独立基础边长≥设定值时，受力钢筋长度为	四周钢筋:边长-2*bhc,其余钢筋:0.9*边长
主肋梁	18	独立基础钢筋根数计算方式	向上取整+1
次肋梁	19	独立基础下部钢筋弯折长度	37*d
楼梯	20	独立基础上部钢筋弯折长度	0
基础	21	独基钢筋按平均长度计算	否
	22	独基与基础梁平行重叠部位是否布置独基钢筋	否

图2.14

②"搭接设置"修改。结施-01（1）"八、钢筋混凝土结构构造"中"2.钢筋接头形式及要

求"下的"(1)框架梁、框架柱 当受力钢筋直径≥16 mm时,采用直螺纹机械连接,接头性能等级为一级;当受力钢筋直径<16 mm时,可采用绑扎搭接。"单击并修改"搭接设置",如图2.15所示。非框架梁因图纸中未说明搭接情况,可不修改。

钢筋直径范围	连接形式								墙柱垂直筋定尺	其
	基础	框架梁	非框架梁	柱	板	墙水平筋	墙垂直筋	其它		
HPB235,HPB300										
3~10	绑扎	绑扎	绑扎	绑扎	绑扎	绑扎	绑扎	绑扎	12000	12
12~14	绑扎	绑扎	绑扎	绑扎	绑扎	绑扎	绑扎	绑扎	9000	90
16~22	直螺纹连接	直螺纹连接	直螺纹连接	直螺纹连接	直螺纹连接	直螺纹连接	电渣压力焊	电渣压力焊	9000	90
25~32	套管挤压	直螺纹连接	套管挤压	直螺纹连接	套管挤压	套管挤压	套管挤压	套管挤压	9000	90
HRB335,HRB335E,HRBF335,HRBF335E										
3~10	绑扎	绑扎	绑扎	绑扎	绑扎	绑扎	绑扎	绑扎	12000	12
12~14	绑扎	绑扎	绑扎	绑扎	绑扎	绑扎	绑扎	绑扎	9000	90
16~22	直螺纹连接	直螺纹连接	直螺纹连接	直螺纹连接	直螺纹连接	直螺纹连接	电渣压力焊	电渣压力焊	9000	90
25~50	套管挤压	直螺纹连接	套管挤压	直螺纹连接	套管挤压	套管挤压	套管挤压	套管挤压	9000	90
HRB400,HRB400E,HRBF400,HRBF400E,RR...										
3~10	绑扎	绑扎	绑扎	绑扎	绑扎	绑扎	绑扎	绑扎	12000	12
12~14	绑扎	绑扎	绑扎	绑扎	绑扎	绑扎	绑扎	绑扎	9000	90
16~22	直螺纹连接	直螺纹连接	直螺纹连接	直螺纹连接	直螺纹连接	直螺纹连接	电渣压力焊	电渣压力焊	9000	90
25~50	套管挤压	直螺纹连接	直螺纹连接	直螺纹连接	套管挤压	套管挤压	套管挤压	套管挤压	9000	90
冷轧带肋钢筋										
4~10	绑扎	绑扎	绑扎	绑扎	绑扎	绑扎	绑扎	绑扎	12000	12
10.5~12	绑扎	绑扎	绑扎	绑扎	绑扎	绑扎	绑扎	绑扎	9000	90
冷轧扭钢筋										
6.5~10	绑扎	绑扎	绑扎	绑扎	绑扎	绑扎	绑扎	绑扎	12000	12

图2.15

③钢筋定尺长度默认值与定额的计算规则取值相同,不修改。

④比重设置修改。单击"比重设置",进入"比重设置"界面,将直径为6.5 mm的钢筋比重复制到直径为6 mm的钢筋比重中,如图2.16所示。

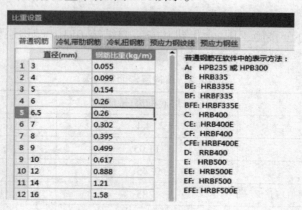

图2.16

【注意】
市面上直径6 mm的钢筋较少,一般采用直径6.5 mm的钢筋。

其余不需要修改。

四、任务结果
见以上各图。

计算设置

2.3 新建楼层

通过本节的学习，你将能够：
(1)定义楼层；
(2)定义各类构件混凝土强度等级设置。

一、任务说明

根据《1号办公楼施工图（含土建和安装）》，在软件中完成新建工程的楼层设置。

二、任务分析

①软件中新建工程的楼层应如何设置？
②如何对楼层进行添加或删除操作？
③各层对混凝土强度等级、砂浆标号的设置，对哪些计算有影响？
④工程楼层的设置应依据建筑标高还是结构标高？两者区别是什么？
⑤基础层的标高应如何设置？

三、任务实施

1)分析图纸

层高按照《1号办公楼施工图（含土建和安装）》结施-05中"结构层楼面标高表"设置，见表2.2。

表2.2　结构层楼面标高表

楼层	层底标高(m)	层高(m)
屋顶	14.4	—
4	11.05	3.35
3	7.45	3.6
2	3.85	3.6
1	−0.05	3.9
−1	−3.95	3.9

2)建立楼层

(1)楼层设置

单击"工程设置"→"楼层设置"，进入"楼层设置"界面，如图2.17所示。

鼠标定位在首层，单击"插入楼层"，则插入地上楼层；鼠标定位在基础层，单击"插入楼层"，则插入地下室。按照楼层表（表2.2）修改层高。

①软件默认给出首层和基础层。

②首层的结构底标高输入为-0.05 m,层高输入为3.9 m,板厚根据结施-09~12(1)说明"图中未注明板顶标高同结构楼层标高,除标注外板厚均为120 mm"设置为120 mm。鼠标左键选择首层所在的行,单击"插入楼层",添加第2层,层高输入为3.6 m,板厚为120 mm。

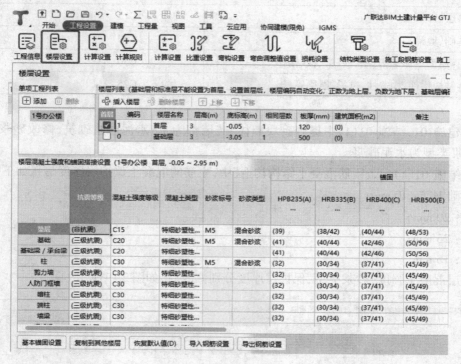

图2.17

③按照建立2层同样的方法,建立3层和4层,3层层高为3.6 m,4层层高为3.35 m。

④用鼠标左键选择基础层所在的行,单击"插入楼层",添加地下一层,地下一层的层高为3.9 m。

⑤根据结施-03基础详图5-5,知基础底标高为-6.3 m,基础层从-6.3~-3.95m,故设置基础层层高为2.35 m。

⑥根据建施-12,1—1剖面图,知屋面层层高为900 mm。

修改层高后,如图2.18所示。

图2.18

(2)混凝土强度等级及保护层厚度修改

在结施-01(1)"七、主要结构材料"的"2.混凝土"中,混凝土强度等级见表2.3。

表2.3　混凝土强度等级

混凝土所在部位	混凝土强度等级	备注
基础垫层	C15	
独立基础、地梁	C30	
基础层~屋面主体结构:墙、柱、梁、板、楼梯	C30	
其余各结构构件:构造柱、过梁、圈梁等	C25	

在建施-01、结施-01(1)中提到砌块墙体、砖墙都为M5水泥砂浆砌筑,修改砂浆标号为M5,砂浆类型为水泥砂浆。

在结施-01(1)"八、钢筋混凝土结构构造"中,主筋的混凝土保护层厚度信息如下:

基础钢筋:40 mm;

梁:20 mm;

柱:25 mm;

板:15 mm。

首层混凝土强度、砂浆类型、保护层厚度分别修改后,如图2.19所示。

楼层混凝土强度和锚固搭接设置 (1号办公楼 首层, -0.05 ~ 3.85 m)

	抗震等级	混凝土强度等级	混凝土类型	砂浆标号	砂浆类型	HPB235(A)…	保护层厚度(mm)	备注
垫层	(非抗震)	C15	特细砂塑性…	M5	水泥砂浆	(39)	(25)	垫层
基础	(三级抗震)	C30 ▾	特细砂塑性…	M5	水泥砂浆	(32)	(40)	包含所有的基…
基础梁 / 承台梁	(三级抗震)	C30	特细砂塑性…			(32)	(40)	包含基础主梁…
柱	(三级抗震)	C30	特细砂塑性…	M5	水泥砂浆	(32)	25	包含框架柱…
剪力墙	(三级抗震)	C30	特细砂塑性…			(32)	20	剪力墙、预制墙…
人防门框墙	(三级抗震)	C30	特细砂塑性…			(32)	(15)	人防门框墙
暗柱	(三级抗震)	C30	特细砂塑性…			(32)	20	包含暗柱、约…
端柱	(三级抗震)	C30	特细砂塑性…			(32)	(20)	端柱
墙梁	(三级抗震)	C30	特细砂塑性…			(32)	20	包含连梁、暗…
框架梁	(三级抗震)	C30	特细砂塑性…			(32)	20	包含楼层框架…
非框架梁	(非抗震)	C30	特细砂塑性…			(30)	20	包含非框架梁…
现浇板	(非抗震)	C30	特细砂塑性…			(30)	(15)	包含现浇板…
楼梯	(非抗震)	C30	特细砂塑性…			(30)	(20)	包含楼梯、直…
构造柱	(三级抗震)	C25	特细砂塑性…			(36)	(25)	构造柱
圈梁 / 过梁	(三级抗震)	C25	特细砂塑性…			(36)	(25)	包含圈梁、过梁…
砌体墙柱	(非抗震)	C15	特细砂干硬…	M5	水泥砂浆	(39)	(25)	包含砌体柱、…
其它	(非抗震)	C30	特细砂塑性…	M5	水泥砂浆	(30)	(20)	包含除以上构…
叠合板(预制底板)	(非抗震)	C30	特细砂塑性…			(30)	(15)	包含叠合板(预…

图2.19

【注意】

　　各部分钢筋的混凝土保护层厚度同时应满足不小于主筋直径的要求。

首层修改完成后,单击左下角"复制到其他楼层",如图2.20所示。

选择其他所有楼层,单击"确定"按钮即可,如图2.21所示。

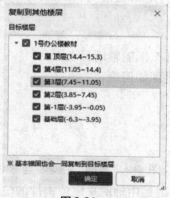

	抗震等级	混凝土强度等级	混凝土类型	砂浆标号	砂浆类型	HPB235(A)	HRB335(B)	HRB40
垫层	(非抗震)	C15	特细砂塑性...	M5	水泥砂浆	(39)	(38/42)	(40/44)
基础	(三级抗震)	C30	特细砂塑性...	M5	水泥砂浆	(32)	(30/34)	(37/41)
基础梁/承台梁	(三级抗震)	C30	特细砂塑性...			(32)	(30/34)	(37/41)
柱	(三级抗震)	C30	特细砂塑性...	M5	水泥砂浆	(32)	(30/34)	(37/41)
剪力墙	(三级抗震)	C30	特细砂塑性...			(32)	(30/34)	(37/41)
人防门框墙	(三级抗震)	C30	特细砂塑性...			(32)	(30/34)	(37/41)
墙柱	(三级抗震)	C30	特细砂塑性...			(32)	(30/34)	(37/41)
墙梁	(三级抗震)	C30	特细砂塑性...			(32)	(30/34)	(37/41)
框架梁	(三级抗震)	C30	特细砂塑性...			(32)	(30/34)	(37/41)

基本锚固设置　复制到其他楼层　恢复默认值(D)　导入钢筋设置　导出钢筋设置

图 2.20

图 2.21

新建楼层

四、任务结果

完成楼层设置,如图2.22所示。

	抗震等级	混凝土强度等级	混凝土类型	砂浆标号	砂浆类型	锚固						搭接						保护层厚
						HP...	HRB...	HR...	HRB...	冷...	冷轧扭	HPB...	HRB3...	HRB...	HRB5...	冷...	冷轧扭	
垫层	(非抗震)	C15	特细砂塑性...	M5	水泥砂浆	(39)	(38/...	(40/...	(48/53)	(45)	(45)	(47)	(46/50)	(48/53)	(58/64)	(54)	(54)	(25)
基础	(三级抗震)	C30	特细砂塑性...	M5	水泥砂浆	(32)	(30/...	(37/...	(45/49)	(37)	(35)	(45)	(42/48)	(52/57)	(63/69)	(52)	(49)	(40)
/承台梁	(三级抗震)	C30	特细砂塑性...			(32)	(30/...	(37/...	(45/49)	(37)	(35)	(45)	(42/48)	(52/57)	(63/69)	(52)	(49)	(40)
柱	(三级抗震)	C30	特细砂塑性...	M5	水泥砂浆	(32)	(30/...	(37/...	(45/49)	(37)	(35)	(45)	(42/48)	(52/57)	(63/69)	(52)	(49)	25
力墙	(三级抗震)	C30	特细砂塑性...			(32)	(30/...	(37/...	(45/49)	(37)	(35)	(38)	(36/41)	(44/49)	(54/59)	(44)	(42)	20
门框墙	(三级抗震)	C30	特细砂塑性...			(32)	(30/...	(37/...	(45/49)	(37)	(35)	(45)	(42/48)	(52/57)	(63/69)	(52)	(49)	(18)
墙柱	(三级抗震)	C30	特细砂塑性...			(32)	(30/...	(37/...	(45/49)	(37)	(35)	(45)	(42/48)	(52/57)	(63/69)	(52)	(49)	20
墙梁	(三级抗震)	C30	特细砂塑性...			(32)	(30/...	(37/...	(45/49)	(37)	(35)	(38)	(36/41)	(44/49)	(54/59)	(44)	(42)	(20)
框架梁	(三级抗震)	C30	特细砂塑性...			(32)	(30/...	(37/...	(45/49)	(37)	(35)	(38)	(36/41)	(44/49)	(54/59)	(44)	(42)	(20)
框架梁	(非抗震)	C30	特细砂塑性...			(30)	(29/...	(35/...	(43/47)	(35)	(35)	(36)	(35/38)	(42/47)	(52/56)	(42)	(42)	20
现浇板	(非抗震)	C30	特细砂塑性...			(30)	(29/...	(35/...	(43/47)	(35)	(35)	(36)	(35/38)	(42/47)	(52/56)	(42)	(42)	(15)
构造柱	(非抗震)	C30	特细砂塑性...			(30)	(29/...	(35/...	(43/47)	(35)	(35)	(42)	(41/45)	(49/55)	(60/66)	(49)	(49)	(20)
/过梁	(三级抗震)	C25	特细砂塑性...			(36)	(35/...	(42/...	(50/56)	(42)	(40)	(50)	(49/53)	(59/64)	(70/78)	(59)	(56)	(25)
水墙柱	(三级抗震)	C25	特细砂塑性...			(36)	(35/...	(42/...	(50/56)	(42)	(40)	(50)	(49/53)	(59/64)	(70/78)	(59)	(56)	(25)
水墙柱	(非抗震)	C15	特细砂干塑性...	M5	水泥砂浆	(39)	(38/...	(40/...	(48/53)	(45)	(45)	(47)	(46/50)	(48/53)	(58/64)	(54)	(54)	(25)
基台	(非抗震)	C30	特细砂塑性...	M5	水泥砂浆	(30)	(29/...	(35/...	(43/47)	(35)	(35)	(36)	(35/38)	(42/47)	(52/56)	(42)	(42)	(20)

图 2.22

2.4 建立轴网

通过本节的学习，你将能够：

(1)按图纸定义轴网；

(2)对轴网进行二次编辑。

一、任务说明

根据《1号办公楼施工图（含土建和安装）》，在软件中完成轴网建立。

二、任务分析

①建施与结施图中，采用什么图的轴网最全面？

②轴网中上下开间、左右进深如何确定？

三、任务实施

1)建立轴网

楼层建立完毕后，切换到"绘图输入"界面，先需要建立轴网。施工时是用放线来定位建筑物的位置，使用软件做工程时则是用轴网来定位构件的位置。

(1)分析图纸

由建施-03可知，该工程的轴网是简单的正交轴网，上下开间的轴距相同，左右进深的轴距也相同。

(2)轴网的定义

①选择导航树中的"轴线"→"轴网"，单击鼠标右键，选择"定义"按钮，将软件切换到轴网的定义界面。

②单击"新建"按钮，选择"新建正交轴网"，新建"轴网-1"。

③输入"下开间"，在"常用值"下面的列表中选择要输入的轴距，双击鼠标即添加到轴距中；或者在"添加"按钮下的输入框中输入相应的轴网间距，单击"添加"按钮或回车键即可。按照图纸从左到右的顺序，"下开间"依次输入3300，6000，6000，7200，6000，6000，3300。因为上下开间轴距相同，所以上开间可以不输入轴距。

④切换到"左进深"的输入界面，按照图纸从下到上的顺序，依次输入左进深的轴距为2500，4700，2100，6900。修改轴号分别为Ⓐ，①/Ⓐ，Ⓑ，Ⓒ，Ⓓ。因为左右进深的轴距相同，所以右进深可以不输入轴距。

⑤可以看到，右侧的轴网图显示区域已经显示了定义的轴网，轴网定义完成，如图2.24所示。

2)轴网的绘制

（1）绘制轴网

①轴网定义完毕后，切换到绘图界面。

②弹出"请输入角度"对话框，提示用户输入定义轴网需要旋转的角度。本工程轴网为水平竖直方向的正交轴网，旋转角度按软件默认输入"0"即可，如图2.23所示。

图2.23

③单击"确定"按钮，绘图区显示轴网，这样就完成了对本工程轴网的定义和绘制。

如果要将右进深、上开间的轴号和轴距显示出来，在绘图区域，用鼠标左键单击"修改轴号位置"，按住鼠标左键拉框选择所有轴线，按右键确定；选择"两端标注"，然后单击"确定"按钮即可，如图2.24所示。

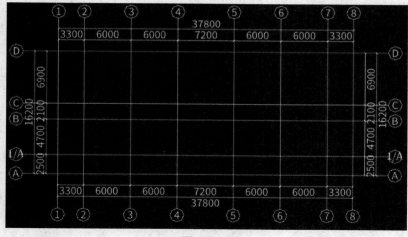

图2.24

（2）轴网的其他功能

①设置插入点：用于轴网拼接，可以任意设置插入点（不在轴线交点处或在整个轴网外都可以设置）。

②修改轴号和轴距：当检查到已经绘制的轴网有错误时，可以直接修改。

③软件提供了辅助轴线，用于构件辅轴定位。辅轴在任意界面都可以直接添加。辅轴主要有两点、平行、点角、圆弧。

四、任务结果

完成轴网，如图2.25所示。

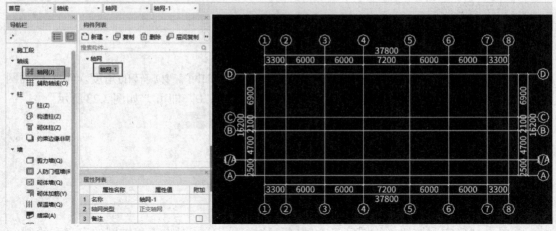

图2.25

五、总结拓展

①新建工程中，主要确定工程名称、计算规则以及做法模式。蓝色字体的参数值影响工程量计算值，按照图纸输入，其他信息只起标识作用。

②首层标记在楼层列表中的首层列，可以选择某一层作为首层。勾选后，该层作为首层，相邻楼层的编码自动变化，基础层的编码不变。

③底标高是指各层的结构底标高。软件中只允许修改首层的底标高，其他层底标高自动按层高反算。

④相同板厚是软件给出的默认值，可以按工程图纸中最常用的板厚设置。在绘图输入新建板时，会自动默认取这里设置的数值。

⑤可以按照结构设计总说明对应构件选择混凝土强度等级和类型。对修改的标号和类型，软件会以反色显示。在首层输入相应的数值完毕后，可以使用右下角的"复制到其他楼层"命令，把首层的数值复制到参数相同的楼层。各个楼层的混凝土强度等级、保护层厚度设置完成后，就完成了对工程楼层的建立，可以进入"绘图输入"进行建模计算。

⑥有关轴网的编辑、辅助轴线的详细操作，请查阅"帮助"菜单中的文字帮助→绘图输入→轴线。

⑦建立轴网时，输入轴距有两种方法：常用的数值可以直接双击；常用值中没有的数据直接添加即可。

⑧当上下开间或者左右进深的轴距不一样时（即错轴），可以使用轴号自动生成功能将轴号排序。

⑨比较常用的建立辅助轴线的功能：二点辅轴（直接选择两个点绘制辅助轴线）；平行辅轴（建立平行于任意一条轴线的辅助轴线）；圆弧辅轴（可以通过选择3个点绘制辅助轴线）。

建立轴网

⑩在任何图层下都可以添加辅轴。轴网绘制完成后，就进入"绘图输入"部分。"绘图输入"部分可以按照后面章节的流程进行。

3 首层工程量计算

通过本章的学习,你将能够:
(1)定义柱、墙、板、梁、门窗、楼梯等构件;
(2)绘制柱、墙、板、梁、门窗、楼梯等图元;
(3)掌握飘窗、过梁在GTJ2021软件中的处理方法;
(4)掌握暗柱、连梁在GTJ2021软件中的处理方法。

3.1 首层柱工程量计算

通过本节的学习,你将能够:
(1)依据定额和清单确定柱的分类和工程量计算规则;
(2)依据平法、定额和清单确定柱的钢筋类型及工程量计算规则;
(3)应用造价软件定义各种柱(如矩形柱、圆形柱、参数化柱、异形柱)的属性并套用做法;
(4)能够应用造价软件绘制本层柱图元;
(5)统计并核查本层柱的个数、土建及钢筋工程量。

一、任务说明
①完成首层各种柱的定义、做法套用及图元绘制。
②汇总计算,统计本层柱的土建及钢筋工程量。

二、任务分析
①各种柱在计量时的主要尺寸有哪些? 从哪个图中什么位置找到? 有多少种柱?
②工程量计算中柱都有哪些分类? 都套用什么定额?
③软件如何定义各种柱? 各种异形截面端柱如何处理?
④构件属性、做法套用、图元之间有什么关系?
⑤如何统计本层柱的相关清单工程量和定额工程量?

三、任务实施
1)分析图纸

在《1号办公楼施工图(含土建和安装)》结施-04的柱表中得到柱的截面信息,本层以矩形框架柱为主,主要信息见表3.1。

表3.1　柱表

类型	名称	混凝土强度等级	截面尺寸(mm)	标高	角筋	b每侧中配筋	h每侧中配筋	箍筋类型号	箍筋
矩形框架柱	KZ1	C30	500×500	基础顶~+3.85	4⊈22	3⊈18	3⊈18	1(4×4)	⊈8@100
	KZ2	C30	500×500	基础顶~+3.85	4⊈22	3⊈18	3⊈18	1(4×4)	⊈8@100/200
	KZ3	C30	500×500	基础顶~+3.85	4⊈25	3⊈18	3⊈18	1(4×4)	⊈8@100/200
	KZ4	C30	500×500	基础顶~+3.85	4⊈25	3⊈20	3⊈20	1(4×4)	⊈8@100/200
	KZ5	C30	600×500	基础顶~+3.85	4⊈25	3⊈20	3⊈20	1(5×4)	⊈8@100/200
	KZ6	C30	500×600	基础顶~+3.85	4⊈25	3⊈20	4⊈20	1(4×5)	⊈8@100/200

还有一部分剪力墙柱(YBZ约束边缘构件)，如图3.1所示。

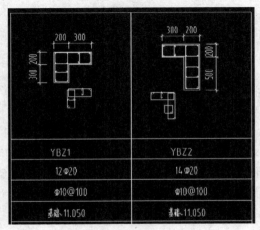

图3.1

2)现浇混凝土柱基础知识

(1)清单计算规则学习

柱清单计算规则见表3.2。

表3.2　柱清单计算规则

编号	项目名称	单位	计算规则
010502001	矩形柱	m³	按设计图示尺寸以体积计算。柱高：
010502002	构造柱	m³	(1)有梁板的柱高,应自柱基上表面(或楼板上表面)至上一层楼板上表面之间的高度计算
010502003	异形柱	m³	(2)无梁板的柱高,应自柱基上表面(或楼板上表面)至柱帽下表面之间的高度计算 (3)框架柱的柱高:应自柱基上表面至柱顶高度计算 (4)构造柱按全高计算,嵌接墙体部分(马牙槎)并入柱身体积计算 (5)依附柱上的牛腿和升板的柱帽,并入柱身体积计算
010515001	现浇构件钢筋	t	按设计图示钢筋(网)长度(面积)乘单位理论质量计算

（2）定额计算规则学习

柱定额计算规则见表3.3。

表3.3 柱定额计算规则

编号	项目名称	单位	计算规则
J2-13	商品混凝土 矩形柱 周长2.4 m以内	m³	按设计图示尺寸以体积计算。不扣除构件内钢筋、预埋铁件及墙、板中0.3㎡以内的孔洞所占体积。型钢混凝土中型钢骨架所占体积按实扣除。 柱高按下列规定确定：
J2-15	商品混凝土 圆形、异形、多边形柱	m³	（1）有梁板的柱高，应自柱基上表面(或楼板上表面)至上一层楼板的上表面之间的高度计算 （2）无梁板的柱高，应自柱基上表面(或楼板上表面)至柱帽下表面之间的高度计算
J2-16	商品混凝土 构造柱	m³	（3）框架柱的柱高，应自柱基上表面至柱顶高度计算 （4）构造柱按全高计算，嵌接墙体部分(马牙槎)的体积并入柱身体积内计算 （5）依附于柱上的牛腿和升板的柱帽，并入柱身体积内
J2-195	现浇构件钢筋 带肋钢筋 HRB400 φ20以内	t	（1）钢筋工程量，应区别现浇构件、预制构件、预应力构件钢筋、植筋和钢筋强度及规格，按设计图示钢筋长度乘以单位理论质量计算
J2-193	现浇构件钢筋 带肋钢筋 HRB400 φ10以内		（2）计算钢筋工程量时，设计已规定钢筋搭接长度的，按规定搭接长度计算；没有规定的，应按规范规定的搭接长度计入钢筋用量中。自然接头按单根钢筋连续长度每超过9 m增加一个搭接长度计算
J2-187	现浇构件钢筋 圆钢 HPB300 φ10以内		（3）采用电渣压力焊连接、直螺纹连接、冷压套筒连接等按设计数量计算
J2-138	现浇混凝土模板 矩形柱 复合木模板 周长2.4 m以内	10 m²	
J2-140	现浇混凝土模板 异形柱 复合木模板	10 m²	现浇混凝土及混凝土模板工程量除另有规定者外，均按混凝土与模板的接触面积计算
J2-143	现浇混凝土模板 构造柱 复合木模板	10 m²	
J2-144	现浇混凝土柱支模高度 超过3.6 m每增加1 m	100 m²	模板支撑高度大于3.6 m时，按超过部分全部面积计算工程量

清单计算规则说明：本书选用2018版安徽省建设工程计价依据，本依据有工程量清单计价指引内容。分部分项清单项目计价指引是将《建设工程工程量清单计价规范》(GB 50500—2013)、《房屋建筑与装饰工程工程量计算规范》与安徽省编制的"建设工程计价定

额"有机结合,是编制最高投标限价的依据,是企业投标报价的参考;分部分项清单项目与指引的计价定额子目原则上为——对应关系,且计算规则相同;计价指引中分部分项清单项目编码以"WB"起始的,是安徽省自行补充项目。

（3）柱平法知识

柱类型有框架柱、框支柱、芯柱、梁上柱、剪力墙柱等。从形状上可分为圆形柱、矩形柱、异形柱等。柱钢筋的平法表示有两种:一是列表注写方式;二是截面注写方式。

①列表注写。在柱表中注写柱编号、柱段起止标高、几何尺寸(含柱截面对轴线的偏心情况)与配筋信息、箍筋信息,如图3.2所示。

柱表

柱号	标高	$b \times h$ (圆柱直径D)	b_1	b_2	h_1	h_2	全部纵筋	角筋	b边一侧中部筋	h边一侧中部筋	箍筋类型号	箍筋	备注
	−0.030~19.470	750×700	375	375	150	550	24Φ25				1(5×4)	Φ10@100/200	
KZ1	19.470~37.470	650×600	325	325	150	450		4Φ22	5Φ22	4Φ20	1(4×4)	Φ10@100/200	—
	37.470~59.070	550×500	275	275	150	350		4Φ22	5Φ22	4Φ20	1(4×4)	Φ8@100/200	
XZ1	−0.030~8.670						8Φ25				按标准构造详图	Φ10@100	③×Ⓑ轴KZ1中设置

图3.2

②截面注写。在同一编号的柱中选择一个截面,以直接注写截面尺寸和柱纵筋及箍筋信息,如图3.3所示。

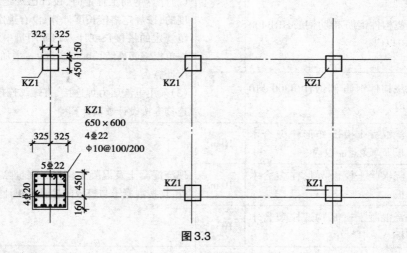

图3.3

3)柱的属性定义

（1）矩形框架柱KZ1

①在导航树中单击"柱"→"柱",在"构件列表"中单击"新建"→"新建矩形柱",如图3.4所示。

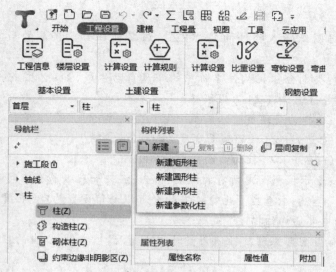

图3.4

②在"属性编辑"框中输入相应的属性值,框架柱的属性定义如图3.5所示。

（2）矩形楼梯短柱TZ1

复制KZ1为TZ1,根据结施-13,在"属性编辑"框中修改相应的属性值,首层梯柱的顶标高为1.9 m,如图3.6所示。

	属性名称	属性值	附加
1	名称	KZ1	
2	结构类别	框架柱	☐
3	定额类别	普通柱	☐
4	截面宽度(B边)(...	500	☐
5	截面高度(H边)(...	500	☐
6	全部纵筋		☐
7	角筋	4Φ22	☐
8	B边一侧中部筋	3Φ18	☐
9	H边一侧中部筋	3Φ18	☐
10	箍筋	Φ8@100(4*4)	☐
11	节点区箍筋		☐
12	箍筋胶数	4*4	
13	柱类型	(中柱)	☐
14	材质	现浇混凝土	☐
15	混凝土类型	(碎石最大粒径40...	☐
16	混凝土强度等级	(C30)	☐
17	混凝土外加剂	(无)	
18	泵送类型	(混凝土泵)	
19	泵送高度(m)		
20	截面面积(m²)	0.25	☐
21	截面周长(m)	2	☐
22	顶标高(m)	层顶标高	☐
23	底标高(m)	层底标高	☐
24	备注		☐
25	⊞ 钢筋业务属性		
43	⊞ 土建业务属性		
49	⊞ 显示样式		

图3.5

	属性名称	属性值	附加
1	名称	TZ1	
2	结构类别	框架柱	☐
3	定额类别	普通柱	☐
4	截面宽度(B边)(...	300	☐
5	截面高度(H边)(...	200	☐
6	全部纵筋		☐
7	角筋	4Φ16	☐
8	B边一侧中部筋	1Φ16	☐
9	H边一侧中部筋		☐
10	箍筋	Φ10@150(3*2)	☐
11	节点区箍筋		☐
12	箍筋胶数	3*2	
13	柱类型	(中柱)	☐
14	材质	现浇混凝土	☐
15	混凝土类型	(碎石最大粒径40...	☐
16	混凝土强度等级	(C30)	☐
17	混凝土外加剂	(无)	
18	泵送类型	(混凝土泵)	
19	泵送高度(m)		
20	截面面积(m²)	0.06	☐
21	截面周长(m)	1	☐
22	顶标高(m)	层底标高+1.9	☐
23	底标高(m)	层底标高	☐
24	备注		☐
25	⊞ 钢筋业务属性		
43	⊞ 土建业务属性		
49	⊞ 显示样式		

图3.6

【注意】

①名称：根据图纸输入构件的名称KZ1，该名称在当前楼层的当前构件类型下是唯一的。

②结构类别：类别会根据构件名称中的字母自动生成，如KZ生成的是框架柱，也可以根据实际情况进行选择，KZ1为框架柱。

③定额类别：选择为普通柱。

④截面宽度（B边）：KZ1柱的截面宽度为500 mm。

⑤截面高度（H边）：KZ1柱的截面高度为500 mm。

⑥全部纵筋：表示柱截面内所有的纵筋，如24Φ28；如果纵筋有不同的级别和直径，则使用"+"连接，如4Φ28+16Φ22。此处KZ1的全部纵筋值设置为空，采用角筋、B边一侧中部筋和H边一侧中部筋详细描述。

⑦角筋：只有当全部纵筋属性值为空时才可输入，根据结施-04的柱表可知KZ1的角筋为4Φ22。

⑧箍筋：KZ1的箍筋为Φ8@100（4×4）。

⑨节点区箍筋：不填写，软件自动取箍筋加密值。

⑩箍筋肢数：通过单击当前框中省略号按钮选择肢数类型，KZ1的箍筋肢数为4×4肢箍。

（3）参数化柱（以首层约束边缘柱YBZ1为例）

①新建柱，选择"新建参数化柱"。

②在弹出的"选择参数化图形"对话框中，设置截面类型与具体尺寸，如图3.7所示。单击"确认"按钮后显示属性列表。

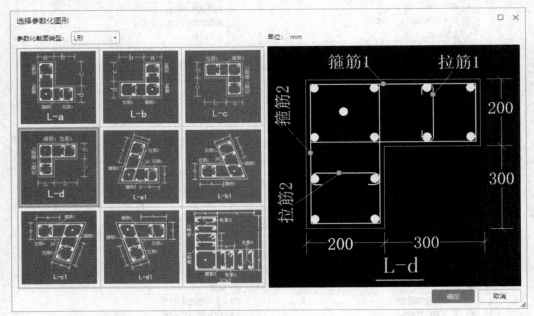

图3.7

③参数化柱的属性定义，如图3.8所示。

	属性名称	属性值
1	名称	YBZ1
2	截面形状	L-d形
3	结构类别	暗柱
4	定额类别	框架薄壁柱
5	截面宽度(B边)(...	500
6	截面高度(H边)(...	500
7	全部纵筋	12Φ20
8	材质	商品混凝土
9	混凝土类型	(特细砂塑性混凝土(坍...
10	混凝土强度等级	(C30)
11	混凝土外加剂	(无)
12	泵送类型	(混凝土泵)
13	泵送高度(m)	(3.85)
14	截面面积(m²)	0.16
15	截面周长(m)	2
16	顶标高(m)	层顶标高(3.85)
17	底标高(m)	层底标高(-0.05)

图3.8

【注意】

①截面形状:可以单击当前框中的省略号按钮,在弹出的"选择参数化图形"对话框中进行再次编辑。

②截面宽度(B边):柱截面外接矩形的宽度。

③截面高度(H边):柱截面外接矩形的高度。

(4)异形柱(以YBZ2为例)

①新建柱,选择"新建异形柱"。

②在弹出的"异形截面编辑器"中绘制线式异形截面,单击"设置插入点",选择YBZ2转角中心点作为插入点,单击"确定"按钮后可编辑属性,如图3.9所示。

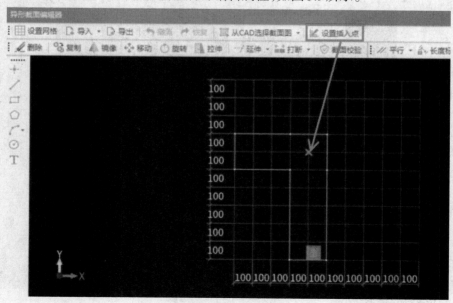

图3.9

③异形柱的属性定义,如图3.10所示。

	属性名称	属性值	附加
1	名称	YBZ2	
2	截面形状	异形	☐
3	结构类别	暗柱	☐
4	定额类别	普通柱	☐
5	截面宽度(B边)(...	500	
6	截面高度(H边)(...	700	
7	全部纵筋	14Φ20	☐
8	材质	现浇混凝土	☐
9	混凝土类型	(碎石最大粒径40...	☐
10	混凝土强度等级	(C30)	☐
11	混凝土外加剂	(无)	
12	泵送类型	(混凝土泵)	
13	泵送高度(m)		
14	截面面积(m²)	0.2	☐
15	截面周长(m)	2.4	☐
16	顶标高(m)	层顶标高	☐
17	底标高(m)	层底标高	☐
18	备注		☐
19	⊞ 钢筋业务属性		
37	⊞ 土建业务属性		
43	⊞ 显示样式		

图3.10

【注意】

对YBZ1和YBZ2的钢筋信息的输入,单击"定义"按钮,进入"截面编辑"对话框,进行纵筋和箍筋的输入,如图3.11所示为YBZ1的输入。

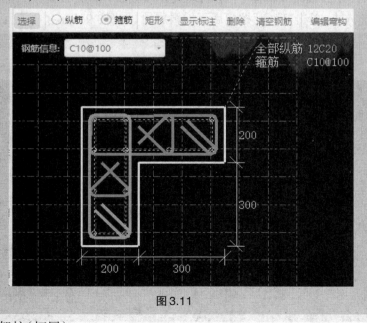

图3.11

(5)圆形框架柱(拓展)

选择"新建"→"新建圆形柱",方法同矩形框架柱属性定义。本工程无圆形框架柱,属性信息均是假设的。圆形框架柱的属性定义如图3.12所示。

	属性名称	属性值	附加
1	名称	KZ(圆形)	☐
2	结构类别	框架柱	☐
3	定额类别	普通柱	☐
4	截面半径(mm)	400	☐
5	全部纵筋	16Φ22	☐
6	箍筋	Φ10@100/200	☐
7	节点区箍筋		☐
8	箍筋类型	螺旋箍筋	☐
9	材质	自拌混凝土	☐
10	混凝土类型	(特细砂塑性混…	☐
11	混凝土强度等级	(C30)	☐
12	混凝土外加剂	(无)	☐
13	泵送类型	(混凝土泵)	☐

图3.12

【注意】

截面半径:设置圆形柱截面半径,可用"数值/数值"来表示变截面柱,输入格式为"柱底截面尺寸半径/柱顶截面半径"(圆形柱没有截面宽、截面高属性)。

4)做法套用

柱构件定义好后,需要进行套用做法操作。套用做法是指构件按照计算规则计算汇总出做法工程量,方便进行同类项汇总,同时与计价软件数据对接。构件套用做法,可通过手动添加清单定额、查询清单定额库添加、查询匹配清单定额添加实现。

单击"定义",在弹出的"定义"界面中,单击构件做法,可通过查询清单库的方式添加清单。KZ1混凝土的清单项目编码为010502001;KZ1模板的清单项目编码为011702002。通过查询定额库可以添加定额,正确选择对应定额项,KZ1的做法套用如图3.13所示,TZ1的做法套用如图3.14所示,暗柱并入墙体计算,做法套用如图3.15所示。

	编码	类别	名称	项目特征	单位	工程量表达式	表达式说明	单价
1	⊟ 010502001	项	矩形柱	1.柱规格形状:矩形柱 周长2.4以内 2.混凝土种类:现浇商砼 3.混凝土强度等级:C30	m3	TJ	TJ<体积>	
2	J2-13	定	商品混凝土 矩形柱 周长2.4以内		m3	TJ	TJ<体积>	450.
3	⊟ 011702002	项	矩形柱	1.柱截面尺寸:矩形柱 周长2.4以内	m2	MBMJ	MBMJ<模板面积>	
4	J2-138	定	现浇混凝土模板 矩形柱 复合木模板 周长2.4m 以内		m2	MBMJ	MBMJ<模板面积>	408.

图3.13

⊟ 010502001	项	矩形柱	1.柱规格形状:矩形柱 周长1.6以内 2.混凝土种类:现浇商混 3.混凝土强度等级:C30	m3	TJ	TJ<体积>
J2-12	定	商品混凝土 矩形柱 周长1.6以内		m3	TJ	TJ<体积>
⊟ 011702002	项	矩形柱 (模板)	1.柱截面尺寸:周长1.6以内	m2	MBMJ	MBMJ<模板面积>
J2-137	定	现浇混凝土模板 矩形柱 复合木模板 周长1.6m 以内		m2	MBMJ	MBMJ<模板面积>

图3.14

	编码	类别	名称	项目特征	单位	工程量表达式	表达式说明
1	011702013	项	短肢剪力墙、电梯井壁（暗柱模板）	1.墙类型:暗柱	m2	MBMJ	MBMJ〈模板面积〉
2	J2-156	定	现浇混凝土模板 电梯井壁 复合木模板		m2	MBMJ	MBMJ〈模板面积〉
3	010504003	项	电梯井墙（暗柱）	1.墙类型:暗柱 2.混凝土强度等级:C30 3.混凝土种类:商砼	m3	TJ	TJ〈体积〉
4	J2-30	定	商品混凝土 电梯井直形墙		m3	TJ	TJ〈体积〉

图3.15

5）柱的画法讲解

柱定义完毕后，切换到绘图界面。

（1）点绘制

通过"构件列表"选择要绘制的构件KZ1，用鼠标捕捉①轴与①轴的交点，直接单击鼠标左键即可完成柱KZ1的绘制，如图3.16所示。

图3.16

（2）偏移绘制

偏移绘制常用于绘制不在轴线交点处的柱，①轴上、④~⑤轴之间的TZ1不能直接用鼠标选择点绘制，需要使用"Shift键+鼠标左键"相对于基准点偏移绘制。

①把鼠标放在①轴和④轴的交点处，同时按下"Shift"键和鼠标左键，弹出"输入偏移量"对话框。由结施-13可知，TZ1的中心相对于①轴与④轴交点向右偏移1650 mm，在对话框中输入X="1500+150"，Y="50"，表示水平方向偏移量为1650 mm，竖直方向向上偏移50 mm，如图3.17所示。

图3.17

②单击"确定"按钮,TZ1就偏移到指定位置了,如图3.18所示。

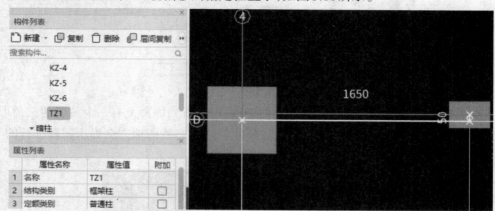

图3.18

（3）智能布置

某区域轴线相交处的柱都相同时,可采用"智能布置"方法来绘制柱。如结施-04中,②~⑦轴与①轴的6个交点处都为KZ3,即可利用此功能快速布置。选择KZ3,单击"建模"→"智能布置",选择按"轴线"布置,如图3.19所示。

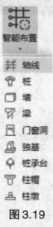

图3.19

然后在图框中框选要布置柱的范围,单击鼠标右键确定,则软件自动在所有范围内所有轴线相交处布置上KZ3,如图3.20所示。

图3.20

（4）镜像

通过图纸分析可知,①~④轴的柱与⑤~⑧轴的柱是对称的,因此,在绘图时可以使用一种简单的方法:先绘制①~④轴的柱,然后使用"镜像"功能绘制⑤~⑧轴的柱。操作步骤如下:

①选中①~④轴间的柱,单击"建模"页签下"修改"面板中的"镜像"命令,如图3.21所示。

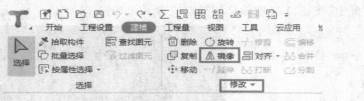

图 3.21

②点中显示栏的"中点"，捕捉④~⑤轴的中点，可以看到屏幕上有一个黄色的三角形，选中第二点，单击鼠标右键确定即可，如图 3.22 所示。在状态栏的地方会提示需要进行的下一步操作。

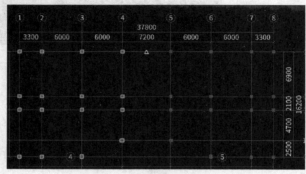

图 3.22

（5）利用辅助轴线绘制暗柱

通过图纸结施-04可计算出暗柱的墙中心线位置，单击"通用操作"里的"平行辅轴"，绘制辅助轴线，如图 3.23 所示。

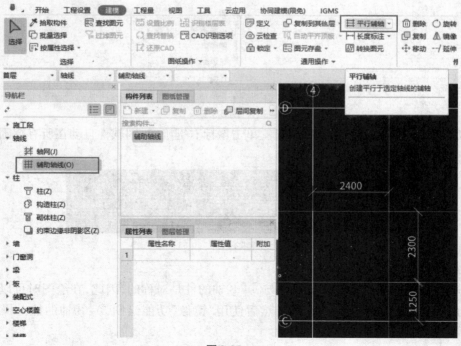

图 3.23

通过点绘制和镜像修改,绘制出的暗柱如图 3.24 所示。

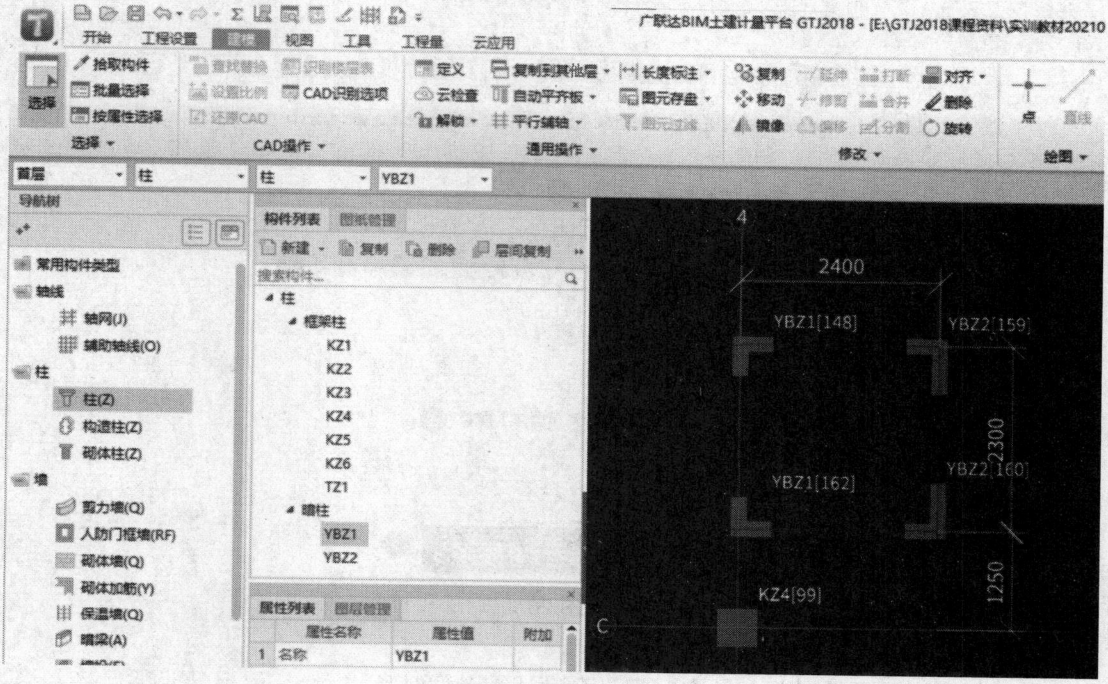

图 3.24

6)闯关练习

老师讲解演示完毕,可登录测评认证平台安排学生练习。学生打开测评认证平台考试端,练习完毕提交工程文件后系统可自动评分。老师可在网页直接查看学生成绩汇总和作答数据统计。平台可帮助老师和学生专注学习本身,实现快速完成评分、成绩汇总和分析。

方式一:老师安排学生到测评认证考试平台闯关模块进行相应的关卡练习,增加练习的趣味性和学生的积极性。

方式二:老师自己安排练习。

(1)老师安排随堂练习

老师登录测评认证平台(http://kaoshi.glodonedu.com/),在考试管理页面,单击"安排考试"按钮,如图 3.25 所示。

图 3.25

步骤一:填写考试基础信息,如图 3.26 所示。

图 3.26

①填写考试名称：首层柱钢筋量计算。

②选择考试的开始时间与结束时间（自动计算考试时长）。

③单击"选择试卷"按钮选择试卷。

选择试题时，可从"我的试卷库"中选择，也可在"共享试卷库"中选择，如图 3.27 所示。

图 3.27

步骤二：考试设置，如图 3.28 所示。

①添加考生信息，从群组选择中选择对应的班级学生。

②设置成绩查看权限：交卷后立即显示考试成绩。

③设置防作弊的级别：0 级。

④设置可进入考试的次数（留空为不限制次数）。

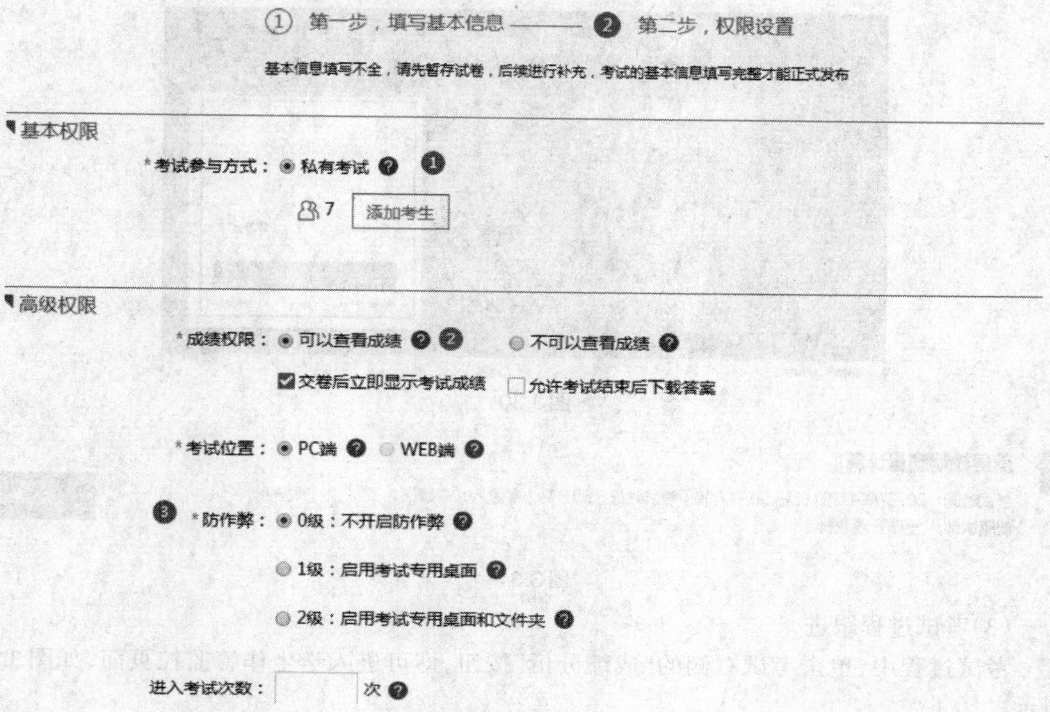

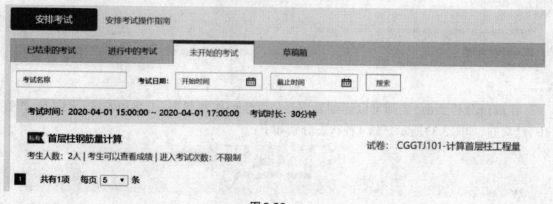

① 第一步，填写基本信息 —— ② 第二步，权限设置

基本信息填写不全，请先暂存试卷，后续进行补充，考试的基本信息填写完整才能正式发布

▼ 基本权限

*考试参与方式：◉ 私有考试 ❓ ①

👥 7　添加考生

▼ 高级权限

*成绩权限：◉ 可以查看成绩 ❓ ②　◯ 不可以查看成绩 ❓

☑交卷后立即显示考试成绩　☐允许考试结束后下载答案

*考试位置：◉ PC端 ❓　◯ WEB端 ❓

③ *防作弊：◉ 0级：不开启防作弊

◯ 1级：启用考试专用桌面 ❓

◯ 2级：启用考试专用桌面和文件夹 ❓

进入考试次数：　　　次 ❓

图 3.28

发布成功后，可在"未开始的考试"中查看，如图 3.29 所示。

图 3.29

【小技巧】

建议提前安排好实战任务，设置好考试的时间段，在课堂上直接让学生练习即可；或者直接使用闯关模块安排学生进行练习，与教材内容配套使用。

（2）参加老师安排的任务

步骤一：登录考试平台，从桌面上双击打开广联达测评认证 4.0 考试端。用学生账号登录考试平台，如图 3.30 所示。

步骤二：参加考试。老师安排的考试位于"待参加考试"页签，找到要参加的考试，单击"进入考试"即可，如图 3.31 所示。

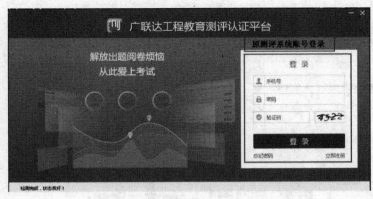

图 3.30

考试 **首层柱钢筋量计算**
考试时间：2020年04月01日15:00~17:00 | 考试时长：30分钟 | 创建人：李建飞
使用软件：土建计量软件

进入考试

图 3.31

（3）考试过程跟进

考试过程中，单击考试右侧的"成绩分析"按钮，即可进入学生作答监控页面，如图3.32所示。

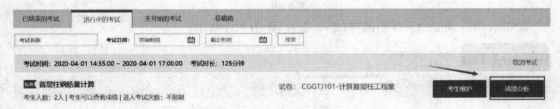

图 3.32

在成绩分析页面，老师可以详细看到每位学生的作答状态：未参加考试、未交卷、作答中、已交卷，如图3.33所示。这4种状态分别如下：

图 3.33

①未参加考试：考试开始后，学生从未进入过考试作答页面。

②未交卷：考试开始后，学生进入过作答页面，没有交卷又退出考试了。

③作答中：当前学生正在作答页面。

④已交卷：学生进入过考试页面，并完成了至少1次交卷，当前学生不在作答页面。

（4）查看考试结果（图3.34）

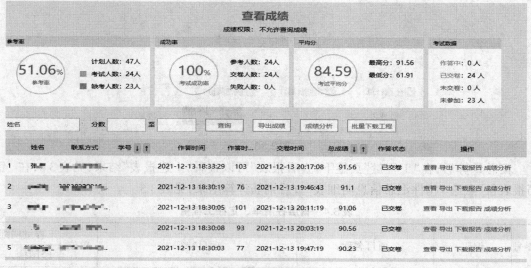

图3.34

考试结束后，老师可以在成绩分析页面查看考试的数据统计及每位考生的考试结果和成绩分析，如图3.35所示。

构件类型			标准工程量(千克)	工程量(千克)	偏差(%)	基准分	得分	
▼柱			8348.578	8348.578	0	92.4731	92.4729	
	▼工程1		8348.578	8348.578	0	92.4731	92.4729	
		▼首层	8348.578	8348.578	0	92.4731	92.4729	
		ΦC20,1,0,柱	2350.4	2350.4	0	25.8064	25.8064	
		ΦC18,1,0,柱	1792.896	1792.896	0	25.8064	25.8064	
		ΦC25,1,0,柱	1687.224	1687.224	0	13.9785	13.9785	
		ΦC22,1,0,柱	577.76	577.76	0	5.3763	5.3763	
		ΦC16,1,0,柱	24.984	24.984	0	1.6129	1.6129	
		ΦC8,1,0,柱	1902.42	1902.42	0	19.3548	19.3548	
		ΦC10,1,0,柱	12.894	12.894	0	0.5376	0.5376	
▼暗柱/端柱			1052.82	1052.82	0	7.5269	7.5269	
	▼工程1		1052.82	1052.82	0	7.5269	7.5269	
		▼首层	1052.82	1052.82	0	7.5269	7.5269	
		ΦC10,1,0,暗柱/端柱	410.88	410.88	0	3.2258	3.2258	

图3.35

【提示】

其他章节，老师可参照本"闯关练习"的做法，安排学生在闯关模块进行练习，或在测评认证考试平台布置教学任务。

四、任务结果

单击"工程量"页签下的"合法性检查"，合法性检查无误后进行汇总计算（或者按快捷键"F9"），弹出"汇总计算"对话框，选择首层下的柱，如图3.36所示。

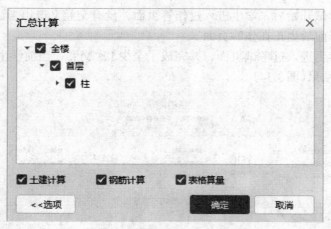

图 3.36

汇总计算后，在"工程量"页签下"查看报表"可以查看"土建报表"结果，见表3.4；在"钢筋报表量"点选"构件汇总信息明细表"查看钢筋计算结果，见表3.5。

表3.4 首层柱清单、定额工程量

序号	编码	项目名称	项目特征	单位	工程量明细 绘图输入
实体项目					
1	010502001001	矩形柱	(1)柱规格形状：矩形柱 周长2.4 m以内 (2)混凝土种类：现浇商品混凝土 (3)混凝土强度等级：C30	m³	31.98
	J2-13	商品混凝土 矩形柱 周长2.4 m以内		m³	31.98
2	010502001002	矩形柱	(1)柱规格形状：矩形柱 周长1.6 m以内 (2)混凝土种类：现浇商品混凝土 (3)混凝土强度等级：C30	m³	0.117
	J2-12	商品混凝土 矩形柱 周长1.6 m以内		m³	0.117
3	010504003001	电梯井墙（暗柱）	(1)混凝土种类：现浇商品混凝土 (2)混凝土强度等级：C30	m³	2.808
	J2-30	商品混凝土 电梯井 直形墙		m³	2.808
措施项目					
1	011702002001	矩形柱（模板）	柱截面尺寸：矩形柱 周长2.4 m以内	m²	252.72
	J2-138	现浇混凝土模板 矩形柱 复合木模板 周长2.4 m以内		10 m²	25.272
2	011702002002	矩形柱（模板）	柱截面尺寸：周长1.6 m以内	m²	1.95
	J2-137	现浇混凝土模板 矩形柱 复合木模板 周长1.6 m以内		10 m²	0.195
3	011702013001	短肢剪力墙、电梯井壁（暗柱模板）	墙类型：暗柱模板	m²	34.32
	J2-156	现浇混凝土模板 电梯井壁 复合木模板		10 m²	3.432

表3.5 首层柱钢筋工程量

汇总信息	汇总信息钢筋总重(kg)	构件名称	构件数量	HRB400
楼层名称:首层(绘图输入)				9466.862
暗柱/端柱	1074.628	YBZ1[121]	2	488.536
		YBZ2[124]	2	586.092
		合计		1074.628
柱	8392.234	KZ1[50]	4	1010.448
		KZ2[58]	6	1354.602
		KZ3[51]	6	1468.842
		KZ4[59]	12	3285.732
		KZ5[74]	2	617.366
		KZ6[78]	2	617.366
		TZ[4556]	1	37.878
		合计		8392.234

五、总结拓展

1)查改标注

框架柱主要使用"点"绘制,或者用偏移辅助"点"绘制。如果有相对轴线偏心的支柱,则可使用以下"查改标注"的方法进行偏心设置和修改,操作步骤如下:

①选中图元,单击"建模"→"柱二次编辑"→"查改标注",如图3.37所示。

②回车依次修改绿色字体的标注信息,全部修改后用鼠标左键单击屏幕的其他位置即可,右键结束命令,如图3.38所示。

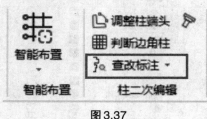

图3.37 图3.38

2)修改图元名称

如果需要修改已经绘制的图元名称,也可采用以下两种方法:

①"修改图元名称"功能。如果要把一个构件的名称替换成另一个名称,假如要把KZ6修改为KZ1,可以使用"修改图元名称"功能。选中KZ6,单击鼠标右键选择"修改图元名称",则会弹出"修改图元名称"对话框,如图3.39所示,将KZ6修改成KZ1即可。

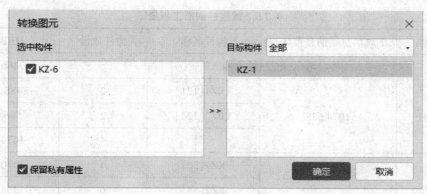

图3.39

②通过属性列表修改。选中图元，"属性列表"对话框中会显示图元的属性，点开下拉名称列表，选择需要的名称，如图3.40所示。

3)"构件图元名称显示"功能

柱构件绘到图上后，如果需要在图上显示图元的名称，可使用"视图"选项卡下的"显示设置"功能。在弹出如图3.41所示"显示设置"对话框中，勾选显示的图元或显示名称，方便查看和修改。

图3.40

图3.41

例如,显示柱子及其名称,则在柱显示图元及显示名称后面打钩,也可通过按"Z"键将柱图元显示出来,按"Shift+Z"键将柱图元名称显示出来。

4)柱的属性

在柱的属性中有标高的设置,包括底标高和顶标高。软件默认竖向构件是按照层底标高和层顶标高,可根据实际情况修改构件或图元的标高。

5)构件属性编辑

在对构件进行属性编辑时,属性编辑框中有两种颜色的字体:蓝色字体和黑色字体。蓝色字体显示的是构件的公有属性,黑色字体显示的是构件的私有属性。对公有属性部分进行操作,所做的改动对同层所有同名称构件起作用。

首层柱定义
及绘制

问 题思考

(1)在绘图界面怎样调出柱属性编辑框对图元属性进行修改?
(2)在参数化柱模型中找不到的异形柱如何定义?

3.2 首层剪力墙工程量计算

通过本节的学习,你将能够:
(1)定义剪力墙的属性;
(2)绘制剪力墙图元;
(3)掌握连梁在软件中的处理方式;
(4)统计本层剪力墙的阶段性工程量。

一、任务说明
①完成首层剪力墙的属性定义、做法套用及图元绘制。
②汇总计算,统计本层剪力墙的工程量。

二、任务分析
①剪力墙在计量时的主要尺寸有哪些? 可以从哪个图中什么位置找到?
②剪力墙的暗柱、端柱分别是如何计算钢筋工程量的?
③剪力墙的暗柱、端柱分别是如何套用清单定额的?
④当剪力墙墙中线与轴线不重合时, 该如何处理?
⑤电梯井壁剪力墙的施工措施有什么不同?

三、任务实施

1)分析图纸

(1)分析剪力墙

分析结施-04、结施-01,可以得到首层剪力墙的信息,见表3.6。

表3.6　剪力墙表

序号	类型	名称	混凝土型号	墙厚（mm）	标高	水平筋	竖向筋	拉筋
1	内墙	Q3	C30	200	-0.05~+3.85	⊈12@150	⊈14@150	⊈8@450

(2)分析连梁

连梁是剪力墙的一部分。结施-06中,剪力墙上有LL1(1),尺寸为200 mm×1000 mm,下方有门洞,箍筋为⊈10@100(2),上部纵筋为4⊈22,下部纵筋为4⊈22,侧面纵筋为G⊈12@200。

2)剪力墙清单、定额计算规则学习

(1)清单计算规则学习

剪力墙清单计算规则见表3.7。

表3.7　剪力墙清单计算规则

编号	项目名称	单位	计算规则
010504001	直形墙	m²	均按设计图示尺寸以体积计算。不扣除构件内钢筋、预埋铁件及墙、板中0.3㎡以内的孔洞所占体积
WB010504003	电梯井墙		
011702011	直形墙(模板)	m²	按模板与现浇混凝土构件的接触面积计算,单孔面积≤0.3㎡的孔洞不予扣除
011702013	短肢剪力墙、电梯井壁(模板)	m²	

(2)定额计算规则

剪力墙定额计算规则见表3.8。

表3.8　剪力墙定额计算规则

编号	项目名称	单位	计算规则
J2-26	商品混凝土 墙 地下室混凝土墙 250 外	m³	按设计图示尺寸以体积计算
J2-30	商品混凝土 电梯井 直形墙	m³	
J2-155	现浇混凝土模板 直形墙 复合木模板 地下室混凝土 外墙	m²	按模板与现浇混凝土构件的接触面积计算
J2-156	现浇混凝土 模板 电梯井壁 复合木模板	m²	
J2-160	现浇混凝土 墙支模高度 超过3.6 m每增加1 m	m²	超过3.60 m的部分,另按超过部分每增高1 m计算增加支撑工程量。不足0.50 m时不计,超过0.5 m按1 m计算

3)剪力墙属性定义

（1）新建剪力墙

在导航树中选择"墙"→"剪力墙"，在"构件列表"中单击"新建"→"新建内墙"，如图 3.42 所示。

在"属性列表"中对图元属性进行编辑，如图 3.43 所示。

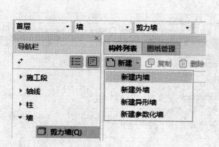

图 3.42

属性列表	
属性名称	属性值
1　名称	Q3
2　厚度(mm)	200
3　轴线距左墙皮…	(100)
4　水平分布钢筋	(2)Φ12@150
5　垂直分布钢筋	(2)Φ14@150
6　拉筋	Φ8@450*450
7　材质	商品混凝土
8　混凝土类型	(特细砂塑性混凝土(坍…
9　混凝土强度等级	(C30)
10　混凝土外加剂	(无)
11　泵送类型	(混凝土泵)
12　泵送高度(m)	(3.85)
13　内/外墙标志	(内墙)
14　类别	混凝土墙
15　起点顶标高(m)	层顶标高(3.85)
16　终点顶标高(m)	层顶标高(3.85)
17　起点底标高(m)	层底标高(-0.05)
18　终点底标高(m)	底板顶标高(-0.05)

图 3.43

（2）新建连梁

在导航树中选择"梁"→"连梁"，在"构件列表"中单击"新建"→"新建矩形连梁"，如图 3.44 所示。

在"属性列表"中对图元属性进行编辑，如图 3.45 所示。

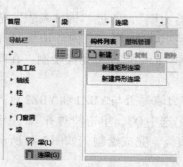

图 3.44

属性列表	
属性名称	属性值
1　名称	LL-1
2　截面宽度(mm)	200
3　截面高度(mm)	1000
4　轴线距梁左边…	(100)
5　全部纵筋	
6　上部纵筋	4Φ22
7　下部纵筋	4Φ22
8　箍筋	Φ10@100(2)
9　胶数	2
10　拉筋	(Φ6)
11　侧面纵筋(总配…	GΦ12@200
12　材质	现浇混凝土
13　混凝土类型	(碎石最大粒径40mm 坍…
14　混凝土强度等级	(C30)
15　混凝土外加剂	(无)
16　泵送类型	(混凝土泵)
17　泵送高度(m)	
18　截面周长(m)	2.4
19　截面面积(m²)	0.2
20　起点顶标高(m)	洞口顶标高加连梁高度
21　终点顶标高(m)	洞口顶标高加连梁高度

图 3.45

4)做法套用

①剪力墙做法套用,如图3.46所示。

	编码	类别	名称	项目特征	单位	工程量表达式	表达式说明
1	010504003	项	电梯井墙	1.混凝土种类:商砼 2.混凝土强度等级:C30	m3	TJ	TJ<体积>
2	J2-30	定	商品混凝土 电梯井直形墙		m3	TJ	TJ<体积>
3	011702013	项	短肢剪力墙、电梯井壁	1.墙类型:剪力墙	m2	MBMJ	MBMJ<模板面积>
4	J2-156	定	现浇混凝土模板 电梯井壁 复合木模板		m2	MBMJ	MBMJ<模板面积>

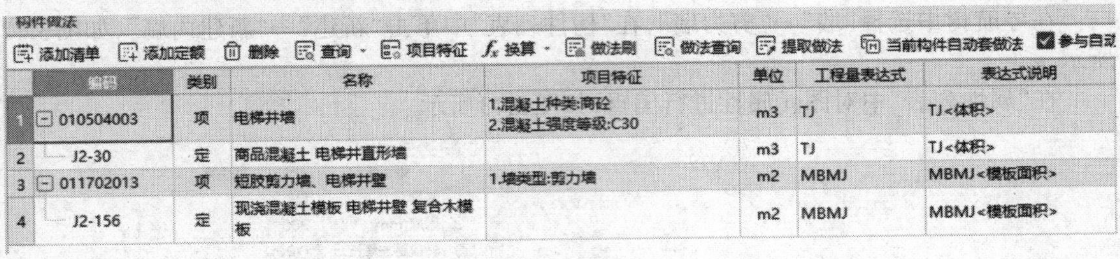

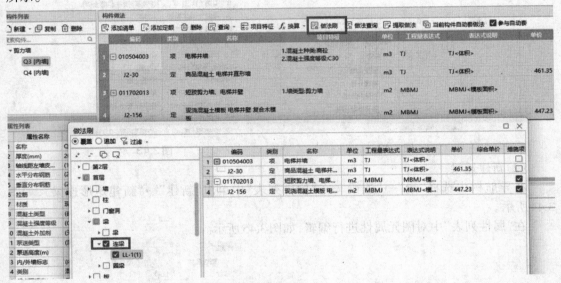

图3.46

②在剪力墙里连梁是归到剪力墙里的,因此连梁的做法可采用"做法刷",套用如图3.47所示。

图3.47

5)画法讲解

(1)剪力墙的画法

剪力墙定义完毕后,切换到绘图界面。

①直线绘制。在导航树中选择"墙"→"剪力墙",通过"构件列表"选择要绘制的构件Q3,依据结施-04可知,剪力墙和暗柱都是200 mm厚,且内外边线对齐,用鼠标捕捉左下角的YBZ1,左键单击Q3的起点,再左键单击终点即可完成绘制。在暗柱处满绘剪力墙。

②对齐。用直线完成Q3的绘制后,检查剪力墙是否与YBZ1和YBZ2对齐,假如不对齐,可采用"对齐"功能将剪力墙和YBZ对齐。选中Q3,单击"对齐",左键单击需要对齐的目标线,再左键单击选择图元需要对齐的边线,完成绘制,如图3.48所示。

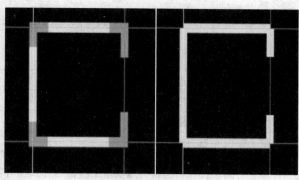

图 3.48

（2）连梁的画法

连梁定义完毕后，切换到绘图界面。采用"直线"绘制的方法绘制。

通过"构件列表"选择"梁"→"连梁"→"LL1"，单击"建模"→"直线"，依据结施-05可知，连梁和剪力墙都是200 mm厚，且内外边线对齐，用鼠标捕捉剪力墙的一个端点作为连梁LL1(1)的起点，再捕捉剪力墙的另一个端点作为终点即可，如图3.49所示。

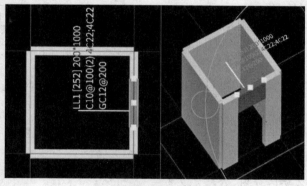

图 3.49

四、任务结果

绘制完成后，单击"工程量"选项卡下的"汇总计算"，进行汇总计算工程量，或者按"F9"键进行汇总计算。再选择"查看报表"，单击"设置报表范围"，选择首层剪力墙、暗柱和连梁，单击"确定"按钮，首层剪力墙清单、定额工程量见表3.9，首层剪力墙钢筋工程量（不含墙柱）见表3.10。

表3.9　首层剪力墙清单、定额工程量

序号	编码	项目名称	项目特征	单位	工程量明细
					绘图输入
1	010504003002	电梯井墙（连梁）	(1)混凝土种类:商品混凝土 (2)混凝土强度等级:C30	m³	0.2024
	J2-30	商品混凝土 电梯井 直形墙		m³	0.2024
2	010504003003	电梯井墙	(1)混凝土种类:商品混凝土 (2)混凝土强度等级:C30	m³	6.1079
	J2-30	商品混凝土 电梯井 直形墙		m³	6.1079

续表

序号	编码	项目名称	项目特征	单位	工程量明细 绘图输入
3	011702013002	短肢剪力墙、电梯井壁（连梁）	墙类型：连梁模板	m²	2.244
	J2-156	现浇混凝土模板 电梯井壁 复合木模板		10 m²	0.2244
4	011702013004	短肢剪力墙、电梯井壁（模板）	墙类型：剪力墙	m²	61.8719
	J2-156	现浇混凝土模板 电梯井壁 复合木模板		10 m²	6.18719

表3.10　首层剪力墙钢筋工程量

汇总信息	汇总信息钢筋总重(kg)	构件名称	构件数量	HPB300	HRB400
剪力墙	657.162	Q3[2800]	1		229.288
		Q3[2801]	1		229.288
		Q3[2802]	1		198.586
		合计			657.162
连梁	116.447	LL-1(1)[219]	1	1.044	115.403
		合计		1.044	115.403

五、总结拓展

对"属性编辑框"中的"附加"进行勾选，方便用户对所定义的构件进行查看和区分。

问 题思考

(1)剪力墙为什么要区分内、外墙定义？

(2)电梯井壁墙的内侧模板是否存在超高？

(3)电梯井壁墙的内侧模板和外侧模板是否套用同一定额？

首层剪力墙的
定义及绘制

3.3 首层梁工程量计算

通过本节的学习，你将能够：

(1)依据定额和清单确定梁的分类和工程量计算规则；

(2)依据平法、定额和清单确定梁的钢筋类型及工程量计算规则；

(3)定义梁的属性，进行正确的做法套用；

(4)绘制梁图元，正确对梁进行二次编辑；

(5)统计梁的工程量。

一、任务说明

①完成首层梁的属性定义、做法套用及图元绘制。

②汇总计算，统计本层梁的钢筋及土建工程量。

二、任务分析

①梁在计量时的主要尺寸有哪些？可以从哪个图中什么位置找到？有多少种梁？

②梁是如何套用清单定额的？软件中如何处理变截面梁？

③梁的标高如何调整？起点顶标高和终点顶标高不同会有什么结果？

④绘制梁时，如何使用"Shift+左键"实现精确定位？

⑤各种不同名称的梁如何能快速套用做法？

⑥参照16G101—1第84-97页，分析框架梁、非框架梁、屋框梁、悬臂梁纵筋及箍筋的配筋构造。

⑦按图集构造分别列出各种梁中各种钢筋的计算公式。

三、任务实施

1)分析图纸

①分析结施-06，从左至右、从上至下，本层有框架梁和非框架梁两种。

②框架梁KL1~KL10b，非框架梁L1，主要信息见表3.11。

表3.11　梁表

序号	类型	名称	混凝土强度等级	截面尺寸（mm）	顶标高	备注
1	框架梁	KL1（1）	C30	250×500	层顶标高	钢筋信息参考结施-06
		KL2（2）	C30	300×500	层顶标高	
		KL3（3）	C30	250×500	层顶标高	
		KL4（1）	C30	300×600	层顶标高	
		KL5（3）	C30	300×500	层顶标高	
		KL6（7）	C30	300×500	层顶标高	
		KL7（3）	C30	300×500	层顶标高	
		KL8（1）	C30	300×600	层顶标高	
		KL9（3）	C30	300×600	层顶标高	
		KL10（3）	C30	300×600	层顶标高	
		KL10a（3）	C30	300×600	层顶标高	
		KL10b（1）	C30	300×600	层顶标高	
2	非框架梁	L1（1）	C30	300×550	层顶标高	

2)现浇混凝土梁基础知识学习

（1）清单计算规则学习

梁清单计算规则见表3.12。

表3.12　梁清单计算规则

编号	项目名称	单位	计算规则
010503002	矩形梁	m³	按设计图示尺寸以体积计算。不扣除构件内钢筋、预埋铁件所占体积，伸入墙内的梁头、梁垫并入梁体积内。型钢混凝土梁扣除构件内型钢所占体积 梁长： (1)梁与柱连接时，梁长算至柱侧面 (2)主梁与次梁连接时，次梁长算至主梁侧面
010503006	弧形、拱形梁	m³	
010505001	有梁板	m³	按设计图示尺寸以体积计算，不扣除构件内钢筋、预埋铁件及单个面积≤0.3 m³的柱、垛以及孔洞所占体积 有梁板(包括主、次梁及板)按梁、板体积之和计算
011702006	矩形梁	m²	按模板与现浇混凝土接触面积计算。现浇框架分别按梁、板、柱有关规定计算；附墙柱、暗梁、暗柱并入墙内工程量内计算。柱、梁、墙、板相互连接的重叠部分，均不计算模板面积
01170201	弧形、拱形梁（模板）	m³	
011702014	有梁板	m²	

（2）定额计算规则学习

梁定额计算规则见表3.13。

表3.13　梁定额计算规则

编号	项目名称	单位	计算规则
J2-18	商品混凝土 单梁、连续梁、框架梁	m³	混凝土的工程量按设计图示体积以"m³"计算，不扣除构建内钢筋、螺栓、预埋铁件及单个面积0.3 m²以内的孔洞所占体积 (1)梁与柱(墙)连接时，梁长算至柱(墙)侧面 (2)次梁与主梁连接时，次梁长算至主梁侧面
J2-22	商品混凝土 弧形、拱形梁	m³	
J2-146	现浇混凝土模板 矩形梁 复合木模板	10 m²	按模板与混凝土的接触面积以"m²"计算。梁与柱、梁与梁等连接重叠部分，以及深入墙内的梁头接触部分，均不计算模板面积
J2-148	现浇混凝土模板 弧形梁 复合木模板	10 m²	
J2-152	现浇混凝土梁支模高度超过3.6 m每增加1 m	10 m²	现浇混凝土柱、板、墙和梁的支模高度以净高(底层无地下室者需另加室内外高差)在3.60 m内为准，超过3.60 m的部分，另按超过部分每增高1 m计算增加支撑工程量。不足0.50 m时不计，超过0.5 m按1 m计算
J2-34	商品混凝土 有梁板	m³	按设计图示尺寸以体积计算。有梁板(包括主梁、次梁与板)按梁、板体积合并计算

续表

编号	项目名称	单位	计算规则
J2-161	现浇混凝土模板 有梁板 复合木模板	10 m²	按模板与混凝土的接触面积以"m²"计算。现浇钢筋混凝土板单孔面积≤0.3 m²孔洞所占的面积不予扣除,洞侧壁模板亦不增加,单孔面积>0.3 m²时,应予扣除,洞侧壁模板面积并入板模板工程量内计算
J2-168	现浇混凝土板支模高度超过3.6 m每增加1 m	10 m²	现浇混凝土柱、板、墙和梁的支模高度以净高(底层无地下室者需另加室内外高差)在3.60 m内为准,超过3.60 m的部分,另按超过部分每增高1 m计算增加支撑工程量。不足0.50 m时不计,超过0.5 m按1 m计算

（3）梁平法知识

梁类型有楼层框架梁、屋面框架梁、框支梁、非框架梁、悬挑梁等。梁平面布置图上采用平面注写方式或截面注写方式表达。

①平面注写:在梁平面布置图上,分别在不同编号的梁中各选一根梁,在其上注写截面尺寸和配筋具体数值的方式来表达梁平法施工图,如图3.50所示。平面注写包括集中标注与原位标注,集中标注表达梁的通用数值,原位标注表达梁的特殊数值。当集中标注中的某项数值不适用于梁的某部位时,则将该项数值原位标注。施工时,原位标注取值优先。

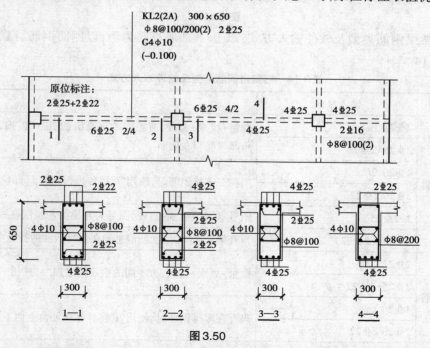

图3.50

②截面注写:在分标准层绘制的梁平面布置图上,分别在不同编号的梁中各选择一根梁用剖面号引出配筋图,并在其上注写截面尺寸和配筋具体数值的方式来表达梁平法施工图,如图3.51所示。

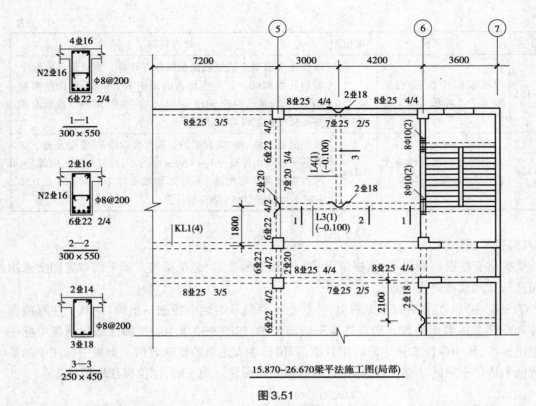

图3.51

③框架梁钢筋类型及软件输入方式：以上/下部通长筋为例，以侧面钢筋、箍筋、拉筋为例，见表3.14。

表3.14　框架梁钢筋类型及软件输入方式

钢筋类型	输入格式	说明
上部通长筋	2⊈22	数量+级别+直径，有不同的钢筋信息用"+"连接，注写时将角部纵筋写在前面
	2⊈25+2⊈22	
	4⊈20 2/2	当存在多排钢筋时，使用"/"将各排钢筋自上而下分开
	2⊈20/2⊈22	
	1-2⊈25	图号-数量+级别+直径，图号为悬挑梁弯起钢筋图号
	2⊈25+(2⊈22)	当有架立筋时，架立筋信息输在加号后面的括号中
下部通长筋	2⊈22	数量+级别+直径，有不同的钢筋信息用"+"连接
	2⊈25+2⊈22	
	4⊈20 2/2	当存在多排钢筋时，使用"/"将各排钢筋自上而下分开
	2⊈20/2⊈22	
侧面钢筋（总配筋值）	G4⊈16或N4⊈16	梁两侧侧面筋的总配筋值
	G⊈16@100或N⊈16@100	
箍筋	20⊈8(4)	数量+级别+直径(肢数)，肢数不输入时按肢数属性中的数据计算

续表

钢筋类型	输入格式	说明
箍筋	Φ8@100(4)	级别+直径+@+间距(肢数),加密区间距和非加密区间距用"/"分开,加密区间距在前,非加密区间距在后
	Φ8@100/200(4)	
	13Φ8@100/200(4)	此种输入格式主要用于指定梁两端加密箍筋数量的设计方式。"/"前面表示加密区间距,后面表示非加密区间距。当箍筋肢数不同时,需要在间距后面分别输入相应的肢数
	9Φ8@100/12Φ12@150/Φ16@200(4)	此种输入格式表示从梁两端到跨内,按输入的间距、数量依次计算。当箍筋肢数不同时,需要在间距后面分别输入相应的肢数
	10Φ10@100(4)/Φ8@200(2)	此种输入格式主要用于加密区和非加密区箍筋信息不同时的设计方式。"/"前面表示加密区间距,后面表示非加密区间距
	Φ10@100(2)[2500];Φ12@100(2)[2500]	此种输入格式主要用于同一跨梁内不同范围存在不同箍筋信息的设计方式
拉筋	Φ16	级别+直径,不输入间距按照非加密区箍筋间距的2倍计算
	4Φ16	排数+级别+直径,不输入排数按照侧面纵筋的排数计算
	Φ16@100 或 Φ16@100/200	级别+直径+@+间距,加密区间距和非加密区间距用"/"分开,加密区间距在前,非加密区间距在后
支座负筋	4Φ16 或 2Φ22+2Φ25	数量+级别+直径,有不同的钢筋信息用"+"连接
	4Φ16 2/2 或 4Φ14/3Φ18	当存在多排钢筋时,使用"/"将各排钢筋自上而下分开
	4Φ16−2500	数量+级别+直径−长度,长度表示支座筋伸入跨内的长度。此种输入格式主要用于支座筋指定伸入跨内长度的设计方式
	4Φ16 2/2+2000/1500	数量+级别+直径+数量/数量+长度/长度。该输入格式表示:第一排支座筋2Φ16,伸入跨内2000,第二排支座筋2Φ16伸入跨内1500
跨中筋	4Φ16 或 2Φ22+2Φ25	数量+级别+直径,有不同的钢筋信息用"+"连接
	4Φ16 2/2 或 4Φ14/3Φ18	当存在多排钢筋时,使用"/"将各排钢筋自上而下分开
	4Φ16+(2Φ18)	当有架立筋时,架立筋信息输在加号后面的括号中
	2−4Φ16	图号−数量+级别+直径,图号为悬挑梁弯起钢筋图号
下部钢筋	4Φ16 或 2Φ22+2Φ25	数量+级别+直径,有不同的钢筋信息用"+"连接
	4Φ16 2/2 或 6Φ14(−2)/4	当存在多排钢筋时,使用"/"将各排钢筋自上而下分开。当有下部钢筋不全部伸入支座时,将不伸入的数量用(−数量)的形式表示
次梁加筋	4	数量,表示次梁两侧共增加的箍筋数量,箍筋的信息和长度与梁一致
	4Φ16(2)	数量+级别+直径+肢数,肢数不输入时按照梁的箍筋肢数处理
	4Φ16(2)/3Φ18(4)	数量+级别+直径+肢数/数量+级别+直径+肢数,不同位置的次梁加筋可以使用"/"隔开

续表

钢筋类型	输入格式	说明
吊筋	4⊈16或4⊈14/3⊈18	数量+级别+直径,不同位置的次梁吊筋信息可以使用"/"隔开
加腋钢筋	4⊈16或4⊈14+3⊈18	数量+级别+直径,有不同的钢筋信息用"+"连接
	4⊈16 2/2或4⊈14/3⊈18	当存在多排钢筋时,使用"/"将各排钢筋自上而下分开
	4⊈16;3⊈18	数量+级别+直径;数量+级别+直径,左右端加腋钢筋信息不同时用";"隔开。没有分号隔开时,表示左右端配筋相同

3)梁的属性定义

（1）框架梁

在导航树中单击"梁"→"梁",在"构件列表"中单击"新建"→"新建矩形梁",新建矩形梁KL6(7)。根据KL6(7)在结施-06中的标注信息,在"属性列表"中输入相应的属性值,如图3.52所示。

	属性名称	属性值
1	名称	KL6(7)
2	结构类别	楼层框架梁
3	跨数量	7
4	截面宽度(mm)	300
5	截面高度(mm)	500
6	轴线距梁左边...	(150)
7	箍筋	⊈10@100/200(2)
8	肢数	2
9	上部通长筋	2⊈25
10	下部通长筋	
11	侧面构造或受...	G2⊈12
12	拉筋	(⊈6)
13	定额类别	有梁板
14	材质	商品混凝土
15	混凝土类型	(特细砂塑性混凝土(坍...
16	混凝土强度等级	(C30)
17	混凝土外加剂	(无)
18	泵送类型	(混凝土泵)
19	泵送高度(m)	(3.85)
20	截面周长(m)	1.6
21	截面面积(m²)	0.15
22	起点顶标高(m)	层顶标高(3.85)
23	终点顶标高(m)	层顶标高(3.85)

图3.52

【注意】

名称:根据图纸输入构件的名称KL6(7),该名称在当前楼层的当前构件类型下唯一。

结构类别:结构类别会根据构件名称中的字母自动生成,也可根据实际情况进行选择。梁的结构类别下拉框选项中有7类,按照实际情况,此处选择"楼层框架梁",如图3.53所示。

跨数量:梁的跨数量,直接输入。没有输入时,提取梁

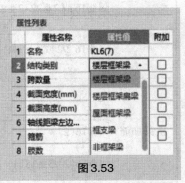

图3.53

跨后会自动读取。

截面宽度(mm):梁的宽度,KL6(7)的梁宽为300,在此输入300。

截面高度(mm):输入梁的截面高度,KL6(7)的梁高为500,在此输入500。

轴线距梁左边线距离:按默认即可。

箍筋:KL6(7)的箍筋信息为Φ10@100/200(2)。

肢数:通过单击按钮选择肢数类型,KL6(7)为2肢箍。

上部通长筋:根据图纸集中标注,KL6(7)的上部通长筋为2Φ25。

下部通长筋:根据图纸集中标注,KL6(7)无下部通长筋。

侧面构造或受扭筋(总配筋值):格式G或N+数量+级别+直径,其中G表示构造钢筋,N表示抗扭钢筋,根据图纸集中标注,KL6(7)有构造钢筋2根+三级钢+12的直径(G2Φ12)。

拉筋:当有侧面纵筋时,软件按"计算设置"中的设置自动计算拉筋信息。当构件需要特殊处理时,可根据实际情况输入。

定额类别:可选择有梁板或非有梁板,该工程中框架梁大部分按有梁板进行定额类别的确定。

材质:有自拌混凝土、商品混凝土和预制混凝土3种类型,根据工程实际情况选择,该工程选用"商品混凝土"。

混凝土类型:当前构件的混凝土类型,可根据实际情况进行调整。这里的默认取值与楼层设置里的混凝土类型一致。

混凝土强度等级:混凝土的抗压强度。默认取值与楼层设置里的混凝土强度等级一致,根据图纸,框架梁的混凝土强度等级为C30。

钢筋业务属性:如图3.54所示。

其他钢筋:除了当前构件中已经输入的钢筋外,还有需要计算的钢筋,则可通过其他钢筋来输入。

其他箍筋:除了当前构件中已经输入的箍筋外,还有需要计算的箍筋,则可通过其他箍筋来输入。

保护层厚度:软件自动读取楼层设置中框架梁的保护层厚度为20 mm,如果当前构件需要特殊处理,则可根据实际情况进行输入。

图3.54

(2)非框架梁

非框架梁的属性定义同上面的框架梁。对于非框架梁,在定义时,需要在属性的"结构类别"中选择相应的类别,如"非框架梁",其他属性与框架梁的输入方式一致,如图3.55所示。

4)梁的做法套用

梁构件定义好后,需要进行做法套用操作。打开"定义"界面,选择"构件做法",单击"添加清单",添加混凝土有梁板清单项010505001和有梁板模板清单项011702014。在混凝土有梁板下添加定额J2-94,在有梁板模板下添加定额J2-161。单击"项目特征",根据工程实际情况将项目特征填写完整。

	属性名称	属性值	附加
1	名称	L1(1)	
2	结构类别	非框架梁	☐
3	跨数量	1	
4	截面宽度(mm)	300	☐
5	截面高度(mm)	550	☐
6	轴线距梁左边...	(150)	☐
7	箍筋	Φ8@200(2)	☐
8	肢数	2	
9	上部通长筋	2Φ22	☐
10	下部通长筋		☐
11	侧面构造或受...	G2Φ12	☐
12	拉筋	(Φ6)	☐
13	定额类别	单梁	
14	材质	现浇混凝土	
15	混凝土类型	(碎石最大粒径40...	☐
16	混凝土强度等级	(C30)	☐
17	混凝土外加剂	(无)	
18	泵送类型	(混凝土泵)	
19	泵送高度(m)		
20	截面周长(m)	1.7	☐
21	截面面积(m²)	0.165	☐
22	起点顶标高(m)	层顶标高	☐
23	终点顶标高(m)	层顶标高	☐
24	备注		☐
25	⊞ 钢筋业务属性		
35	⊞ 土建业务属性		
44	⊞ 显示样式		

图 3.55

框架梁 KL6 的做法套用如图 3.56 所示。

编码	类别	名称	项目特征	单位	工程量表达式	表达式说明
⊟ 010505001	项	有梁板	1.混凝土种类:商砼 2.混凝土强度等级:C30	m3	TJ	TJ<体积>
└ J2-94	定	现浇混凝土 有梁板		m3	TJ	TJ<体积>
⊟ 011702014	项	有梁板（模板）	1.支撑高度:3.9米	m2	MBMJ	MBMJ<模板面积>
└ J2-161	定	现浇混凝土模板 有梁板 复合木模板		m2	MBMJ	MBMJ<模板面积>

图 3.56

非框架梁 L1 的做法套用如图 3.57 所示。

	编码	类别	名称	项目特征	单位	工程量表达式	表达式说明	
1	⊟ 010505001	项	有梁板	1.混凝土种类:商砼 2.混凝土强度等级:C30	m3	TJ	TJ<体积>	
2	└ J2-94	定	现浇混凝土 有梁板		m3	TJ	TJ<体积>	
3	⊟ 011702014	项	有梁板（模板）	1.支撑高度:3.9米	m2	MBMJ	MBMJ<模板面积>	
4	└ J2-161	定	现浇混凝土模板 有梁板 复合木模板		m2	MBMJ	MBMJ<模板面积>	

图 3.57

框架梁 KL1（弧形梁）的做法套用如图 3.58 所示。

搜索构件...		编码	类别	名称	项目特征	单位	工程量表达式	表达式说明	单价	综合单...
▼ 梁	1	⊟ 010505001	项	有梁板	1.混凝土种类:商砼 2.混凝土强度等级:C30 3.弧形梁	m3	TJ	TJ<体积>		
▼ 楼层框架梁	2	└ J2-22	定	商品混凝土 弧形、拱形梁		m3			476.03	
KL1(1)	3	⊟ 010503006	项	弧形、拱形梁	1.支撑高度:3.9米	m3	MBMJ	MBMJ<模板面积>		
KL2(2)	4	└ J2-148	定	现浇混凝土模板 弧形梁 复合木模板		m2	MBMJ	MBMJ<模板面积>	530.8	
KL3(3)										
KL4(1)										
KL5(3)										

图 3.58

根据结施-13中楼梯平面图分析,位于④轴、⑩轴上的TL-1不属于楼梯平台梁和连接梁,不在计算整体楼梯的水平投影面积范围内,应该单独计算梁的工程量,TL-1(非平台梁)的做法套用如图3.59所示。

编码	类别	名称	项目特征	单位	工程量表达式	
⊟ 010503002	项	矩形梁	1.混凝土种类:商砼 2.混凝土强度等级:C30	m3	TJ	TJ
└ J2-18	定	商品混凝土 单梁、连续梁、框架梁		m3	TJ	TJ
⊟ 011702006	项	矩形梁	1.支撑高度:3.6米以内	m2	MBMJ	MJ
└ J2-146	定	现浇混凝土模板 矩形梁 复合木模板		m2	MBMJ	MJ

图3.59

5)梁画法讲解

梁在绘制时,要先绘制主梁后绘制次梁。通常,按先上后下、先左后右的方向来绘制,以保证所有的梁都能够绘制完全。

(1)直线绘制

梁为线性构件,直线形的梁采用"直线"绘制比较简单,如KL6。在绘图界面,单击"直线"命令,单击梁的起点①轴与⑩轴的交点,单击梁的终点⑧轴与⑩轴的交点即可,如图3.60所示。1号办公楼中KL2~KL10b、非框架梁L1都可采用直线绘制。

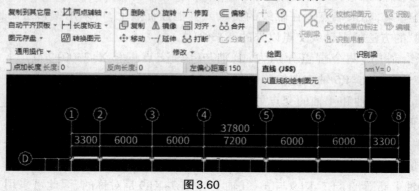

图3.60

(2)弧形绘制

在绘制③~④轴与Ⓐ~ⓊA轴间的KL1(1)时,先从③轴与Ⓐ轴交点出发,将左偏心距离设置为250,绘制一段3500 mm的直线,切换成"起点圆心终点弧"模式,如图3.61所示,捕捉圆心,再捕捉终点,右键确定,完成KL1弧形段的绘制。

弧形段也可采用两点小弧的方法进行绘制,如果能准确确定弧上3个点,还可采用三点画弧的方式绘制。

KL1(1)在绘制时,假如直线段和弧形段是分开进行绘制的,需要将其进行"合并"。

(3)梁柱对齐

在绘制KL6时,对于⑩轴上①~⑧轴间的KL6,其中心线不在轴线上,但由于KL6与两端框架柱一侧平齐,因此,除了采用"Shift+左键"的方法偏移绘制之外,还可使用"对齐"命令。

①在轴线上绘制KL6(7)，绘制完成后，选择"建模"页签下"修改"面板中的"对齐"命令，如图3.62所示。

图3.61　　　　　　　　　　　　　图3.62

②根据提示，先选择柱上侧的边线，再选择梁上侧的边线，对齐成功后如图3.63所示。

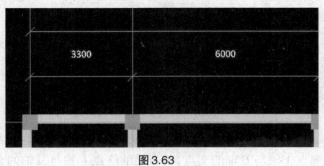

图3.63

（4）偏移绘制

对于有些梁，如果端点不在轴线的交点或其他捕捉点上，可采用偏移绘制也就是采用"Shift+左键"的方法捕捉轴线交点以外的点来绘制。

例如，绘制L1，两个端点分别为：①轴与④轴交点偏移 X=2300+200，Y=-3250-150。①轴与⑤轴交点偏移 X=0，Y=-3250-150。

将鼠标放在①轴和④轴的交点处，同时按下"Shift"键和鼠标左键，在弹出的"输入偏移值"对话框中输入相应的数值，单击"确定"按钮，这样就选定了第一个端点。采用同样的方法，确定第二个端点来绘制L1。

首层梁的定义
和绘制(一)

（5）镜像绘制梁图元

①~④轴上布置的KL7~KL9与⑤~⑧轴上的KL7~KL9是对称的，因此可采用"镜像"命令绘制此图元。点选镜像图元，单击鼠标右键选择"镜像"，单击对称点一，再单击对称点二，在弹出的对话框中选择"否"即可。

6）梁的二次编辑

梁绘制完毕后，只是对梁集中标注的信息进行了输入，还需输入原位标注的信息。由于梁是以柱和墙为支座的，提取梁跨和原位标注之前，需要绘制好所有的支座。图中梁显示为粉色时，表示还没有进行梁跨提取和原位标注的输入，也不能正确地对梁钢筋进行计算。

对于有原位标注的梁，可通过输入原位标注来把梁的颜色变为绿色；对于没有原位标注的梁，可通过重提梁跨来把梁的颜色变为绿色，如图3.64所示。

图3.64

软件中用粉色和绿色对梁进行区别，目的是提醒哪些梁已经进行了原位标注的输入，便于检查，防止出现忘记输入原位标注，影响计算结果的情况。

（1）原位标注

梁的原位标注主要有支座钢筋、跨中筋、下部钢筋、架立钢筋。另外，变截面也需要在原位标注中输入。下面以Ⓑ轴的KL4为例，介绍梁的原位标注信息输入。

①在"梁二次编辑"面板中选择"原位标注"。

②选择要输入原位标注的KL4，绘图区显示原位标注的输入框，下方显示平法表格。

③对应输入钢筋信息，有两种方式：

一是在绘图区域显示的原位标注输入框中输入，比较直观，如图3.65所示。

图3.65

二是在"梁平法表格"中输入，如图3.66所示。

图3.66

绘图区域输入：按照图纸标注中KL4的原位标注信息输入；"1跨左支座筋"输入"5Φ22 3/2"，按"Enter"键确定；跳到"1跨跨中筋"，此处没有原位标注信息，不用输入，可以直接按"Enter"键跳到下一个输入框，或者用鼠标选择下一个需要输入的位置。例如，选择"1跨右支座筋"输入框，输入"5Φ22 3/2"；按"Enter"键跳到"下部钢筋"，输入"4Φ25"。

【注意】

输入后按"Enter"键跳转的方式，软件默认的跳转顺序是左支座筋、跨中筋、右支座筋、下部筋，然后下一跨的左支座筋、跨中筋、右支座筋、下部筋。如果想要自己确定输入的顺序，可用鼠标选择需要输入的位置，每次输入之后，需要按"Enter"键或单击其他方框确定。

（2）重提梁跨

当遇到以下问题时，可使用"重提梁跨"功能：

①原位标注计算梁的钢筋需要重提梁跨，软件在提取了梁跨后才能识别梁的跨数、梁支座并进行计算。

②由于图纸变更或编辑梁支座信息，导致梁支座减少或增加，影响了梁跨数量，使用"重提梁跨"可以重新提取梁跨信息。

重提梁跨的操作步骤如下：

第一步：在"梁二次编辑"面板中选择"重提梁跨"，如图3.67所示。

第二步：在绘图区域选择梁图元，出现如图3.68所示的提示信息，单击"确定"按钮即可。

图3.67　　　　　　　　　　图3.68

（3）设置支座

如果存在梁跨数与集中标注中不符的情况，则可使用此功能进行支座的设置工作。操作步骤如下：

第一步：在"梁二次编辑"面板中选择"设置支座"，如图3.69所示。

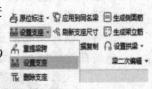

图3.69

第二步：鼠标左键选择需要设置支座的梁，如KL3，如图3.70所示。

图3.70

第三步：鼠标左键选择或框选作为支座的图元，右键确认，如图3.71所示。

图3.71

第四步：当支座设置错误时，还可采用"删除支座"的功能进行删除，如图3.72所示。

（4）梁标注的快速复制功能

分析结施-06，可以发现图中有很多同名的梁（如KL1，KL2，KL5，KL7，KL8，KL9等）。这时，不需要对每道梁都进行原位标注，直接使用软件提供的复制功能，即可快速对梁进行原位标注。

①梁跨数据复制。工程中不同名称的梁，梁跨的原位标注信息相同，或同一道梁不同跨的原位标注信息相同，通过该功能可以将当前选中的梁跨数据复制到目标梁跨上。复制内容主要是钢筋信息。例如KL3，其③~④轴的原位标注与⑤~⑥轴完全一致，这时可使用梁跨数据复制功能，将③~④轴跨的原位标注复制到⑤~⑥轴中。

第一步：在"梁二次编辑"面板中选择"梁跨数据复制"，如图3.73所示。

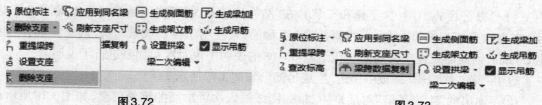

图 3.72   图 3.73

第二步:在绘图区域选择需要复制的梁跨,单击鼠标右键结束选择,需要复制的梁跨选中后显示为红色,如图 3.74 所示。

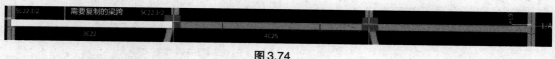

图 3.74

第三步:在绘图区域选择目标梁跨,选中的梁跨显示为黄色,单击鼠标右键完成操作,如图 3.75 所示。

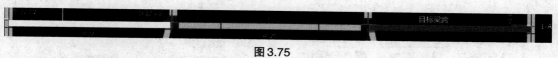

图 3.75

②应用到同名梁。当遇到以下问题时,可使用"应用到同名梁"功能。

如果图纸中存在多个同名称的梁,且原位标注信息完全一致,就可采用"应用到同名梁"功能来快速地实现原位标注信息的输入。如结施-06 中有 4 道 KL8,只需对一道 KL8 进行原位标注,运用"应用到同名梁"功能,实现快速标注。

第一步:在"梁二次编辑"面板中选择"应用到同名梁",如图 3.76 所示。

第二步:选择应用方法,软件提供了 3 种选择,根据实际情况选用即可。包括同名称未提取跨梁、同名称已提取跨梁、所有同名称梁。单击"查看应用规则",可查看应用同名梁的规则。

图 3.76

同名称未提取跨梁:未识别的梁为浅红色,这些梁没有识别跨长和支座等信息。

同名称已提取跨梁:已识别的梁为绿色,这些梁已经识别了跨长和支座信息,但是原位标注信息没有输入。

所有同名称梁:不考虑梁是否已经识别。

【注意】

　　未提取梁跨的梁,图元不能捕捉。

第三步:用鼠标左键在绘图区域选择梁图元,单击右键确定,完成操作,则软件弹出应用成功的提示,在此可看到有几道梁应用成功。

第四步:应用到同名称梁后,要注意检查被应用到的梁的原位标注是否正确。例如 KL5,使用"应用到同名称梁"后,并不是镜像标注,所以 KL5 需原位标注完后再进行镜像绘制。

(5)梁的吊筋和次梁加筋

在做实际工程时,吊筋和次梁加筋的布置方式一般都是在"结构设计总说明"中集中说明的,此时需要批量布置吊筋和次梁加筋。

《1号办公楼施工图（含土建和安装）》在"结构设计总说明"中的钢筋混凝土梁第三条表示：在主次梁相交处，均在次梁两侧各设3组箍筋，且注明了箍筋肢数、直径同梁箍筋，间距为50 mm，因此需设置次梁加筋。在结施-05~08的说明中也对次梁加筋进行了说明。

①在"梁二次编辑"面板中单击"生成吊筋"，如图3.77所示。

②在弹出的"生成吊筋"对话框中，根据图纸输入次梁加筋的钢筋信息，如图3.78所示。假如有吊筋，也可在此输入生成。

③设置完成后，单击"确定"按钮，然后在图中选择要生成次梁加筋的主梁和次梁，单击右键确定，即可完成吊筋的生成。

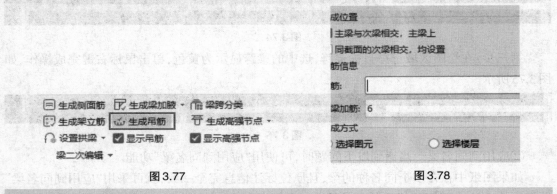

| 图3.77 | 图3.78 |

【注意】

必须进行提取梁跨后，才能使用此功能自动生成；运用此功能同样可以整楼生成。

④二层梯柱下方与KL6交接处，楼梯连接梁与框梁、非框梁连接处的次梁加筋可在拼法表格中单独输入。

（6）配置梁侧面钢筋（拓展）

如果图纸原位标注中标注了侧面钢筋的信息，或是结构设计总说明中标明了整个工程的侧面钢筋配筋，那么，除了在原位标注中输入外，还可使用"生成侧面钢筋"的功能来批量配置梁侧面钢筋。

首层梁中次梁加筋和吊筋的布置

①在"梁二次编辑"面板中选择"生成侧面筋"。

②在弹出的"生成侧面筋"对话框中，点选"梁高"或是"梁腹板高"定义侧面钢筋，如图3.79所示，可利用插入行添加侧面钢筋信息，高和宽的数值要求连续。

其中"梁腹板高设置"可以修改相应下部纵筋排数对应的"梁底至梁下部纵筋合力点距离s"。

根据规范和平法，梁腹板高度H_w应取有效高度，需要算至下部钢筋合力点。下部钢筋只有一排时，合力点为下部钢筋的中心点，则$H_w=H_b$（梁高）$-$板厚$-$保护层$-$下部钢筋半径，$s=$保护层$+D/2$；当下部钢筋为两排时，s一般取60 mm；当不需要考虑合力点时，则s输入0，表示腹板高度$H_w=$梁高$-$板厚。用户可根据实际情况进行修改，如图3.80所示。

③软件生成方式支持"选择图元"和"选择楼层"。"选择图元"在楼层中选择需要生成侧面钢筋的梁，单击鼠标右键确定。"选择楼层"则在右侧选择需要生成侧面筋的楼层，该楼层中所有的梁均生成侧面钢筋，如图3.81所示。

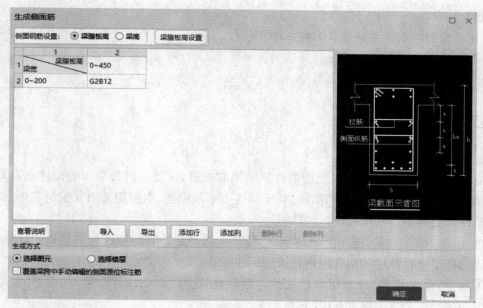

图 3.79

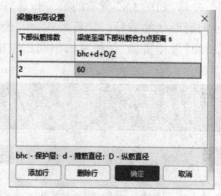

图 3.80

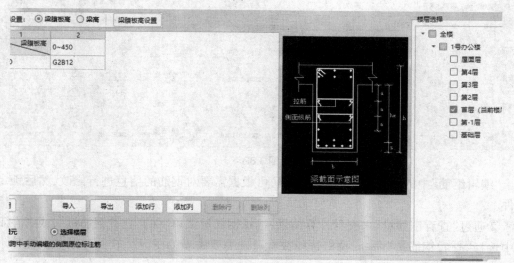

图 3.81

【说明】

　　生成的侧面钢筋支持显示钢筋三维。

　　利用此功能默认是输入原位标注侧面钢筋,遇支座断开,若要修改做法,进入"计算设置"中的"框架梁",可选择其他做法。

四、任务结果

1)查看钢筋工程量计算结果

　　前面部分没有涉及构件图元钢筋计算结果的查看,主要是因为竖向的构件在上下层没有绘制时,无法正确计算搭接和锚固,对于梁这类水平构件,本层相关图元绘制完毕,就可以正确地计算钢筋量,并可以查看计算结果。

　　首先,选择"工程量"选项卡下的"汇总计算",选择要计算的层进行钢筋量的计算,然后就可以选择已经计算过的构件进行计算结果的查看。

　　①通过"编辑钢筋"查看每根钢筋的详细信息:选择"钢筋计算结果"面板下的"编辑钢筋",下面还是以KL4为例进行说明。

　　钢筋显示顺序为按跨逐个显示,如图3.82所示的第一行计算结果中,"筋号"对应到具体钢筋;"图号"是软件对每一种钢筋形状的编号。"计算公式"和"公式描述"是对每根钢筋的计算过程进行的描述,方便查量和对量;"搭接"是指单根钢筋超过定尺长度之后所需要的搭接长度和接头个数。

筋号	直径(mm)	级别	图号	图形	计算公式	公式描述	弯曲调整值	长度	根数	搭接	损耗(%)
上通长	22	Φ	64	330⌐7660⌐330	500-20+15*d+6700+500-20+15*d	支座宽-保护层…	101	8219	2	0	0
左支座	22	Φ	18	330⌐2713	500-20+15*d+6700/3	支座宽-保护层…	50	2993	1	0	0
左支座	22	Φ	18	330⌐2155	500-20+15*d+6700/4	支座宽-保护层…	50	2435	2	0	0
右支座	22	Φ	18	330⌐2713	6700/3+500-20+15*d	搭接+支座宽-保…	50	2993	1	0	0
右支座	22	Φ	18	330⌐2155	6700/4+500-20+15*d	搭接+支座宽-保…	50	2435	2	0	0

图3.82

　　"编辑钢筋"中的数据还可以进行编辑,可根据需要对钢筋的信息进行修改,然后锁定该构件。

　　②通过"查看钢筋量"来查看计算结果:选择钢筋量菜单下的"查看钢筋量",或者在工具条中选择"查看钢筋量"命令,拉框选择或者点选需要查看的图元。软件可以一次性显示多个图元的计算结果,如图3.83所示。

查看钢筋量

导出到Excel　显示施工段归类

钢筋总重（kg）: 297.312

	楼层名称	构件名称	钢筋总重（kg）	HPB300		HRB400				
				6	合计	10	12	22	25	合计
1	首层	KL4(1)[189]	297.312	2.034	2.034	51.876	12.538	97.344	133.52	295.278
2		合计:	297.312	2.034	2.034	51.876	12.538	97.344	133.52	295.278

图 3.83

图中显示构件的钢筋量,可按不同的钢筋类别和直径列出,并可对选择的多个图元的钢筋量进行合计。

首层所有梁的钢筋工程量统计可单击"查看报表",见表3.15(见报表中《构件汇总信息明细表》)。

表 3.15　梁钢筋工程量

汇总信息	汇总信息钢筋总重(kg)	构件名称	构件数量	HPB300	HRB400
		楼层名称:首层(绘图输入)		79.251	12690.848
梁	12770.099	KL1(1)[179]	1	1.8	352.658
		KL1(1)[182]	1	1.8	352.656
		KL10(3)[183]	1	3.842	657.138
		KL10a(3)[184]	1	3.955	541.959
		KL2(2)[186]	1	2.599	386.285
		KL2(2)[187]	1	2.599	391.004
		KL3(3)[188]	1	4.8	639.494
		KL4(1)[189]	1	2.034	295.278
		KL5(3)[190]	2	8.588	1239.772
		KL5(3)[191]	2	8.588	1320.512
		KL6(7)[194]	1	10.622	1668.478
		KL7(3)[195]	2	9.04	1338.956
		KL8(1)[197]	2	4.068	773.192
		KL8(1)[199]	2	3.842	745.85
		KL9(3)[201]	2	9.04	1670.124
		L1(1)[203]	1	2.034	190.15
		TL1(非平台梁)[15560]	1		17.105
		TL1(平台梁)[4425]	2		73.942
		TL1(连接梁)[4637]	1		36.295
		合计		79.251	12690.848

2)查看土建工程量计算结果

①参照KL6(7)属性的定义方法，将剩余框架梁按图纸要求定义。

②用直线、三点画弧、对齐、镜像等方法将KL1~KL10b，以及非框架梁L1、TL1按图纸要求绘制。绘制完成后，如图3.84所示。

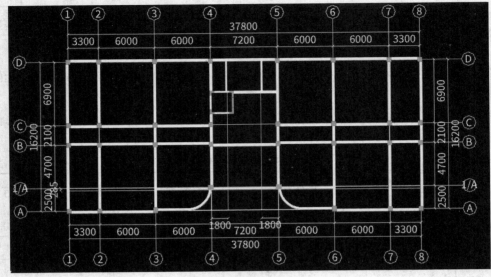

图3.84

③汇总计算，首层梁清单、定额工程量，见表3.16。

表3.16　首层梁清单、定额工程量

序号	编码	项目名称	项目特征	单位	工程量明细 绘图输入
实体项目					
1	010503002002	矩形梁	(1)混凝土种类:商品混凝土 (2)混凝土强度等级:C30	m³	0.1
	J2-18	商品混凝土 单梁、连续梁、框架梁		m³	0.1
2	010505001001	有梁板	(1)混凝土种类:商品混凝土 (2)混凝土强度等级:C30 (3)弧形梁	m³	1.6824
	J2-22	商品混凝土 弧形、拱形梁		m³	1.6824
3	010505001002	有梁板	(1)混凝土种类:商品混凝土 (2)混凝土强度等级:C30	m³	39.2287
	J2-94	现浇混凝土 有梁板		m³	39.2287
措施项目					
1	011702006001	矩形梁	支撑高度:3.6 m以内	m²	1.25
	J2-146	现浇混凝土模板 矩形梁 复合木模板		10 m²	0.125
2	011702010001	弧形、拱形梁	支撑高度:3.9 m	m²	16.8254

续表

序号	编码	项目名称	项目特征	单位	工程量明细
					绘图输入
	J2-148	现浇混凝土模板 弧形梁 复合木模板		10 m²	1.68254
3	011702014001	有梁板(模板)	支撑高度:3.9 m	m²	334.7718
	J2-161	现浇混凝土模板 有梁板 复合木模板		10 m²	33.47718

注:墙内的TL1(非平台梁)需要套做法(矩形梁),TL1(休息平台梁)、TL1(连系梁)不套做法,在楼梯中套做法。

楼梯混凝土、模板工程量计算规则:按设计图示尺寸以水平投影面积计算。不扣除宽度≤500 mm的楼梯井,伸入墙内部分不另增加。剪刀式楼梯按楼梯段的水平投影面积计算(含梯段的中间休息平台、平台梁、斜梁和楼梯的连接梁,当整体楼梯与现浇板无梯梁连接时,以楼梯的最后一个踏步边缘加300 mm为界),不含与楼层连接的休息平台。

五、总结拓展

①梁的原位标注和平法表格的区别:选择"原位标注"时,可以在绘图区域梁图元的位置输入原位标注的钢筋信息,也可以在下方显示的表格中输入原位标注信息;选择"梁平法表格"时只显示下方的表格,不显示绘图区域的输入框。

②捕捉点的设置:绘图时,无论是利用点画、直线还是其他绘制方式,都需要捕捉绘图区域的点,以确定点的位置和线的端点。该软件提供了多种类型点的捕捉,可以在状态栏设置捕捉,绘图时可以在"捕捉工具栏"中直接选择要捕捉的点类型,方便绘制图元时选取点,如图3.85所示。

图3.85

③设置悬挑梁的弯起钢筋:当工程中存在悬挑梁并且需要计算弯起钢筋时,在软件中可以快速地进行设置及计算。首先,进入"计算设置"→"节点设置"→"框架梁",在第29项设置悬挑梁钢筋图号,软件默认是2号图号,可以单击按钮选择其他图号(软件提供了6种图号供选择),节点示意图中的数值可进行修改。

计算设置的修改范围是全部悬挑梁,如果修改单根悬挑梁,应选中单根梁,在平法表格"悬臂钢筋代号"中修改。

④如果梁在图纸上有两种截面尺寸,软件是不能定义同名称构件的,因此需重新加下脚标来定义。

问题思考

(1)梁属于线性构件,可否使用矩形绘制?如果可以,哪些情况适合用矩形绘制?

(2)智能布置梁后,若位置与图纸位置不一样,怎样调整?

(3)如何绘制弧形梁?

3.4 首层板工程量计算

通过本节的学习,你将能够:
(1)依据定额和清单分析现浇板的工程量计算规则;
(2)分析图纸,进行正确的识图,读取板的土建及钢筋信息;
(3)定义现浇板、板受力筋、板负筋及分布筋的属性;
(4)绘制首层现浇板、板受力筋、板负筋及分布筋;
(5)统计板的土建及钢筋工程量。

一、任务说明
①完成首层板的属性定义、做法套用及图元绘制。
②汇总计算,统计本层板的土建及钢筋工程量。

二、任务分析
①首层板在计量时的主要尺寸有哪些? 可以从哪个图中什么位置找到? 有多少种板?
②板的钢筋类别有哪些? 如何进行定义和绘制?
③板是如何套用清单定额的?
④板的绘制方法有哪几种?
⑤各种不同名称的板如何能快速套用做法?

三、任务实施

1)分析图纸

根据结施-10来定义和绘制板及板的钢筋。

进行板的图纸分析时,应注意以下几个要点:
①本页图纸说明、厚度说明、配筋说明。
②板的标高。
③板的分类,相同板的位置。
④板的特殊形状。
⑤受力筋、板负筋的类型,跨板受力筋的位置和钢筋布置。

分析结施-09~12,可以从中得到板的相关信息,主要信息见表3.17。

表3.17 板表

序号	类型	名称	混凝土强度等级	板厚h（mm）	板顶标高	备注
1	普通楼板	LB-120	C30	120	层顶标高	楼板
		LB-130	C30	130	层顶标高	楼板
		LB-160	C30	160	层顶标高	楼板

序号	类型	名称	混凝土强度等级	板厚h（mm）	板顶标高	备注
2	飘窗板	飘窗板100	C30	100	0.6 m	非楼板
3	平台板	PTB1	C30	100	1.9 m	非楼板
4	楼梯间楼板	PTB1（计入楼板）	C30	100	层顶标高	楼板
5	阳台板	阳台板140	C30	140	层顶标高	楼板

注：本工程飘窗板在挑檐中绘制，在板中不定义。

根据结施-10，详细查看首层板及板配筋信息。

在软件中，完整的板构件由现浇板、板筋（包含受力筋及负筋）组成，因此，板构件的钢筋计算包括以下两个部分：板定义中的钢筋、绘制及表格输入的板筋（包括受力筋和负筋）。

2）现浇板定额、清单计算规则学习

（1）清单计算规则学习

板清单计算规则见表3.18。

表3.18 板清单计算规则

编号	项目名称	单位	计算规则
010505001	有梁板	m^3	按设计图示尺寸以体积计算
011702014	有梁板 模板	m^2	按模板与现浇混凝土接触面积计算
010505008	雨篷、阳台板	m^2	按设计图示尺寸，以伸出外墙部分的水平投影面积计算
011702023	雨篷、悬挑板、阳台板	m^2	按设计图示尺寸，以外挑部分水平投影面积计算

注：顶标高1.9 m处的平台板在本节不套清单和定额，在楼梯中套做法。

（2）定额计算规则学习

板定额计算规则见表3.19。

表3.19 板定额计算规则

编号	项目名称	单位	计算规则
J2-34	商品混凝土 有梁板	m^3	按设计图示尺寸以体积计算，不扣除构件内钢筋、预埋铁件、单个面积≤0.3 m^2柱、垛以及孔洞所占体积，有梁板（包括主、次梁及板）按梁、板体积之和计算
J2-161	现浇混凝土模板 有梁板 复合木模板	m^2	现浇混凝土及混凝土模板工程量除另有规定者外，均按混凝土与模板的接触面积计算
J2-40	商品混凝土 阳台板	m^2	按设计图示尺寸伸出外墙部分的水平投影面积计算，伸出墙外的牛腿不另计算。伸出墙外超过1.5 m时，按有梁板计算
J2-172	现浇混凝土模板 阳台 复合木模板	m^2	按图示外挑部分的水平投影面积计算，挑出墙外的悬臂梁及板边模板不另计算。挑出部分（以外墙外边线为界）超过1.5 m时，按有梁板计算

3)板的属性定义和做法套用

（1）板的属性定义

在导航树中选择"板"→"现浇板"，在"构件列表"中选择"新建"→"新建现浇板"。下面以ⓒ~ⓓ轴、②~③轴所围的LB-160为例，新建现浇板LB-160。根据LB-160在图纸中的尺寸标注，在"属性列表"中输入相应的属性值，如图3.86所示。

	属性名称	属性值	附加
1	名称	LB-160	
2	厚度(mm)	160	
3	类别	有梁板	
4	是否叠合板后浇	否	
5	是否是楼板	是	
6	混凝土类型	(碎石最大粒径40...	
7	混凝土强度等级	(C30)	
8	混凝土外加剂	(无)	
9	泵送类型	(混凝土泵)	
10	泵送高度(m)		
11	顶标高(m)	层顶标高	

图3.86

【说明】

①名称：根据图纸输入构件的名称，该名称在当前楼层的当前构件类型下唯一。

②厚度(mm)：现浇板的厚度。

③类别：选项为有梁板、无梁板、平板、拱板、悬挑板、空调板等。

④是否是楼板：主要与计算超高模板、超高体积起点判断有关，若是，则表示构件可以向下找到该构件作为超高计算的判断依据，若否，则超高计算的判断与该板无关。

⑤材质：不同地区计算规则对应的材质有所不同。

其中，钢筋业务属性，如图3.87所示。

13	□ 钢筋业务属性	
14	其他钢筋	
15	保护层厚...	(15)
16	汇总信息	(现浇板)
17	马凳筋参...	
18	马凳筋信息	
19	线形马凳...	平行横向受力筋
20	拉筋	
21	马凳筋数...	向上取整+1
22	拉筋数量	向上取整+1
23	归类名称	(B-h160)

图3.87

【说明】

①保护层厚度：软件自动读取楼层设置中的保护层厚度，如果当前构件需要特殊处理，则可根据实际情况进行输入。

②马凳筋参数图：可编辑马凳筋设置，选择马凳筋图形，填写长度、马凳筋信息，参见

"帮助文档"中《GTJ2021钢筋输入格式详解》"五、板"的"01现浇板"。

③马凳筋信息:参见《GTJ2021钢筋输入格式详解》中"五、板"的"01现浇板"。

④线形马凳筋方向:对Ⅱ型、Ⅲ型马凳筋起作用,设置马凳筋的布置方向。

⑤拉筋:板厚方向布置拉筋时,输入拉筋信息,输入格式:级别+直径+间距×间距或者数量+级别+直径。

⑥马凳筋数量计算方式:设置马凳筋根数的计算方式,默认取"计算设置"中设置的计算方式。

⑦拉筋数量计算方式:设置拉筋根数的计算方式,默认取"计算设置"→"节点设置"中板拉筋布置方式。

其中,土建业务属性如图3.88所示。

24	⊟ 土建业务属性	
25	计算设置	按默认计算设置
26	计算规则	按默认计算规则
27	做法信息	按构件做法
28	支模高度	按默认计算设置
29	超高底面...	按默认计算设置

图3.88

【说明】

①计算设置:用户可自行设置构件土建计算信息,软件将按设置的计算方法计算。

②计算规则:软件内置全国各地清单及定额计算规则,同时用户可自行设置构件土建计算规则,软件将按设置的计算规则计算。

(2)板的做法套用

板构件定义好后,进行做法套用。

LB-160、LB-130、LB-120的做法套用如图3.89所示。

	编码	类别	名称	项目特征	单位	工程量表达式	表达式说明
1	⊟ 010505001	项	有梁板	1.混凝土种类:商砼 2.混凝土强度等级:C30	m3	TJ	TJ<体积>
2	J2-34	定	商品混凝土 有梁板		m3	TJ	TJ<体积>
3	⊟ 011702014	项	有梁板(模板)	1.支撑高度:3.6米以内	m2	MBMJ	MBMJ<底面模板面积>
4	J2-161	定	现浇混凝土模板 有梁板 复合木模板		m2	MBMJ	MBMJ<底面模板面积>

图3.89

阳台板LB-140(因本项目阳台板伸出墙外超过1.5 m,故按有梁板套用做法)的做法套用如图3.90所示。

	编码	类别	名称	项目特征	单位	工程量表达式	表达式说明
1	□ 010505008	项	雨篷、阳台板	1.板规格140mm 2.混凝土种类:商砼 3.混凝土强度等级:C30	m2	TYMJ	TYMJ<投影面积>
2	J2-40	定	商品混凝土 阳台板		m2	TYMJ	TYMJ<投影面积>
3	□ 011702023	项	雨篷、悬挑板、阳台板	1.构件类型:阳台板 2.板厚度:140mm	m2	TYMJ	TYMJ<投影面积>
4	J2-172	定	现浇混凝土模板 阳台 复合木模板		m2	TYMJ	TYMJ<投影面积>

图 3.90

与楼层连接的休息平台板的做法套用如图3.91所示。

	编码	类别	名称	项目特征	单位	工程量表达式	表达式说明
1	□ 010505001	项	有梁板	1.混凝土种类:商砼 2.混凝土强度等级:C30	m3	TJ	TJ<体积>
2	J2-34	定	商品混凝土 有梁板		m3	TJ	TJ<体积>
3	□ 011702014	项	有梁板（模板）	1.支撑高度:3.6米以内	m2	MBMJ	MBMJ<底面模板面积>
4	J2-161	定	现浇混凝土模板 有梁板 复合木模板		m2	MBMJ	MBMJ<底面模板面积>

图 3.91

楼梯休息平台板不套做法,并入整体楼梯水平投影面积计算。

4)板画法讲解

（1）点画绘制板

仍以LB-160为例,定义好楼板属性后,单击"点"命令,在LB-160区域单击鼠标左键,即可布置LB-160,如图3.92所示。

（2）直线绘制板

仍以LB-160为例,定义好160 mm厚楼板LB-160后,单击"直线"命令,鼠标左键单击LB-160边界区域的交点,围成一个封闭区域,即可布置LB-160,如图3.93所示。

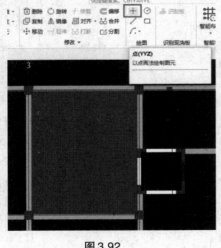

图 3.92

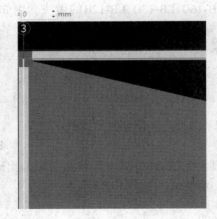

图 3.93

（3）矩形绘制板

图中没有围成封闭区域的位置,可采用"矩形"画法来绘制板。单击"矩形"命令,选择板图元的一个顶点,再选择对角的顶点,即可绘制一块矩形板。

（4）自动生成板

当板下的梁、墙绘制完毕，且图中板类别较少时，可使用自动生成板，软件会自动根据图中梁和墙围成的封闭区域来生成整层的板。自动生成完毕之后，需要检查图纸，将与图中板信息不符的修改过来，对图中没有板的地方进行删除。

5）板受力筋的属性定义和绘制

（1）板受力筋的属性定义

在导航树中选择"板"→"板受力筋"，在"构件列表"中选择"新建"→"新建板受力筋"，以结施-10中ⓒ~ⓓ轴、②~③轴上的板受力筋LJ-⾦10@150为例，新建板受力筋SLJ-⾦10布置信息，在"属性编辑框"中输入相应的属性值，如图3.94所示。

	属性名称	属性值	附加
1	名称	SLJ-C10@150	
2	类别	底筋	☐
3	钢筋信息	C10@150 ⋯	☐
4	左弯折(mm)	(0)	☐
5	右弯折(mm)	(0)	☐
6	备注		☐
7	⊟ 钢筋业务属性		
8	钢筋锚固	(35)	☐
9	钢筋搭接	(42)	☐
10	归类名称	(SLJ-C10@150)	☐
11	汇总信息	(板受力筋)	☐
12	计算设置	按默认计算设…	
13	节点设置	按默认节点设…	

图3.94

【说明】

①名称：结施图中没有定义受力筋的名称，用户可根据实际情况输入较容易辨认的名称，这里按钢筋信息输入"SLJ-⾦10@150"。

②类别：在软件中可以选择底筋、面筋、中间层筋和温度筋，根据图纸信息进行正确选择，在此为底筋，也可以不选择，在后面绘制受力筋时可重新设置钢筋类别。

③钢筋信息：按照图中钢筋信息输入"⾦10@150"。

④左弯折和右弯折：按照实际情况输入受力筋的端部弯折长度。软件默认为"0"，表示按照计算设置中默认的"板厚-2倍保护层厚度"来计算弯折长度。此处关系钢筋计算结果，如果图纸中没有特殊说明，则不需要修改。

⑤钢筋锚固和搭接：取楼层设置中设定的数值，可根据实际图纸情况进行修改。

（2）板受力筋的绘制

在导航树中选择"板受力筋"，单击"建模"，在"板受力筋二次编辑"中单击"布置受力筋"，如图3.95所示。

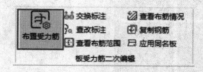

图3.95

布置板的受力筋，按照布置范围分，有"单板""多板""自定义"和"按受力筋范围"布置；按照钢筋方向分，有"XY方向""水平"和"垂直"布置；还有"两点""平行边""弧线边布置放射筋"以及"圆心布置放射筋"，如图3.96所示。

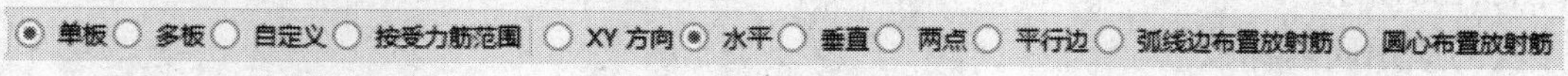

◉ 单板 ○ 多板 ○ 自定义 ○ 按受力筋范围 ○ XY 方向 ◉ 水平 ○ 垂直 ○ 两点 ○ 平行边 ○ 弧线边布置放射筋 ○ 圆心布置放射筋

图3.96

以ⓒ~ⓓ轴与②~③轴的LB-160受力筋布置为例。

①选择布置范围为"单板"，布置方向为"XY方向"，选择板LB-160，弹出如图3.97所示的对话框。

图3.97

【说明】

①双向布置：适用于某种钢筋类别在两个方向上布置的信息相同的情况。

②双网双向布置：适用于底筋与面筋在X和Y两个方向上钢筋信息全部相同的情况。

③XY向布置：适用于底筋的X、Y方向信息不同，面筋的X、Y方向信息不同的情况。

④选择参照轴网：可以选择以哪个轴网的水平和竖直方向为基准进行布置，不勾选时，以绘图区域水平方向为X方向、竖直方向为Y方向。

②由于LB-160的板受力筋只有底筋，而且在两个方向上的布置信息是相同的，因此选择"双向布置"，在"钢筋信息"中选择相应的受力筋名称SLJ-Φ10@150，单击"确定"按钮即可布置单板的受力筋，如图3.98所示。

再以Ⓒ~Ⓓ轴与⑤~⑥轴的LB-160的受力筋布置为例，该位置的LB-160只有底筋，板受力筋X、Y方向的底筋信息不相同，则可采用"XY向布置"，如图3.99所示。

图3.98

图3.99

根据Ⓒ~Ⓓ轴与⑤~⑥轴的LB-160板受力筋布置图（详见结施-10），受力筋布置完成后如图3.100所示。

（3）应用同名称板

LB-160的钢筋信息，除了Ⓒ~Ⓓ轴与⑤~⑥轴的LB-160上的板受力筋配筋不同外，其余都是相同的，下面使用"应用同名板"来布置其他同名板的钢筋。

①选择"建模"→"板受力筋二次编辑"→"应用同名板"命令，如图3.101所示。

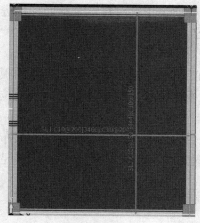

图3.100

图3.101

②选择已经布置上钢筋的Ⓒ~Ⓓ轴与②~③轴的LB-160图元,单击鼠标右键确定,则其他同名称的板都布置上了相同的钢筋信息。同时,Ⓒ~Ⓓ轴与⑤~⑥轴的LB-160也会布置同样的板受力筋,将其对应图纸进行正确修改即可。

对其他板的钢筋,可采用相应的布置方式进行布置。

6)跨板受力筋的定义与绘制

下面以结施-10中Ⓑ~Ⓒ轴、②~③轴的楼板的跨板受力筋Φ12@200为例,介绍跨板受力筋的定义和绘制。

(1)跨板受力筋的属性定义

在导航树中选择"板受力筋",在板受力筋的"构件列表"中单击"新建"→"新建跨板受力筋",弹出如图3.102所示的新建跨板受力筋界面。

左标注和右标注:左右两边伸出支座的长度,根据图纸中的标注进行输入。

马凳筋排数:根据实际情况输入。

标注长度位置:可选择支座中心线、支座内边线和支座外边线,如图3.103所示。根据图纸中标注的实际情况进行选择。此工程选择"支座外边线"。

属性名称	属性值
名称	KBSLJ-C12@200
类别	面筋
钢筋信息	Φ12@200
左标注(mm)	1500
右标注(mm)	1500
马凳筋排数	1/1
标注长度位置	(支座外边线)
左弯折(mm)	(0)
右弯折(mm)	(0)
分布钢筋	(同一板厚的分布钢
备注	
⊕ 钢筋业务属性	

图3.102

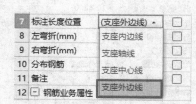

图3.103

分布钢筋:结施-01(2)中说明,板厚小于110 mm时,分布钢筋的直径、间距为φ6@200;板厚120~160 mm时,分布钢筋的直径、间距为φ8@200。因此,此处输入φ8@200。

也可以在计算设置中对相应的项进行输入，这样就不用针对每一个钢筋构件进行输入了。具体参考“2.2计算设置”中钢筋设置的部分内容。

(2)跨板受力筋的绘制

对该位置的跨板受力筋，可采用“单板”和“垂直”布置的方式来绘制。选择“单板”，再选择“垂直”，单击Ⓑ~Ⓒ轴、②~③轴的楼板，即可布置垂直方向的跨板受力筋。其他位置的跨板受力筋采用同样的方式布置。

跨板受力筋绘制完成后，需选中绘制好的跨板受力筋，查看其布置范围，如果布置范围与图纸不符，则需要移动其编辑点至正确的位置，同时，需要查看其左右标注长度是否与图纸一致，不一致时需按图纸修改，如图3.104所示。

7)负筋的属性定义与绘制

下面以结施-10中8号负筋为例，介绍负筋的属性定义和绘制，如图3.105所示。

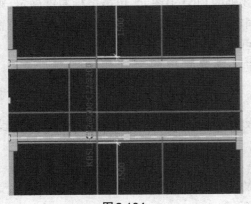

图3.104

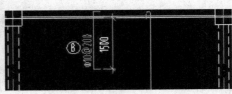

图3.105

(1)负筋的属性定义

进入“板”→“板负筋”，在“构件列表”中单击“新建”→“新建板负筋”。在“属性列表”中定义板负筋的属性，8号负筋的属性定义如图3.106所示。

左标注和右标注：8号负筋只有一侧标注，左标注输入“1500”，右标注输入“0”。

单边标注位置：根据图中实际情况，选择“支座内边线”。

LB-160在②轴上的10号负筋⌀12@200的属性定义，如图3.107所示。

属性列表　图层管理

	属性名称	属性值	附加
1	名称	8-FJ-C10@200	
2	钢筋信息	⌀10@200	☐
3	左标注(mm)	1500	☐
4	右标注(mm)	0	☐
5	马凳筋排数	1/1	☐
6	单边标注位置	(支座内边线)	☐
7	左弯折(mm)	(0)	☐
8	右弯折(mm)	(0)	☐
9	分布钢筋	(同一板厚的分布	☐
10	备注		☐
11	⊞ 钢筋业务属性		
19	⊞ 显示样式		

图3.106

	属性名称	属性值	附加
1	名称	10-FJ-C12@200	
2	钢筋信息	⌀12@200	☐
3	左标注(mm)	1500	☐
4	右标注(mm)	1500	☐
5	马凳筋排数	1/1	☐
6	非单边标注含支...	(否)	☐
7	左弯折(mm)	(0)	☐
8	右弯折(mm)	(0)	☐
9	分布钢筋	(同一板厚的分布	☐
10	备注		☐
11	⊞ 钢筋业务属性		
19	⊞ 显示样式		

图3.107

对左右均有标注的负筋,有"非单边标注含支座宽"的属性,指左右标注的尺寸是否含支座宽度,这里根据实际图纸情况选择"否",其他内容与8号负筋输入方式一致。按照同样的方式定义其他的负筋。

(2)负筋的绘制

负筋定义完毕后,回到绘图区域,对②~③轴、ⓒ~ⓓ轴的LB-160进行负筋的布置。

①对上侧8号负筋,单击"板负筋二次编辑"面板上的"布置负筋",选项栏则会出现布置方式,有按梁布置、按圈梁布置、按连梁布置、按墙布置、按板边布置及画线布置,如图3.108所示。

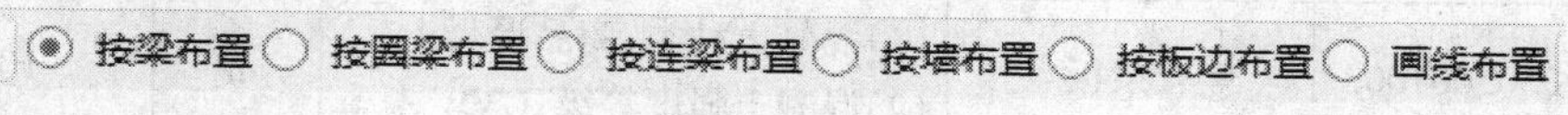

◉ 按梁布置 ○ 按圈梁布置 ○ 按连梁布置 ○ 按墙布置 ○ 按板边布置 ○ 画线布置

图3.108

先选择"按梁布置",再选择梁,按提示栏的提示单击梁,鼠标移动到梁图元上,则梁图元显示一道蓝线,同时显示出负筋的预览图,下侧确定方向,即可布置成功。

②对②轴上的10号负筋同样选择"按梁布置",鼠标移动到梁图元上,单击左键生成即可。

本工程中的负筋都可按梁或者按板边布置,也可选择画线布置。

四、任务结果

首层板和板筋的定义及绘制

1)板构件的任务结果

①根据上述普通楼板LB-160的属性定义方法,将本层剩下的楼板定义好属性。

②用点画、直线、矩形等方法将首层板绘制好,布置完钢筋后如图3.109所示。

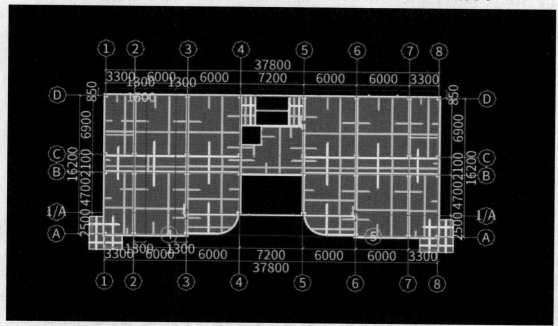

图3.109

③汇总计算,首层板清单定额工程量,见表3.20。

表3.20　首层板清单定额工程量

序号	编码	项目名称	项目特征	单位	工程量明细 绘图输入
实体项目					
1	010505001001	有梁板	（1）混凝土种类：商品混凝土 （2）混凝土强度等级：C30 （3）阳台板	m³	3.1082
	J2-34	商品混凝土 有梁板		m³	3.1082
2	010505001002	有梁板	（1）混凝土种类：商品混凝土 （2）混凝土强度等级：C30	m³	107.554
	J2-34	商品混凝土 有梁板		m³	107.554
措施项目					
1	011702014001	有梁板（模板）	（1）支撑高度：3.6 m以内 （2）阳台板	m²	18.4518
	J2-161	现浇混凝土模板 有梁板 复合木模板		10 m²	1.84518
2	011702014002	有梁板（模板）	支撑高度：3.6 m以内	m²	478.6344
	J2-161	现浇混凝土模板 有梁板 复合木模板		10 m²	47.86344

2）首层板钢筋量汇总表

首层板钢筋量汇总表，见表3.21（见"查看报表"→"构件汇总信息分类统计表"）。

表3.21　首层板钢筋工程量

汇总信息	HPB300		HRB335		HRB400			
	8	合计(t)	16	合计(t)	8	10	12	合计(t)
板负筋	0.337	0.337			0.1	0.407	1.136	1.643
板受力筋	0.198	0.198			0.142	4.077	1.048	5.267
合计(t)	0.535	0.535	0	0	0.242	4.484	2.184	6.91

五、总结拓展

①当板顶标高与层顶标高不一致时，在绘制板后可以通过单独调整这块板的属性来调整标高。

②④轴与⑤轴之间，左边与右边的板可以通过镜像绘制，绘制方法与柱镜像绘制方法相同。

③板属于面式构件，绘制方法和其他面式构件相似。

④在绘制跨板受力筋或负筋时，若左右标注和图纸标注正好相反，进行调整时可以使用"交换标注"功能。

⑤依据结施-10、平法图集以及安徽地区做法，本工程转角阳台板钢筋参考以下规范进行布置，如图3.110所示。

在软件中处理方式如下：

a.转角阳台板⑦轴与⑧轴之间的⑤号跨板受力筋⬥12@100的布筋范围右侧边线与梁内边线对齐，如图3.111所示。

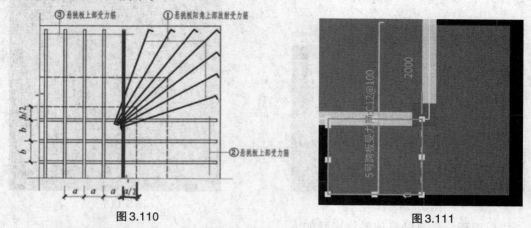

图3.110　　　　　　　　　　　　　　　　　图3.111

b.7根放射筋在"表格算量"中进行输入，如图3.112所示（表格算量的具体操作见"10表格算量"）。

图3.112

c.选中⑤号跨板受力筋⬥12@100，单击编辑钢筋，在编辑钢筋中对分布筋的长度进行调整，加长分布筋范围，作为放射筋的分布筋，如图3.113所示。

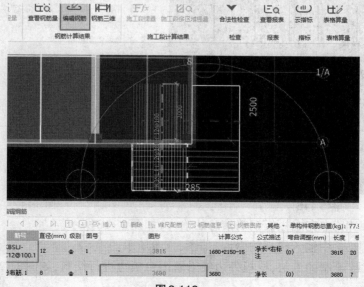

图3.113

d.完成"编辑钢筋"后,选中⑤号跨板受力筋⊈12@100,单击通用操作中的"锁定",如图3.114所示。

⑥分析结施-10一三层顶板配筋图中2—2详图,可知转角阳台板边缘有厚100 mm,高1200 mm的栏板,详细信息如图3.115所示。

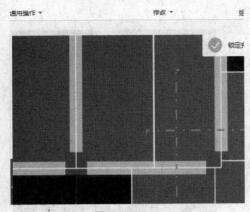

图3.114

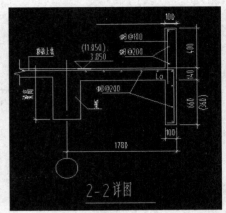

图3.115

栏板工程量计算的具体操作步骤如下:

a.进入"其他"→"栏板",在"构件列表"中单击"新建"→"新建异形栏板",在"异形截面编辑器"中,采用直线绘制宽100 mm,高1200 mm的矩形,如图3.116所示。确认无误单击"确定"。

b.在"属性列表"中定义栏板的属性,如图3.117所示。

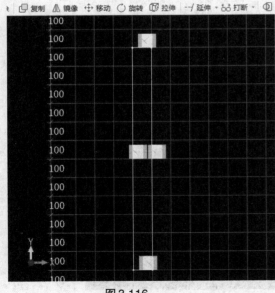

图3.116

	属性名称	属性值	附加
1	名称	LB-1(2-2节点)	☐
2	截面形状	异形	☐
3	截面宽度(mm)	100	☐
4	截面高度(mm)	1200	☐
5	轴线距左边线…	50	☐
6	材质	商品混凝土	☐
7	混凝土类型	(特细砂塑性混凝土(坍…	☐
8	混凝土强度等级	(C30)	☐
9	截面面积(m²)	0.12	☐
10	起点底标高(m)	3.05	☐
11	终点底标高(m)	3.05	☐
12	备注		☐

图3.117

c.在"截面编辑"中完成栏板钢筋信息的输入,如图3.118所示。

d.在"构件做法"中输入栏板的做法,如图3.119所示。

e.采用"直线"绘制的方法,栏板外边线沿着阳台板边进行绘制,如图3.120所示。

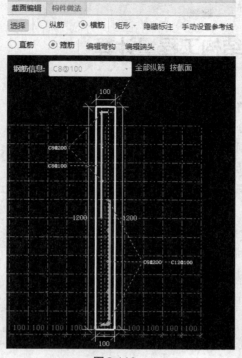

图 3.118

	编码	类别	名称	项目特征	单位	工程量表达式	表达式说明
1	⊟ 010505006	项	栏板	1.板规格:100mm 2.混凝土种类:C30 3.混凝土强度等级:商砼 4.部位:转角阳台栏板	m3	TJ	TJ<体积>
2	J2-38	定	商品混凝土 栏板		m3	TJ	TJ<体积>
3	⊟ 011702021	项	栏板	1.构件类型:转角阳台栏板	m2	MBMJ	MBMJ<模板面积>
4	J2-173	定	现浇混凝土模板 栏板 复合木模板		m2	MBMJ	MBMJ<模板面积>

图 3.119

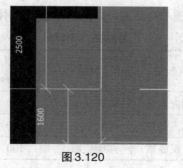

图 3.120

问题思考

(1)用点画法绘制板需要注意哪些事项?对绘制区域有什么要求?

(2)当板为有梁板时,板与梁相交时的扣减原则是什么?

3.5 首层砌体结构工程量计算

通过本节的学习,你将能够:
(1)依据定额和清单分析砌体墙的工程量计算规则;
(2)运用点加长度绘制墙图元;
(3)统计本层砌体墙的阶段性工程量;
(4)正确计算砌体加筋工程量。

一、任务说明

①完成首层砌体墙的属性定义、做法套用及图元绘制。
②汇总计算,统计本层砌体墙的工程量。

二、任务分析

①首层砌体墙在计量时的主要尺寸有哪些? 可以从哪个图中什么位置找到? 有多少种类的墙?

②砌体墙不在轴线交点上时如何使用点加长度绘制?

③砌体墙中清单计算的厚度与定额计算的厚度不一致时该如何处理? 墙的清单项目特征描述是如何影响定额匹配的?

④虚墙的作用是什么? 如何绘制?

三、任务实施

1)分析图纸

分析建施-01、建施-04、建施-09、结施-01(2)可以得到砌体墙的基本信息,见表3.22。

表3.22 砌体墙

序号	类型	砌筑砂浆	材质	墙厚 (mm)	标高	备注
1	外墙	M5水泥砂浆	陶粒空心砖	250	−0.05~+3.85	梁下墙
2	内墙	M5水泥砂浆	陶粒空心砖	200	−0.05~+3.85	梁下墙
3	阳台栏板墙	M5水泥砂浆	砌块墙	100	−0.05~+0.35	零星砌块

2)砌块墙清单、定额计算规则学习

(1)清单计算规则

砌块墙清单计算规则见表3.23。

表3.23　砌块墙清单计算规则

编号	项目名称	单位	计算规则
010402001	砌块墙	m³	按设计图示尺寸以体积计算
010401003	实心砖墙	m³	按设计图示尺寸以体积计算

（2）定额计算规则

砖墙定额计算规则见表3.24。

表3.24　砖墙定额计算规则

编号	项目名称	单位	计算规则
J1-16	砌块墙 陶粒空心	m³	按设计图示尺寸以体积计算。附墙垛基础宽出部分体积按折加长度合并计算，扣除地梁（圈梁）、构造柱所占体积，不扣除基础大放脚T形接头处的重叠部分及嵌入基础内的钢筋、铁件、管道、基础砂浆防潮层和单个面积≤0.3 m²的孔洞所占的体积，靠墙暖气沟的挑檐不增加
J1-5	标准砖墙 墙厚 240 mm	m³	

3）砌块墙属性定义

新建砌块墙的方法参见新建剪力墙的方法，这里只是简单地介绍新建砌块墙需要注意的事项。

①内/外墙标志：外墙和内墙要区别定义，除了对自身工程量有影响外，还影响其他构件的智能布置。这里可以根据工程实际需要对标高进行定义，如图3.121和图3.122所示。本工程是按照软件默认的高度进行设置的，软件会根据定额的计算规则对砌块墙和混凝土相交的地方进行自动处理。

图3.121　　　　　　　　　　　图3.122

②根据结施-01（2）中"7.填充墙（7）墙体加筋为2φ6@200"，需在属性中砌体通长筋中输入钢筋信息2φ6@600。

4）做法套用

200 mm厚内墙做法套用，如图3.123所示。

	编码	类别	名称	项目特征	单位	工程量表达式	表达式说明
1	□ 010402001	项	砌块墙	1.砌块品种、规格、强度级:陶粒空心砖墙 200厚 2.墙体类型:空心砌块 3.砂浆强度级:M5水泥砂浆	m3	TJ	TJ<体积>
2	J1-16	定	砌块墙 陶粒空心		m3	TJ	TJ<体积>

图3.123

250 mm厚外墙做法套用，如图3.124所示。

	编码	类别	名称	项目特征	单位	工程量表达式	表达式说明
1	□ 010402001	项	砌块墙	1.砌块品种、规格、强度级:陶粒空心砖墙 250厚 2.墙体类型:空心砌块 3.砂浆强度级:M5水泥砂浆	m3	TJ	TJ<体积>
2	J1-16	定	砌块墙 陶粒空心		m3	TJ	TJ<体积>

图3.124

100 mm厚阳台栏板墙做法套用，如图3.125所示。

	编码	类别	名称	项目特征	单位	工程量表达式	表达式说明	单价	综合
	□ 010402001	项	砌块墙	1.砌块品种、规格、强度级:陶粒空心砖墙 100厚 2.墙体类型:空心砌块 3.砂浆强度级:M5水泥砂浆	m3	TJ	TJ<体积>		
	J1-16	定	砌块墙 陶粒空心		m3	TJ	TJ<体积>	572.84	

图3.125

5）画法讲解

（1）直线
直线画法与剪力墙构件中画法类似，可参照剪力墙构件绘制进行操作。

（2）点加长度
在③轴与Ⓐ轴相交处到②轴与Ⓐ轴相交处的墙体，向左延伸了1400 mm（中心线距离），墙体总长度为6000 mm+1400 mm，单击"直线"，选择"点加长度"，在长度输入框输入7400，如图3.126所示，在绘图区域单击起点即③轴与Ⓐ轴相交点，再向左找到②轴与Ⓐ轴的相交点，即可实现该段墙体延伸部分的绘制。使用"对齐"命令，将墙体与柱边对齐即可。

图3.126

（3）偏移绘制
用"Shift+左键"可绘制偏移位置的墙体。在直线绘制墙体状态下，按住"Shift"键的同时单击②轴和Ⓐ轴的相交点，弹出"输入偏移量"对话框，在"X="的地方输入"-1400"，单击"确定"按钮，然后单击Ⓐ轴和③轴交点，使用"对齐"命令，将墙体与柱边对齐即可。

按照"直线"画法，将其他位置的砌体墙绘制完毕。

四、任务结果

汇总计算,首层砌体墙清单定额工程量,见表3.25。

表3.25 首层砌体墙清单定额工程量

序号	编码	项目名称	项目特征	单位	工程量明细 绘图输入
			实体项目		
1	010402001001	砌块墙	(1)砌块品种、规格、强度级:陶粒空心砖墙100 mm厚 (2)墙体类型:空心砌块 (3)砂浆强度级:M5水泥砂浆	m³	2.2028
	J1-16		砌块墙 陶粒空心	m³	2.2028
2	010402001002	砌块墙	(1)砌块品种、规格、强度级:陶粒空心砖墙200 mm厚 (2)墙体类型:空心砌块 (3)砂浆强度级:M5水泥砂浆	m³	83.7385
	J1-16		砌块墙 陶粒空心	m³	83.7385
3	010402001003	砌块墙	(1)砌块品种、规格、强度级:陶粒空心砖墙250 mm厚 (2)墙体类型:空心砌块 (3)砂浆强度级:M5水泥砂浆	m³	47.714
	J1-16		砌块墙 陶粒空心	m³	47.714

五、总结拓展

1)软件对内外墙定义的规定

软件为方便内外墙的区分以及平整场地进行外墙轴线智能布置,散水、挑檐、保温层等进行外墙外边线的智能布置,需要人为进行内外墙的设置。

2)砌体加筋的定义和绘制(在完成门窗洞口、圈梁、构造柱等后进行操作)

(1)分析图纸

分析结施-01(2),可见"7.填充墙"中"(3)填充墙与柱、抗震墙及构造柱连接处应设拉结筋,做法见图8",可知砌体加筋做法。

(2)砌体加筋的定义

下面以④轴和Ⓑ轴交点处L形砌体墙位置的加筋为例,介绍砌体加筋的定义和绘制。

①在导航树中,选择"墙"→"砌体加筋",在"构件列表"中单击"新建"→"新建砌体加筋"。

②根据砌体加筋所在的位置选择参数图形,软件中有L形、T形、"十"字形和"一"字形供选择,各自适用于相应形状的砌体相交形式。例如,对于④轴和Ⓑ轴交点处L形砌体墙位置的加筋,选择L形的砌体加筋定义和绘制。

a.选择参数化图形:选择"L-5形"。砌体加筋参数图的选择主要看钢筋的形式,只要选择的钢筋形式与施工图中完全一致即可。

b.参数输入：两个方向的加筋伸入砌体墙内的长度，输入"700"；b1指竖向砌体墙的厚度，输入"200"；b2指横向砌体墙的厚度，输入"200"，如图3.127所示。单击"确定"按钮，回到属性输入界面。

c.根据需要输入的名称，按照总说明，每侧钢筋信息为2φ6@600，1#加筋、2#加筋分别输入"2φ6@600"，如图3.128所示。

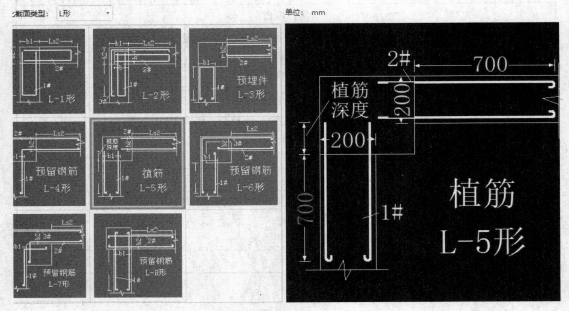

图3.127

	属性列表	图层管理	
	属性名称		属性值
1	名称		LJ-2
2	砌体加筋形式		L-5形
3	1#加筋		2中6@600
4	2#加筋		2中6@600
5	其它加筋		
6	备注		
7	⊞ 钢筋业务属性		
11	⊞ 显示样式		

图3.128

d.结合结施-01（2）中"7.填充墙"中的墙体加筋的说明，遇到圈梁、框架梁起步为250 mm，遇到构造柱锚固为200 mm，因此砌体加筋两端的起始距离为250 mm，加筋伸入构造柱的锚固长度需要在计算设置中设定。因为本工程所有砌体加筋的形式和锚固长度一致，所以可以在"工程设置"选项卡中选择"计算设置"→"计算规则"→"砌体结构"，针对整个工程的砌体加筋进行设置，如图3.129所示。

砌体加筋的钢筋信息和锚固长度设置完毕后，定义构件完成。按照同样的方法可定义其他位置的砌体加筋。

（3）砌体加筋的绘制

绘图区域中，在④轴和⑧轴交点处绘制砌体加筋，单击"点"，选择"旋转点"，单击所在位置,在垂直向下的点确定方向,绘制完成,如图3.130所示。

33	预留钢筋锚固深度	30*d
34	⊟ 砌体加筋	
35	砌体加筋保护层	60
36	砌体加筋锚固长度	200
37	砌体加筋两端的起始距离	250
38	端部是否带弯折	是
39	端部弯折长度	60
40	通长加筋遇构造柱是否贯通	是
41	砌体加筋根数计算方式	向上取整+1
42	砌体加筋采用植筋时,植筋锚固深度	10*d
43	⊟ 过梁	
44	过梁箍筋根数计算方式	向上取整+1
45	过梁纵筋与侧面钢筋的距离在数值范围内不计算侧面钢筋	s/2
46	过梁箍筋/拉筋弯勾角度	135°
47	过梁箍筋距构造柱边缘的距离	50
48	填充墙过梁端部连接构造	预留埋件
49	使用预埋件时过梁端部纵筋弯折长度	10*d

图 3.129

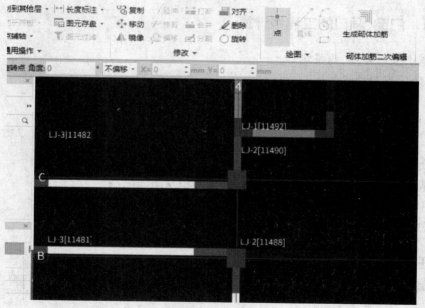

图 3.130

当所绘制的砌体加筋与墙体不对齐时,可采用"对齐"命令将其对应到所在位置。

其他位置加筋的绘制,可根据实际情况选择"点"画法或者"旋转点"画法,也可以使用"生成砌体加筋"。

以上所述,砌体加筋的定义绘制流程如下:新建→选择参数图→输入截面参数→输入钢筋信息→计算设置(本工程一次性设置完毕就不用再设)→绘制。

首层砌体结构工程(填充墙)工程量计算

问题思考

(1)思考"Shift+左键"的方法还可以应用在哪些构件的绘制中？
(2)框架间墙的长度怎样计算？
(3)在定义墙构件属性时为什么要区分内、外墙的标志？

3.6 门窗、洞口及附属构件工程量计算

通过本节的学习，你将能够：
(1)正确计算门窗、洞口的工程量；
(2)正确计算过梁、圈梁及构造柱的工程量。

3.6.1 门窗、洞口的工程量计算

通过本小节的学习，你将能够：
(1)定义门窗洞口；
(2)绘制门窗图元；
(3)统计本层门窗的工程量。

一、任务说明

①完成首层门窗、洞口的属性定义、做法套用及图元绘制。
②使用精确和智能布置绘制门窗。
③汇总计算，统计本层门窗的工程量。

二、任务分析

①首层门窗的尺寸种类有多少？影响门窗位置的离地高度如何设置？门窗在墙中是如何定位的？
②门窗的清单与定额如何匹配？
③不精确布置门窗有可能影响哪些项目的工程量？

三、任务实施

1)分析图纸

分析建施-01、建施-03、建施-09至建施-10，可以得到门窗的信息，见表3.26。

表3.26 门窗表

编号	名称	规格(洞口尺寸)(mm)		数量(樘)						备注
		宽	高	地下1层	1层	2层	3层	4层	总计	
FM甲1021	甲级防火门	1000	2100	2					2	甲级防火门
FM乙1121	乙级防火门	1100	2100	1	1				2	乙级防火门
M5021	旋转玻璃门	5000	2100		1				1	甲方确定
M1021	木质夹板门	1000	2100	18	20	20	20	20	98	甲方确定
C0924	塑钢窗	900	2400		4	4	4	4	16	详见立面
C1524	塑钢窗	1500	2400		2	2	2	2	8	详见立面
C1624	塑钢窗	1600	2400	2	2	2	2	2	10	详见立面
C1824	塑钢窗	1800	2400		2	2	2	2	8	详见立面
C2424	塑钢窗	2400	2400		2	2	2	2	8	详见立面
PC1	飘窗(塑钢窗)	见平面	2400		2	2	2	2	8	详见立面
C5027	塑钢窗	5000	2700			1	1	1	3	详见立面

2)门窗清单、定额计算规则学习

(1)清单计算规则学习

门窗清单计算规则见表3.27。

表3.27 门窗清单计算规则

编号	项目名称	单位	计算规则
010801001	木质门	m²	
010805002	旋转门	樘	(1)以樘计量,按设计图示数量计算
010802003	钢质防火门	m²	(2)以m²计量,按设计图示洞口尺寸以面积计算
010807001	金属(塑钢、断桥)窗	m²	

(2)定额计算规则学习

门窗定额计算规则见表3.28。

表3.28 门窗定额计算规则

编号	项目名称	单位	计算规则
Z5-2	成品平开门 安装	10 m²	
Z5-30	全玻旋转门	樘	(1)按设计图示洞口尺寸以面积计算
Z5-15	防火门钢质	10 m²	(2)以樘计量,按设计图示数量计算
Z5-4	成品推拉窗	10 m²	

3)门窗的属性定义

（1）门的属性定义

在导航树中单击"门窗洞"→"门"。在"构件列表"中选择"新建"→"新建矩形门"，在"属性编辑框"中输入相应的属性值。

①洞口宽度、洞口高度：从门窗表中可以直接得到属性值。

②框厚：输入门实际的框厚尺寸，对墙面块料面积的计算有影响，本工程输入"60"。

③立樘距离：门框中心线与墙中心间的距离，默认为"0"。如果门框中心线在墙中心线左边，该值为负，否则为正。

④框左右扣尺寸、框上下扣尺寸：如果计算规则要求门窗按框外围面积计算，输入框扣尺寸。

M1021、M5021和FM乙1121的属性值，如图3.131—图3.133所示。

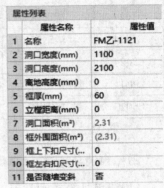

图3.131　　　图3.132　　　图3.133

（2）窗的属性定义

在导航树中选择"门窗洞"→"窗"，在"构件列表"中选择"新建"→"新建矩形窗"，新建"矩形窗C0924"。

注意：窗离地高度=50 mm+600 mm=650 mm（相对结构标高-0.050 m而言），如图3.134所示。

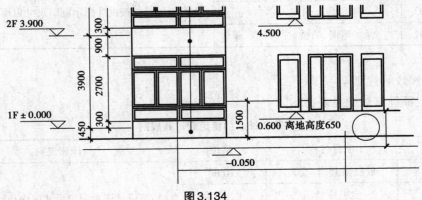

图3.134

窗的属性值，如图3.135所示。

其他窗可通过"复制"定义，并修改名称和洞口宽度，如图3.136至图3.139所示。

	属性名称	属性值	附加
1	名称	C0924	☐
2	类别	普通窗	☐
3	顶标高(m)	层底标高+3.05	☐
4	洞口宽度(mm)	900	☐
5	洞口高度(mm)	2400	☐
6	离地高度(mm)	650	☐
7	框厚	60	☐
8	立梃距离(mm)	0	☐
9	洞口面积(m²)	2.16	☐
10	是否随墙变斜	是	☐
11	备注	详见立面	☐
12 ⊞	钢筋业务属性		
17 ⊞	土建业务属性		
20 ⊞	显示样式		

图 3.135

	属性名称	属性值
1	名称	C-1824
2	类别	普通窗
3	顶标高(m)	层底标高+3.05(3)
4	洞口宽度(mm)	1800
5	洞口高度(mm)	2400
6	离地高度(mm)	650
7	框厚(mm)	60
8	立梃距离(mm)	0
9	洞口面积(m²)	4.32
10	框外围面积(m²)	(4.32)
11	框上下扣尺寸(...	0
12	框左右扣尺寸(...	0
13	是否随墙变斜	是

图 3.136

	属性名称	属性值
1	名称	C-1624
2	类别	普通窗
3	顶标高(m)	层底标高+3.05(3)
4	洞口宽度(mm)	1600
5	洞口高度(mm)	2400
6	离地高度(mm)	650
7	框厚(mm)	60
8	立梃距离(mm)	0
9	洞口面积(m²)	3.84
10	框外围面积(m²)	(3.84)
11	框上下扣尺寸(...	0
12	框左右扣尺寸(...	0
13	是否随墙变斜	是

图 3.137

	属性名称	属性值
1	名称	C-1524
2	类别	普通窗
3	顶标高(m)	层底标高+3.05(3)
4	洞口宽度(mm)	1500
5	洞口高度(mm)	2400
6	离地高度(mm)	650
7	框厚(mm)	60
8	立梃距离(mm)	0
9	洞口面积(m²)	3.6
10	框外围面积(m²)	(3.6)
11	框上下扣尺寸(...	0
12	框左右扣尺寸(...	0
13	是否随墙变斜	是

图 3.138

	属性名称	属性值
1	名称	C-2424
2	类别	普通窗
3	顶标高(m)	层底标高+3.05(3)
4	洞口宽度(mm)	2400
5	洞口高度(mm)	2400
6	离地高度(mm)	650
7	框厚(mm)	60
8	立梃距离(mm)	0
9	洞口面积(m²)	5.76
10	框外围面积(m²)	(5.76)
11	框上下扣尺寸(...	0
12	框左右扣尺寸(...	0
13	是否随墙变斜	是

图 3.139

4)门窗做法套用

M1021 做法套用如图 3.140 所示,M5021 做法套用如图 3.141 所示,FM乙1121 做法套用如图 3.142 所示,C0924 做法套用如图 3.143 所示,其他几个窗做法套用同 C0924。

	编码	类别	名称	项目特征	单位	工程量表达式	表达式说明	单价	综合单价	
1	⊟ 010801001	项	木质门	1.成品木质夹板门M1021 2.其他未尽事宜详见图纸、答疑及相关规范要求	m2	DKMJ	DKMJ<洞口面积>			
2	Z5-2	借	成品平开门 安装		m2	DKMJ	DKMJ<洞口面积>	5715.35		

图 3.140

	编码	类别	名称	项目特征	单位	工程量表达式
1	⊟ 010805002	项	旋转门	1.成品旋转玻璃门M5021 2.其他未尽事宜详见图纸、答疑及相关规范要求	樘	SL
2	Z5-30	借	全玻旋转门		樘	SL

图 3.141

	编码	类别	名称	项目特征	单位	工程量表达式
1	⊟ 010802003	项	钢质防火门	1.门代号及洞口尺寸:成品乙级防火门FM乙1121 2.其他未尽事宜详见图纸、答疑及相关规范要求	m2	DKMJ
2	Z5-15	借	防火门 钢质		m2	DKMJ

图3.142

	编码	类别	名称	项目特征	单位	工程量表达式
1	⊟ 010807001	项	金属窗	1.窗代号及洞口尺寸:C0924 2.窗材质:塑钢窗 3.玻璃品种、厚度:中空玻璃	m2	DKMJ
2	Z5-4	借	成品推拉窗 安装		m2	DKMJ

图3.143

5)门窗洞口的画法讲解

门窗洞构件属于墙的附属构件,也就是说,门窗洞构件必须绘制在墙上。

门窗最常用的是"点"绘制。对于计算来说,一段墙扣减门窗洞口面积,只要门窗绘制在墙上即可,一般对位置要求不用很精确,因此直接采用点绘制即可。在点绘制时,软件默认开启动态输入的数值框,可直接输入一边距墙端头的距离,或通过"Tab"键切换输入框。

门窗的绘制还经常使用"精确布置"的方法。当门窗紧邻柱等构件布置时,考虑其上过梁与旁边的柱、墙的扣减关系,需要对这些门窗精确定位。如一层平面图中的M1都是贴着柱边布置的。

（1）绘制门

①智能布置:光标选中M5021,"智能布置"墙段中点,光标选中④~⑤轴大门所在的墙图,如图3.144所示。

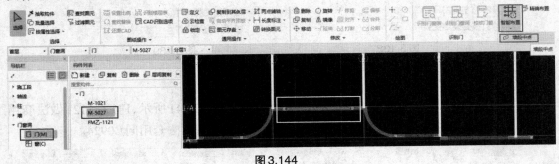

图3.144

②精确布置:在"构件列表"中选中M1021,鼠标左键选择参考点,在输入框中输入偏移值"600",如图3.145所示。

③点绘制:左键单击"绘图"中的"点",鼠标移至需要绘制门的墙段位置,左键单击即可,如图3.146所示。

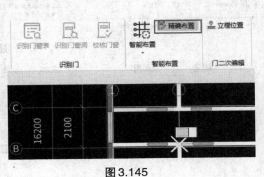

图3.145

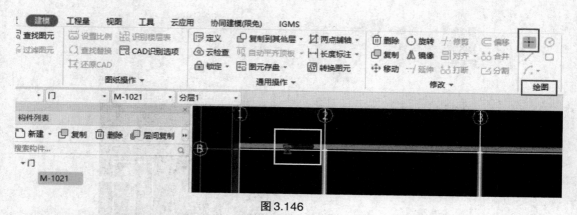

图3.146

④复制：选中需要复制的门，单击"复制"，左键指定参考点，移动复制的门到需要的位置，左键指定插入点即可，如图3.147所示。

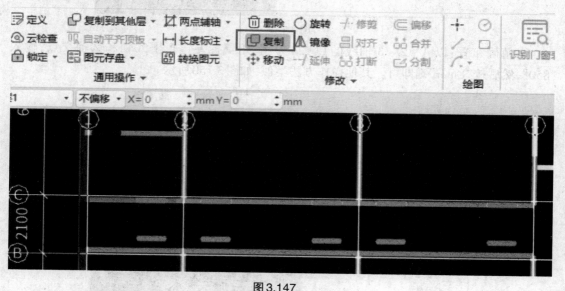

图3.147

⑤镜像：选中需要镜像的门，单击"镜像"，绘制镜像轴，即可完成门的镜像绘制。如图3.148所示。

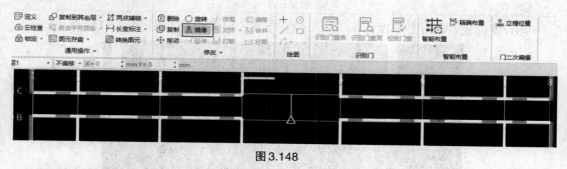

图3.148

（2）绘制窗

①点绘制：如图3.149所示。

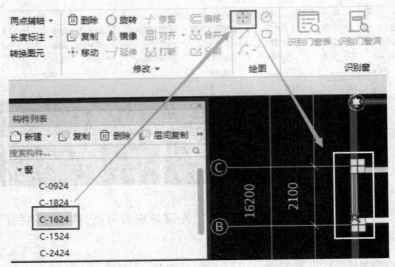

图3.149

②精确布置：以Ⓐ、②~③轴线的C0924为例，用鼠标左键单击Ⓐ轴和②轴交点，输入"850"，然后按"Enter"键即可。其他操作方法类似，如图3.150所示。

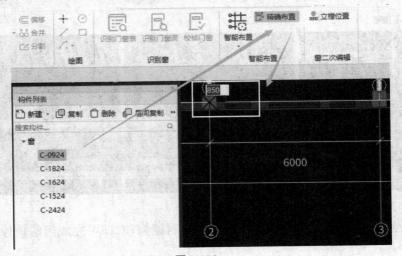

图3.150

③长度标注：可利用"长度标注"命令，检查布置的位置是否正确，如图3.151所示。

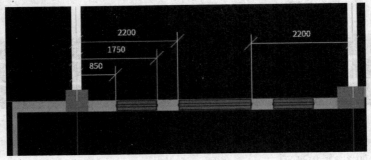

图3.151

④镜像:可利用"镜像"命令,具体步骤参考门绘制中的镜像,如图3.152所示。

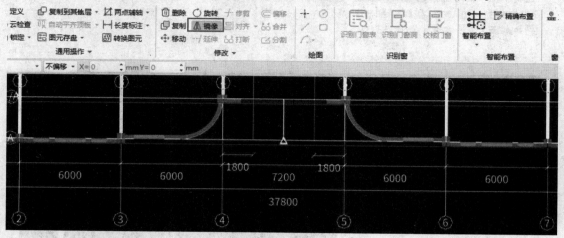

图3.152

6)阳台处转角窗的属性定义和绘制

①建施-12中转角窗的顶标高为3.05 m,底标高为0.350 m,如图3.153所示。

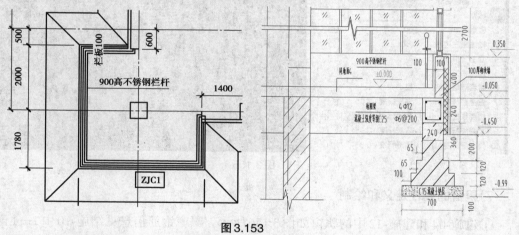

图3.153

②转角窗的属性定义,如图3.154所示。

| □ 010807006 | 项 | 金属(塑钢、断桥)橱窗 | 1.窗代号:ZJC1
2.窗材质:塑钢窗
3.玻璃品种、厚度:中空玻璃 | m2 | DKMJ | DKMJ<洞口面积> | | □ |
| Z5-4 | 借 | 成品推拉窗 安装 | | m2 | DKMJ | DKMJ<洞口面积> | 5133.93 | □ |

图3.154

③转角窗绘制。选择"智能布置"→"墙",拉框选择墙右键确认即可,如图3.155所示。

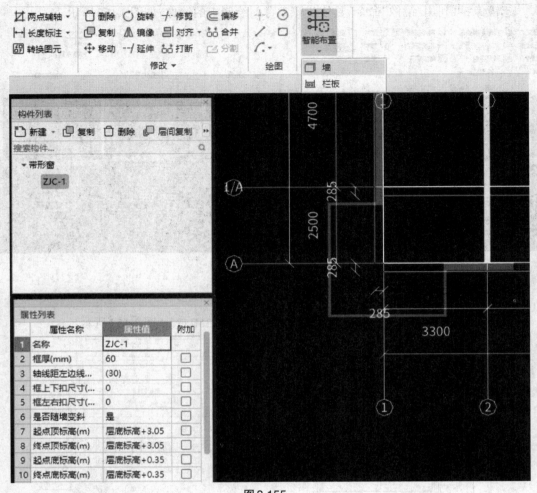

图 3.155

7)飘窗的属性定义和绘制

①建施-04和建施-12中的飘窗如图3.156所示。飘窗钢筋信息见结施-10中1—1详图，如图3.157所示。

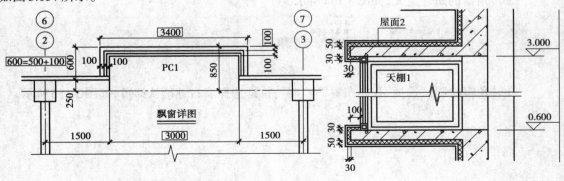

图 3.156

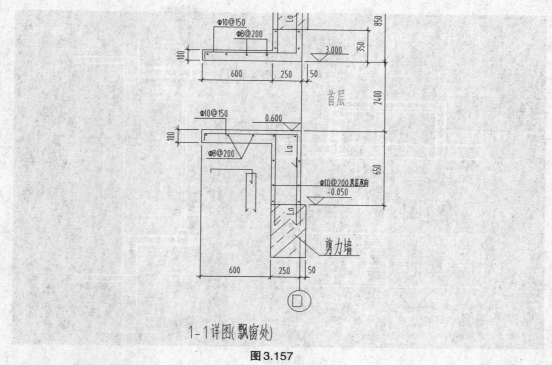

1-1详图(飘窗处)

图 3.157

②定义飘窗,如图3.158所示。

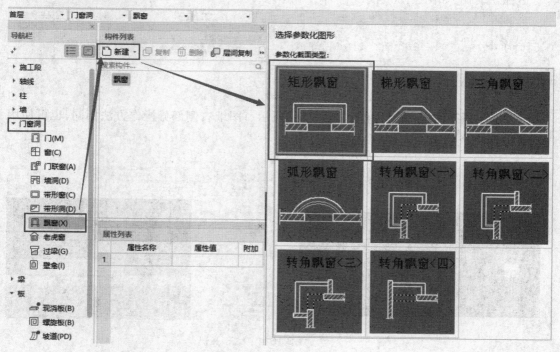

图 3.158

修改相关属性值,建筑面积选择不计算,窗离地高度为飘窗底板离地高度(550 mm),如图3.159所示。

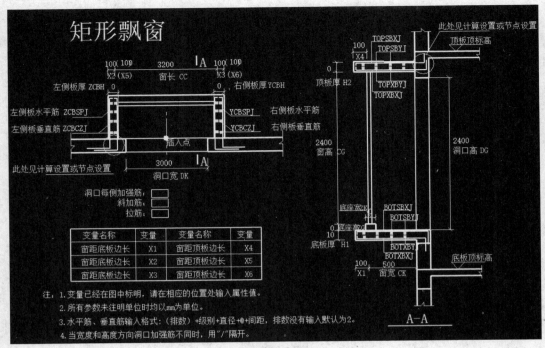

图 3.159

③做法套用,如图 3.160 所示。

	编码	类别	名称	项目特征	单位	工程量表达式
1	☐ 010807007	项	金属（塑钢、断桥）飘（凸）窗	1.窗材质:塑钢窗 2.玻璃品种、厚度:中空玻璃	m2	DKMJ
2	Z5-7	借	成品固定窗 安装		m2	DKMJ

图 3.160

④绘制。采用精确布置方法,如图 3.161 所示。图纸右侧部分操作方法相同,也可使用"镜像"命令完成绘制。

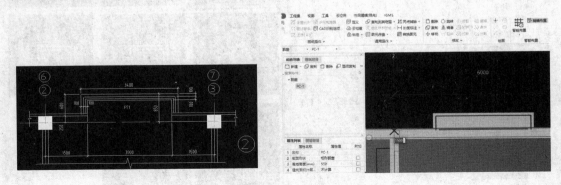

图 3.161

四、任务结果

汇总计算,统计本层门窗的清单定额工程量,见表 3.29。

表3.29 门窗清单定额工程量

序号	编码	项目名称	单位	工程量明细 绘图输入
1	010801001001	木质门 (1)成品木质夹板门M1021 (2)其他未尽事宜详见图纸、答疑及相关规范要求	m²	46.2
	[2706]Z5-2	成品平开门 安装	10 m²	4.62
2	010802003001	钢质防火门 (1)门代号及洞口尺寸:成品乙级防火门FM乙1121 (2)其他未尽事宜详见图纸、答疑及相关规范要求	m²	2.31
	[2706]Z5-15	防火门 钢质	10 m²	0.231
3	010805002001	旋转门 (1)成品旋转玻璃门M5021 (2)其他未尽事宜详见图纸、答疑及相关规范要求	樘	1
	[2706]Z5-30	全玻旋转门	樘	1
4	010807001001	金属窗 (1)窗代号及洞口尺寸:C0924 (2)窗材质:塑钢窗 (3)玻璃品种、厚度:中空玻璃	m²	8.64
	[2706]Z5-4	成品推拉窗 安装	10 m²	0.864
5	010807001002	金属窗 (1)窗代号及洞口尺寸:C1824 (2)窗材质:塑钢窗 (3)玻璃品种、厚度:中空玻璃	m²	17.28
	[2706]Z5-4	成品推拉窗 安装	10 m²	1.728
6	010807001003	金属窗 (1)窗代号及洞口尺寸:C1624 (2)窗材质:塑钢窗 (3)玻璃品种、厚度:中空玻璃	m²	7.68
	[2706]Z5-4	成品推拉窗 安装	10 m²	0.768
7	010807001004	金属窗 (1)窗代号及洞口尺寸:C1524 (2)窗材质:塑钢窗 (3)玻璃品种、厚度:中空玻璃	m²	7.2
	[2706]Z5-4	成品推拉窗 安装	10 m²	0.72
8	010807001005	金属窗 (1)窗代号及洞口尺寸:C2424 (2)窗材质:塑钢窗 (3)玻璃品种、厚度:中空玻璃	m²	17.28
	[2706]Z5-4	成品推拉窗 安装	10 m²	1.728

续表

序号	编码	项目名称	单位	工程量明细 绘图输入
9	010807006001	金属(塑钢、断桥)橱窗 (1)窗代号:ZJC1 (2)窗材质:塑钢窗 (3)玻璃品种、厚度:中空玻璃	m²	54.108
	［2706］Z5-4	成品推拉窗 安装	10 m²	5.5728
10	010807007001	金属(塑钢、断桥)飘(凸)窗 (1)窗材质:塑钢窗 (2)玻璃品种、厚度:中空玻璃	m²	14.4
	［2706］Z5-7	成品固定窗 安装	10 m²	1.44

首层门窗、洞口
的绘制方法

问题思考

在什么情况下需要对门、窗进行精确定位?

3.6.2 过梁、圈梁、构造柱的工程量计算

通过本小节的学习,你将能够:
(1)依据定额和清单分析过梁、圈梁、构造柱的工程量计算规则;
(2)定义过梁、圈梁、构造柱;
(3)绘制过梁、圈梁、构造柱;
(4)统计本层过梁、圈梁、构造柱的工程量。

一、任务说明

①完成首层过梁、圈梁、构造柱的属性定义、做法套用及图元绘制。
②汇总计算,统计首层过梁、圈梁、构造柱的工程量。

二、任务分析

①首层过梁、圈梁、构造柱的尺寸种类分别有多少? 可以分别从哪个图中什么位置找到?
②过梁伸入墙内长度如何计算?
③如何快速使用智能布置和自动生成过梁、构造柱?

三、任务实施

1)分析图纸

(1)圈梁

结施-01(2)中,所有外墙窗下标高处增加钢筋混凝土现浇带,截面尺寸为墙厚×180 mm。

配筋上下各2±12,φ6@200。

（2）过梁

结施-01(2)中过梁尺寸及配筋表,如图3.162所示。

过梁尺寸及配筋表

门窗洞口宽度 断面 b×h 墙厚 配筋	≤1200		>1200且≤2400		>2400且≤4000		>4000且≤5000	
	b×120		b×180		b×300		b×400	
	①	②	①	②	①	②	①	②
b≤90	2φ10	2±14	2±12	2±16	2±14	2±18	2±16	2±20
90<b<240	2φ10	3±12	2±12	3±14	2±14	3±16	2±16	3±20
b≥240	2φ10	4±12	2±12	4±14	2±14	4±16	2±16	4±20

图3.162

（3）构造柱

结施-01(2)中构造柱的尺寸、钢筋信息及布置位置,如图3.163所示。

(4)构造柱的设置:本图构造柱的位置设置见图9,构造柱的尺寸和配筋见图10。
构造柱上、下端框架梁处500 mm高度范围内,箍筋间距加密至@100。
构造柱与楼面相交处在施工楼面时应留出相应插筋,见图11。

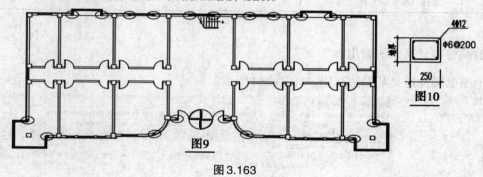

图9

图10

图3.163

2)清单、定额计算规则学习

（1）清单计算规则

过梁、圈梁、构造柱清单计算规则,见表3.30。

表3.30 过梁、圈梁、构造柱清单计算规则

编号	项目名称	单位	计算规则
010503005	过梁	m³	按设计图示尺寸以体积计算
011702009	过梁 模板	m²	按模板与现浇混凝土构件的接触面积计算
010503004	圈梁	m³	按设计图示尺寸以体积计算
011702008	圈梁 模板	m²	按模板与现浇混凝土构件的接触面积计算
010502002	构造柱	m³	按设计图示尺寸以体积计算。柱高:构造柱按全高计算,嵌接墙体部分(马牙槎)并入柱身体积
011702003	构造柱 模板	m²	按图示外露部分计算模板面积
010507005	压顶	m³	按设计图示尺寸以体积计算
011702025	其他现浇构件 模板	m²	按模板与现浇混凝土构件的接触面积计算

（2）定额计算规则学习

过梁、圈梁、构造柱定额计算规则，见表3.31。

表3.31　过梁、圈梁、构造柱定额计算规则

编号	项目名称	单位	计算规则
J2-21	商品混凝土 过梁	m³	按设计图示尺寸以体积计算
J2-151	现浇混凝土模板 过梁 复合木模板	m²	按混凝土与模板接触面积计算
J2-20	商品混凝土 圈梁	m³	按设计图示尺寸以体积计算
J2-150	现浇混凝土模板 圈梁 复合木模板	m²	按混凝土与模板接触面积计算
J2-76	构造柱 现浇混凝土	m³	按设计图示尺寸以体积计算。构造柱按全高计算，嵌接墙体部分(马牙槎)的体积并入柱身体积内计算
J2-143	现浇混凝土模板 构造柱 复合木模板	m²	构造柱按图示外露部分的最大宽度乘以柱高以面积计算

3）属性定义及做法套用

①圈梁属性定义及做法套用，如图3.164所示。

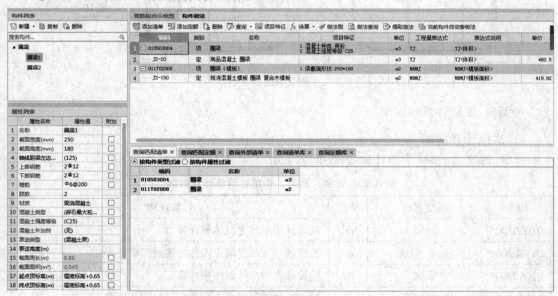

图3.164

②过梁属性定义及做法套用。分析首层外墙厚为250 mm，内墙为200 mm。分析建施-01门窗表，可知门宽度有5000,1100和1000 mm，窗宽度有900,1500,1600,1800,2400 mm，则可依据门窗宽度新建过梁信息，如图3.165—图3.168所示。

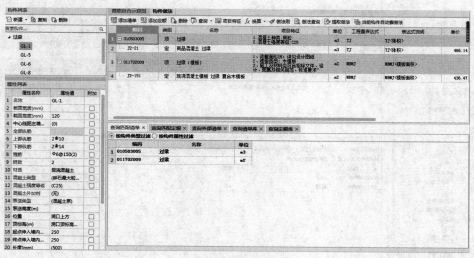

图 3.165

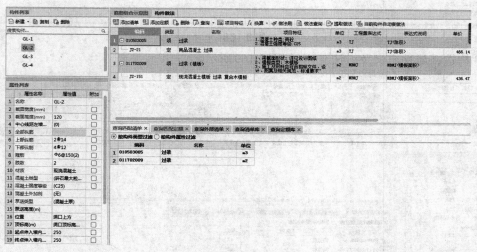

图 3.166

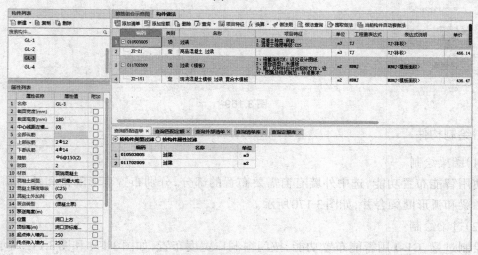

图 3.167

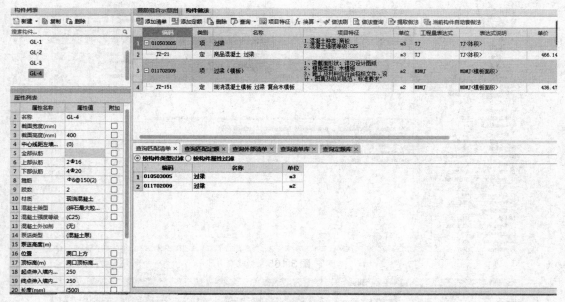

图 3.168

③构造柱属性定义及做法套用,如图 3.169 所示。

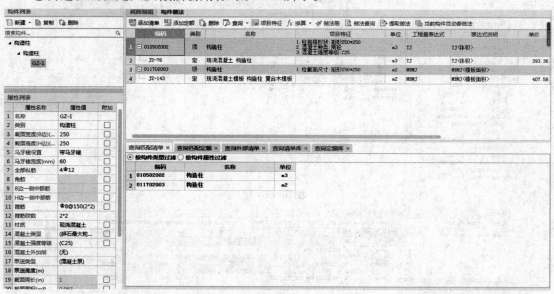

图 3.169

4)绘制构件

(1)圈梁绘制

使用智能布置功能,选中外墙有窗需要布置的部分,分别布置直形圈梁和弧形圈梁,将直形圈梁和弧形圈梁合并,如图 3.170 所示。

(2)过梁绘制

绘制过梁,GL-1用智能布置功能,按门窗洞口宽度布置,如图 3.171 和图 3.172 所示。单击"确定"按钮即可完成 GL-1 的布置,其他几根过梁操作方法同 GL-1。

112

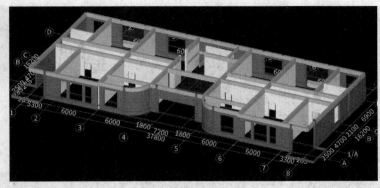

图 3.170

GL-2:"智能布置"→门、窗、门联窗、墙洞、带形窗、带形洞→批量选择→选除 C0924 以外的所有窗→确定,单击鼠标右键完成。操作方式参照图 3.171 和图 3.172 所示。

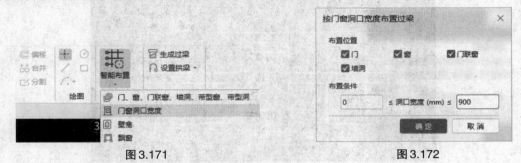

图 3.171　　　　　　　　　　　　　　　　　图 3.172

GL-3:布置方式参考 GL-1、GL-2 绘制方法。

GL-4:用点绘制,如图 3.173 所示。

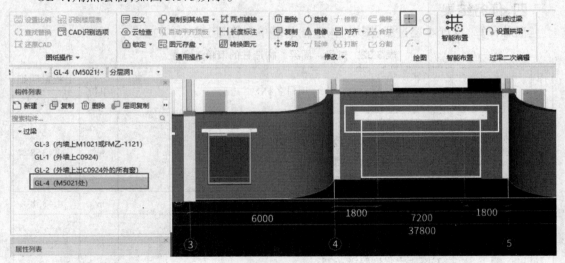

图 3.173

（3）构造柱绘制

按照结施-01（2）图 9 所示位置绘制即可。其绘制方法同柱,可选择窗的端点,按"Shift"键,弹出"请输入偏移值"对话框,输入偏移值,如图 3.174 所示。单击"确定"按钮,完成后如图 3.175 所示。

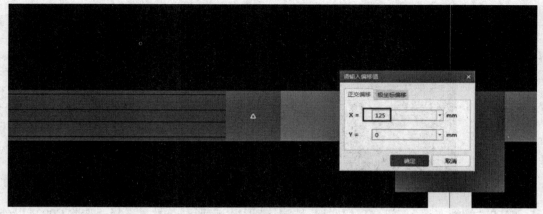

图3.174

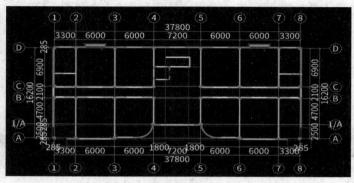

图3.175

四、任务结果

汇总计算，统计本层过梁、圈梁、构造柱的清单工程量，见表3.32。

表3.32　过梁、圈梁、构造柱的清单工程量

序号	编码	项目名称	单位	工程量明细 绘图输入
1	010502002003	构造柱 （1）柱规格形状：矩形250 mm×250 mm （2）混凝土种类：商品混凝土 （3）混凝土强度等级：C25	m³	4.4358
	J2-76	现浇混凝土 构造柱	m³	4.4358
2	010503004001	圈梁 （1）混凝土种类：商品混凝土 （2）混凝土强度等级：C25	m³	3.754
	J2-20	商品混凝土 圈梁	m³	3.754
3	010503005001	过梁 （1）混凝土种类：商品混凝土 （2）混凝土强度等级：C25	m³	2.5151

序号	编码	项目名称	单位	工程量明细 绘图输入
	J2-21	商品混凝土 过梁	m³	2.5151
		措施项目		
1	011702003003	构造柱 柱截面尺寸:矩形 250 mm×250 mm	m²	52.4684
	J2-143	现浇混凝土模板 构造柱 复合木模板	10 m²	5.24684
2	011702008001	圈梁(模板) 梁截面形状:250 mm×180 mm	m²	31.6239
	J2-150	现浇混凝土模板 圈梁 复合木模板	10 m²	3.16239
3	011702009001	过梁(模板) (1)梁截面形状:详见设计图纸 (2)模板类型:木模板 (3)施工及材料应符合招标文件、设计、图集及相关规范、标准要求	m²	34.7501
	J2-151	现浇混凝土模板 过梁 复合木模板	10 m²	3.47501

五、总结拓展

圈梁的属性定义

在导航树中单击"梁"→"圈梁",在"构件列表"中单击"新建"→"新建圈梁",在"属性编辑"框中输入相应的属性值,绘制完圈梁后,需手动修改圈梁标高。

问题思考

(1)简述构造柱的设置位置。

(2)为什么外墙窗顶没有设置圈梁?

(3)自动生成构造柱符合实际要求吗? 如果不符合,则需要做哪些调整?

首层圈梁、过梁、构造柱的工程量计算

3.7 楼梯工程量计算

通过本节的学习,你将能够:

正确计算楼梯的土建及钢筋工程量。

3.7.1 楼梯的定义和绘制

通过本小节的学习，你将能够：
(1)分析整体楼梯包含的内容；
(2)定义参数化楼梯；
(3)绘制参数化楼梯；
(4)统计各层楼梯的土建工程量。

一、任务说明

①使用参数化楼梯来完成楼梯的属性定义、做法套用。
②汇总计算，统计楼梯的工程量。

二、任务分析

①楼梯由哪些构件组成？每一构件对应哪些工作内容？做法如何套用？
②如何正确地编辑楼梯各构件的工程量表达式？

三、任务实施

1)分析图纸

分析建施-13、结施-13及各层平面图可知，本工程有一部楼梯，即位于④~⑤轴与Ⓒ~Ⓓ轴间的为一号楼梯。楼梯从负一层开始到第三层。

依据定额计算规则可知，楼梯按照水平投影面积计算混凝土和模板面积；分析图纸可知，伸入墙里的TL-1、楼梯间的楼板、TZ1工程量不包含在整体楼梯中，需单独计算。

从建施-13剖面图可知，楼梯栏杆为1050 mm高铁栏杆带木扶手。

2)清单、定额计算规则学习

(1)清单计算规则
楼梯清单计算规则，见表3.33。

表3.33　楼梯清单计算规则

编号	项目名称	单位	计算规则
010506001	直形楼梯	m²	按实际图示尺寸以水平投影面积计算。不扣除宽度小于500 mm的楼梯井，伸入墙内部分不计算
011702024	楼梯	m²	按楼梯(包括休息平台、平台梁、斜梁和楼层板的连接梁)的水平投影面积计算，不扣除宽度≤500 mm的楼梯井所占面积，楼梯踏步、踏步板、平台梁等侧面模板不另计算，伸入墙内部分亦不增加

(2)定额计算规则
楼梯定额计算规则见表3.34。

表 3.34　楼梯定额计算规则

编号	项目名称	单位	计算规则
J2-47	商品混凝土 直形楼梯	m²	按设计图示尺寸以水平投影面积计算。不扣除宽度≤500 mm 的楼梯井,伸入墙内部分不另增加。剪刀式楼梯按楼梯段的水平投影面积计算(含梯段的中间休息平台、平台梁、斜梁和楼梯的连接梁,当整体楼梯与现浇板无梯梁连接时,以楼梯的最后一个踏步边缘加 300 mm 为界),不含与楼层连接的休息平台
J2-169	现浇混凝土模板 楼梯 复合木模板	m²	现浇混凝土楼梯按楼梯(包括休息平台、水平梁、斜梁和楼层板的连接梁)的水平投影面积计算,不扣除宽度≤500 mm 的楼梯井所占面积,楼梯踏步、踏步板、平台梁等侧面模板不另计算,伸入墙内部分亦不增加。剪刀式楼梯不包含与楼层连接的休息平台

3)楼梯属性定义

楼梯可按照水平投影面积布置,也可绘制参数化楼梯。本工程按照参数化布置是为了方便计算楼梯底面抹灰等装修工程的工程量。

(1)新建楼梯

本工程楼梯为直形双跑楼梯,以本工程楼梯为例进行讲解。在导航树中选择"楼梯"→"楼梯"→"参数化楼梯",弹出"选择参数化图形"对话框,选择"标准双跑",按照结施-13 中的数据更改右侧绿色的字体,如图 3.176 所示,编辑完参数后单击"确定"按钮即可。

(2)定义属性

结合结施-13,对 1 号楼梯进行属性定义,如图 3.177 所示。

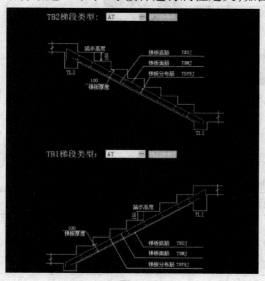

图 3.176　　　　　　　　　　　图 3.177

4)做法套用

1 号楼梯的做法套用,如图 3.178 所示。

图3.178

5)楼梯画法讲解

首层楼梯绘制。楼梯可以用点绘制,点绘制时需要注意楼梯的位置。如果提示不能重复布置,可将楼梯绘制在轴网以外的位置,按"F4"键改变插入点,用修改命令改变位置。绘制的楼梯图元如图3.179所示。

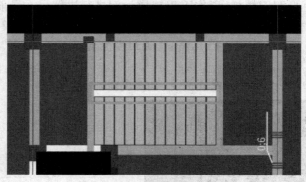

图3.179

四、任务结果

汇总计算,统计首层楼梯的工程量,见表3.35。

表3.35 首层楼梯的工程量

序号	编码	项目名称	单位	工程量明细绘图输入
1	010506001001	直形楼梯 (1)混凝土种类:商品混凝土 (2)混凝土强度等级:C30	m²	18.24
	J2-47	商品混凝土 直形楼梯	m²	18.24
2	011702024001	楼梯模板 类型:直形楼梯	m²	18.24
	J2-169	现浇混凝土模板 楼梯 复合木模板	10 m²	18.24

五、知识拓展

组合楼梯的绘制

组合楼梯就是楼梯使用单个构件绘制后的楼梯,每个单构件都要单独定义、单独绘制,绘制方法如下:

(1)组合楼梯构件的属性定义

①直形梯段的属性定义:单击"新建直形梯段",根据结施-13进行信息输入,如图3.180所示。

②休息平台的属性定义:单击"新建现浇板",根据结施-13进行信息输入,如图3.181所示。

图3.180

图3.181

③梯梁的属性定义:单击"新建矩形梁",根据结施-13进行信息输入,如图3.182所示。

	属性名称	属性值	附加			属性名称	属性值	附加
1	名称	TL-1(休息平台梁)			1	名称	TL-1(连系梁) 非...	
2	结构类别	楼层框架梁	☐		2	结构类别	非框架梁	☐
3	跨数量		☐		3	跨数量		☐
4	截面宽度(mm)	200	☐		4	截面宽度(mm)	200	☐
5	截面高度(mm)	400	☐		5	截面高度(mm)	400	☐
6	轴线距梁左边...	100	☐		6	轴线距梁左边...	100	☐
7	箍筋	Φ8@200(2)			7	箍筋	Φ8@200(2)	
8	肢数	2			8	肢数	2	
9	上部通长筋	2Φ14	☐		9	上部通长筋	2Φ14	☐
10	下部通长筋	3Φ16	☐		10	下部通长筋	3Φ16	☐
11	侧面构造或受...		☐		11	侧面构造或受...		☐
12	拉筋		☐		12	拉筋		☐
13	定额类别	有梁板			13	定额类别	有梁板	
14	材质	商品混凝土			14	材质	商品混凝土	
15	混凝土类型	(特细砂塑性混凝土(...	☐		15	混凝土类型	(特细砂塑性混凝土(...	☐
16	混凝土强度等级	(C30)	☐		16	混凝土强度等级	(C30)	☐
17	混凝土外加剂	(无)			17	混凝土外加剂	(无)	
18	泵送类型	(混凝土泵)			18	泵送类型	(混凝土泵)	
19	泵送高度(m)				19	泵送高度(m)		
20	截面周长(m)	1.2	☐		20	截面周长(m)	1.2	☐
21	截面面积(m²)	0.08	☐		21	截面面积(m²)	0.08	☐
22	起点顶标高(m)	1.9	☐		22	起点顶标高(m)	层顶标高	☐
23	终点顶标高(m)	1.9	☐		23	终点顶标高(m)	层顶标高	☐
24	备注		☐		24	备注		☐
25	⊞ 钢筋业务属性				25	⊞ 钢筋业务属性		

图3.182

（2）做法套用

直形梯段做法套用可参考楼梯做法套用。休息平台、TL-1（休息平台梁）、TL-1（连系梁）并入整体楼梯，按水平投影面积以"m²"计算。

（3）直形梯段画法

直形梯段可以直线绘制，也可以矩形绘制。绘制后单击"设置踏步起始边"即可。休息平台也一样，绘制方法同现浇板。完成绘制后，如图3.183所示。

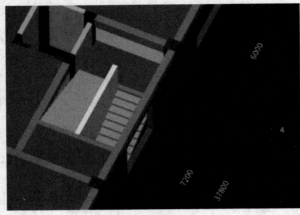

图3.183

（4）梯梁的绘制

梯梁的绘制参考梁的部分内容。

（5）休息平台的绘制

休息平台的绘制参考板部分，休息平台上的钢筋参考板钢筋部分。

题思考

整体楼梯的工程量中是否包含TZ1、墙中的TL-1？

3.7.2 表格算量法计算楼梯梯板钢筋工程量

通过本小节的学习，你将能够：
正确运用表格算量法计算钢筋工程量。

一、任务说明

在表格算量中运用参数输入法完成所有层楼梯的钢筋工程量计算。

二、任务分析

以首层一号楼梯为例，参考结施-13及建施-13，读取梯板的相关信息，如梯板厚度、钢筋信息及楼梯的具体位置。

三、任务实施

①如图3.184所示,切换到"工程量"选项卡,单击"表格算量"。

②在"表格算量"界面单击"构件",添加构件"AT1",根据图纸信息,输入AT1的相关属性信息,如图3.185所示。

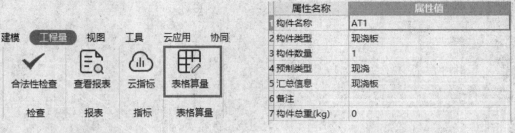

属性名称	属性值
1 构件名称	AT1
2 构件类型	现浇板
3 构件数量	1
4 预制类型	现浇
5 汇总信息	现浇板
6 备注	
7 构件总重(kg)	0

图3.184   图3.185

③新建构件后,单击"参数输入",在弹出的"图集列表"中,选择相应的楼梯类型,如图3.186所示。这里以AT型楼梯为例。

④在楼梯的参数图中,以首层一号楼梯为例,参考结施-13及建施-13,按照图纸标注和图集要求,本层楼梯的混凝土强度等级为C30非抗震,查16G101—3图集,得出一级钢筋锚固长度为30d,二级为29d,三级为35d,输入各个位置的钢筋信息和截面信息,如图3.187所示。输入完毕后,选择"计算保存"。

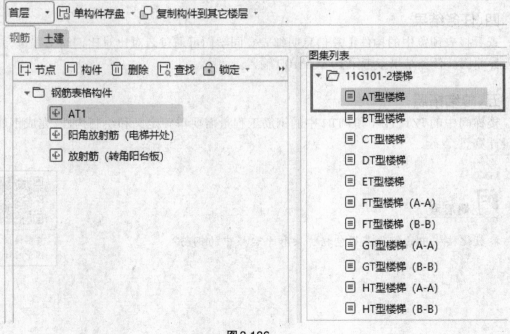

图3.186

图形显示

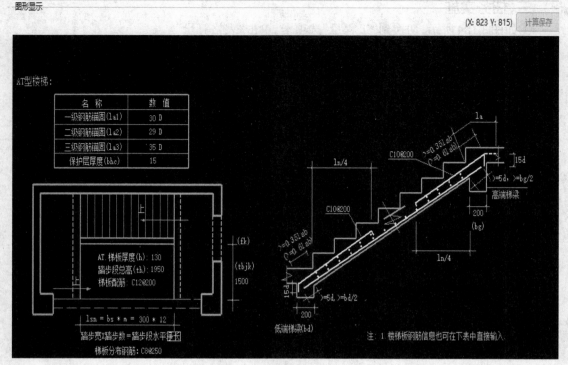

图 3.187

四、任务结果

查看报表预览中的构件汇总信息明细表。同学们可通过云对比对比钢筋工程量，并查找差异原因。任务结果参考第10章表10.1输入。

五、总结拓展

楼梯间中的 TZ1、TL-1 和 PTB1 中的钢筋工程量需要单独定义和绘制构件，完成钢筋工程量计算。

 题思考

参数化楼梯中的钢筋是否包括梯梁和平台板中的钢筋？

首层楼梯工程量的计算

4 二、三层工程量计算

通过本章的学习,你将能够:
(1)掌握层间复制图元的方法;
(2)掌握修改构件图元的方法。

4.1 二层工程量计算

通过本节的学习,你将能够:
掌握层间复制图元的两种方法。

一、任务说明
①使用层间复制方法完成二层柱、梁、板、墙体、门窗的做法套用及图元绘制。
②查找首层与二层的不同部分,将不同部分进行修正。
③汇总计算,统计二层柱、梁、板、墙体、门窗的工程量。

二、任务分析
①对比二层与首层的柱、梁、板、墙体、门窗都有哪些不同,分别从名称、尺寸、位置、做法4个方面进行对比。
②从其他楼层复制构件图元与复制选定图元到其他楼层有什么不同?

三、任务实施
1)分析图纸

二层层高为3600 mm,比首层减少了300 mm。

（1）分析框架柱

分析结施-04,二层框架柱和首层框架柱相比,截面尺寸、混凝土强度等级没有差别,不同的是钢筋信息全部发生变化。二层柱不再超高;二层梯柱顶标高降为"层底标高+1.8 m"。二层构造柱、暗柱与首层相同。

（2）分析梁

分析结施-05和结施-06,二层的梁和一层的梁相比,截面尺寸、混凝土强度等级没有差别,唯一不同的是⑧/④~⑤轴处KL4发生了变化。梯梁顶标高下降,二层梁不再超高。连梁、圈梁同首层。

（3）分析板

分析结施-08和结施-09，二层的板和一层的板相比，二层板不再超高，二层平台板标高有变化。④~⑤/⑪A~⑧轴增加了130 mm的板，⑤~⑥/ⓒ~ⓓ轴区域底部的X方向钢筋有变化，④~⑤/⑪A~⑧轴范围负筋有变化。

（4）分析墙、砌体加筋

分析建施-04、建施-05，二层无楼梯间墙，其他砌体与一层砌体基本相同，剪力墙Q3无变化。砌体加筋与首层相同。

（5）分析门窗、过梁

分析建施-04、建施-05，二层无楼梯间防火门FM1121，二层在⑪A轴/④~⑤轴为C5027，其他门窗与一层门窗基本相同。过梁随门窗洞口发生变化。

2）画法讲解

从其他楼层复制图元。在二层，单击"从其他层复制"，源楼层选择"首层"，图元选择"柱、墙、门窗洞、梁、板、楼梯"，目标楼层选择"第2层"如图4.1、图4.2所示。单击"确定"按钮，弹出"图元复制成功"提示框。

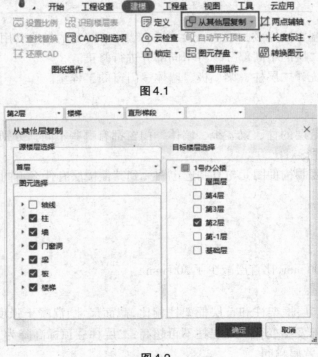

图4.1

图4.2

3）修改构件

为避免漏掉一些构件，复制后的构件可按照画图的顺序修改。

二层构件的修改方法如下：

①分别修改柱的钢筋信息，如图4.3—图4.8所示。

	属性列表	图层管理	
	属性名称	属性值	附加
1	名称	KZ1	
2	结构类别	框架柱	☐
3	定额类别	普通柱	☐
4	截面宽度(B边)(...	500	☐
5	截面高度(H边)(...	500	☐
6	全部纵筋		☐
7	角筋	4Φ22	☐
8	B边一侧中部筋	3Φ16	☐
9	H边一侧中部筋	3Φ16	☐
10	箍筋	Φ8@100(4*4)	☐
11	节点区箍筋		☐
12	箍筋胶数	4*4	
13	柱类型	(中柱)	☐
14	材质	商品混凝土	☐
15	混凝土类型	(特细砂塑性混凝...	☐
16	混凝土强度等级	(C30)	☐
17	混凝土外加剂	(无)	
18	泵送类型	(混凝土泵)	
19	泵送高度(m)		
20	截面面积(m²)	0.25	☐
21	截面周长(m)	2	☐
22	顶标高(m)	层顶标高	☐
23	底标高(m)	层底标高	☐
24	备注		☐
25	⊞ 钢筋业务属性		
43	⊞ 土建业务属性		
49	⊞ 显示样式		

图 4.3

	属性列表	图层管理	
	属性名称	属性值	附加
1	名称	KZ2	
2	结构类别	框架柱	☐
3	定额类别	普通柱	☐
4	截面宽度(B边)(...	500	☐
5	截面高度(H边)(...	500	☐
6	全部纵筋		☐
7	角筋	4Φ22	☐
8	B边一侧中部筋	3Φ16	☐
9	H边一侧中部筋	3Φ16	☐
10	箍筋	Φ8@100/200(4*4)	☐
11	节点区箍筋		☐
12	箍筋胶数	4*4	
13	柱类型	(中柱)	☐
14	材质	商品混凝土	☐
15	混凝土类型	(特细砂塑性混凝...	☐
16	混凝土强度等级	(C30)	☐
17	混凝土外加剂	(无)	
18	泵送类型	(混凝土泵)	
19	泵送高度(m)		
20	截面面积(m²)	0.25	☐
21	截面周长(m)	2	☐
22	顶标高(m)	层顶标高	☐
23	底标高(m)	层底标高	☐
24	备注		☐
25	⊞ 钢筋业务属性		
43	⊞ 土建业务属性		
49	⊞ 显示样式		

图 4.4

	属性列表	图层管理	
	属性名称	属性值	附加
1	名称	KZ3	
2	结构类别	框架柱	☐
3	定额类别	普通柱	☐
4	截面宽度(B边)(...	500	☐
5	截面高度(H边)(...	500	☐
6	全部纵筋		☐
7	角筋	4Φ22	☐
8	B边一侧中部筋	3Φ18	☐
9	H边一侧中部筋	3Φ18	☐
10	箍筋	Φ8@100/200(4*4)	☐
11	节点区箍筋		☐
12	箍筋胶数	4*4	
13	柱类型	(中柱)	☐
14	材质	商品混凝土	☐
15	混凝土类型	(特细砂塑性混凝...	☐
16	混凝土强度等级	(C30)	☐
17	混凝土外加剂	(无)	
18	泵送类型	(混凝土泵)	
19	泵送高度(m)		
20	截面面积(m²)	0.25	☐
21	截面周长(m)	2	☐
22	顶标高(m)	层顶标高	☐
23	底标高(m)	层底标高	☐
24	备注		☐
25	⊞ 钢筋业务属性		
43	⊞ 土建业务属性		
49	⊞ 显示样式		

图 4.5

	属性列表	图层管理	
	属性名称	属性值	附加
1	名称	KZ4	
2	结构类别	框架柱	☐
3	定额类别	普通柱	☐
4	截面宽度(B边)(...	500	☐
5	截面高度(H边)(...	500	☐
6	全部纵筋		☐
7	角筋	4Φ25	☐
8	B边一侧中部筋	3Φ18	☐
9	H边一侧中部筋	3Φ18	☐
10	箍筋	Φ8@100/200(4*4)	☐
11	节点区箍筋		☐
12	箍筋胶数	4*4	
13	柱类型	(中柱)	☐
14	材质	商品混凝土	☐
15	混凝土类型	(特细砂塑性混凝...	☐
16	混凝土强度等级	(C30)	☐
17	混凝土外加剂	(无)	
18	泵送类型	(混凝土泵)	
19	泵送高度(m)		
20	截面面积(m²)	0.25	☐
21	截面周长(m)	2	☐
22	顶标高(m)	层顶标高	☐
23	底标高(m)	层底标高	☐
24	备注		☐
25	⊞ 钢筋业务属性		
43	⊞ 土建业务属性		
49	⊞ 显示样式		

图 4.6

属性列表	图层管理	
	属性名称	属性值	附加
1	名称	KZ5	
2	结构类别	框架柱	☐
3	定额类别	普通柱	☐
4	截面宽度(B边)(...	600	☐
5	截面高度(H边)(...	500	☐
6	全部纵筋		☐
7	角筋	4Φ25	☐
8	B边一侧中部筋	4Φ18	☐
9	H边一侧中部筋	3Φ18	☐
10	箍筋	Φ8@100/200(5*4)	☐
11	节点区箍筋		☐
12	箍筋胶数	5*4	
13	柱类型	(中柱)	☐
14	材质	商品混凝土	
15	混凝土类型	(特细砂塑性混凝...	☐
16	混凝土强度等级	(C30)	☐
17	混凝土外加剂	(无)	
18	泵送类型	(混凝土泵)	
19	泵送高度(m)		
20	截面面积(m²)	0.3	☐
21	截面周长	2.2	☐
22	顶标高(m)	层顶标高	☐
23	底标高(m)	层底标高	☐
24	备注		☐
25	⊞ 钢筋业务属性		
43	⊞ 土建业务属性		
49	⊞ 显示样式		

图4.7

属性列表	图层管理	
	属性名称	属性值	附加
1	名称	KZ6	
2	结构类别	框架柱	☐
3	定额类别	普通柱	☐
4	截面宽度(B边)(...	500	☐
5	截面高度(H边)(...	600	☐
6	全部纵筋		☐
7	角筋	4Φ25	☐
8	B边一侧中部筋	3Φ18	☐
9	H边一侧中部筋	4Φ18	☐
10	箍筋	Φ8@100/200(4*5)	☐
11	节点区箍筋		☐
12	箍筋胶数	4*5	
13	柱类型	(中柱)	☐
14	材质	商品混凝土	
15	混凝土类型	(特细砂塑性混凝...	☐
16	混凝土强度等级	(C30)	☐
17	混凝土外加剂	(无)	
18	泵送类型	(混凝土泵)	
19	泵送高度(m)		
20	截面面积(m²)	0.3	☐
21	截面周长	2.2	☐
22	顶标高(m)	层顶标高	☐
23	底标高(m)	层底标高	☐
24	备注		☐
25	⊞ 钢筋业务属性		
43	⊞ 土建业务属性		
49	⊞ 显示样式		

图4.8

选中TZ1，修改TZ1的顶标高为"层底标高+1.8 m"，则二层的TZ1顶标高为5.65 m，如图4.9所示。

②修改梁的信息。单击"原位标注"，选中KL4，按图分别修改左右支座钢筋和跨中钢筋，如图4.10、图4.11所示。

属性列表	图层管理	
	属性名称	属性值	附加
1	名称	TZ1	
2	结构类别	框架柱	
3	定额类别	普通柱	☐
4	截面宽度(B边)(...	300	☐
5	截面高度(H边)(...	200	☐
6	全部纵筋		☐
7	角筋	4Φ16	☐
8	B边一侧中部筋	1Φ16	☐
9	H边一侧中部筋		☐
10	箍筋	Φ10@150	☐
11	节点区箍筋		☐
12	箍筋胶数	按截面	
13	柱类型	(中柱)	☐
14	材质	商品混凝土	
15	混凝土类型	(特细砂塑性混凝...	
16	混凝土强度等级	(C30)	☐
17	混凝土外加剂	(无)	
18	泵送类型	(混凝土泵)	
19	泵送高度(m)		
20	截面面积(m²)	0.06	☐
21	截面周长	1	☐
22	顶标高(m)	5.65	☐
23	底标高(m)	层底标高	☐
24	备注		☐
25	⊞ 钢筋业务属性		
43	⊞ 土建业务属性		
49	⊞ 显示样式		

图4.9

图4.10

图4.11

选中 TL1 楼梯平台梁,TL1 起点标高为"层底标高+1.8 m",终点顶标高为"层底标高+1.8 m",如图 4.12 所示。

查看次梁加筋信息:平台梁、三层梯柱处 KL6、L1(1)有次梁加筋,需添加上。

③修改板的信息。

第一步:"点"绘制④~⑤/⑾A轴~Ⓑ轴区域 130 mm 板。

第二步:绘制板受力筋,选择"单板"→"XY 向布置",选择各方向板受力筋类型后绘制,如图 4.13 所示。

	属性名称	属性值	附加
1	名称	TL1	
2	结构类别	楼层框架梁	
3	跨数量		
4	截面宽度(mm)	200	
5	截面高度(mm)	400	
6	轴线距梁左边...	(100)	
7	箍筋	Φ8@200(2)	
8	肢数	2	
9	上部通长筋	2Φ14	
10	下部通长筋	3Φ16	
11	侧面构造或受...		
12	拉筋		
13	定额类别	单梁	
14	材质	现浇混凝土	
15	混凝土类型	(碎石最大粒径40...	
16	混凝土强度等级	(C30)	
17	混凝土外加剂	(无)	
18	泵送类型	(混凝土泵)	
19	泵送高度(m)		
20	截面周长(m)	1.2	
21	截面面积(m²)	0.08	
22	起点顶标高(m)	层底标高+1.8	
23	终点顶标高(m)	层底标高+1.8	

图 4.12

图 4.13

第三步:修改负筋信息,选中④/⑾A轴~Ⓑ轴负筋,修改右标注长度为 1200 mm,按"Enter"键完成,如图 4.14 所示。

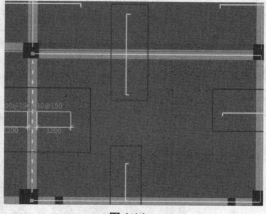

图 4.14

其他几个位置的修改方法相同,不再赘述。

修改梯段休息平台板顶标高为"层底标高+1.8 m"。

④修改门窗信息。选中 M5021 并删除,C5027 用"点"绘制在相同位置即可,如图 4.15 所示。

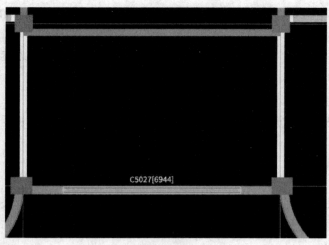

图4.15

⑤删除楼梯间多余的墙,同时改短墙上的防火门和过梁也应一并删除;删除阳台窗下墙,绘制阳台栏板。

⑥修改楼梯信息。修改二层BT1梯段数为12,踏步数为11。

四、任务结果

汇总计算,统计本层工程量,见表4.1。

表4.1　二层工程量清单定额工程量

序号	编码	项目名称	项目特征	单位	工程量明细 绘图输入
1	010402001001	砌块墙	(1)砌块品种、规格、强度等级:陶粒空心砖墙 100 mm 厚 (2)墙体类型:空心砌块 (3)砂浆强度级:M5 水泥砂浆	m³	1.5908
2	010402001002	砌块墙	(1)砌块品种、规格、强度等级:陶粒空心砖墙 200 mm 厚 (2)墙体类型:空心砌块 (3)砂浆强度级:M5 水泥砂浆	m³	70.9355
3	010402001003	砌块墙	(1)砌块品种、规格、强度等级:陶粒空心砖墙 250 mm 厚 (2)墙体类型:空心砌块 (3)砂浆强度级:M5 水泥砂浆	m³	41.8472
4	010502001001	矩形柱	(1)柱规格形状:矩形柱 周长2.4 m 以内 (2)混凝土种类:现浇商品混凝土 (3)混凝土强度等级:C30	m³	29.52
5	010502001002	矩形柱	(1)柱规格形状:矩形柱 周长1.6 m 以内 (2)混凝土种类:现浇商品混凝土 (3)混凝土强度等级:C30	m³	0.108

续表

序号	编码	项目名称	项目特征	单位	工程量明细 绘图输入
6	010502002003	构造柱	(1)柱规格形状:矩形 250 mm×250 mm (2)混凝土种类:商品混凝土 (3)混凝土强度等级:C25	m³	3.9418
7	010503004001	圈梁	(1)混凝土种类:商品混凝土 (2)混凝土强度等级:C25	m³	3.9272
8	010503005001	过梁	(1)混凝土种类:商品混凝土 (2)混凝土强度等级:C25	m³	1.1744
9	010504003002	电梯井墙	(1)混凝土种类:商品混凝土 (2)混凝土强度等级:C30	m³	5.8306
10	010504003003	电梯井墙(连梁)	(1)混凝土种类:商品混凝土 (2)混凝土强度等级:C30	m³	0.2024
11	010505001001	有梁板	(1)混凝土种类:商品混凝土 (2)混凝土强度等级:C30 (3)阳台板	m³	3.1082
12	010505001002	有梁板	(1)混凝土种类:商品混凝土 (2)混凝土强度等级:C30	m³	111.5443
13	010505001003	有梁板	(1)混凝土种类:商品混凝土 (2)混凝土强度等级:C30	m³	0.8827
14	010506001001	直形楼梯	(1)混凝土种类:商品混凝土 (2)混凝土强度等级:C30	m²	15.3975
15	010801001001	木质门	(1)成品木质夹板门 M1021 (2)其他未尽事宜详见图纸、答疑及相关规范要求	m²	46.2
16	010807006001	金属(塑钢、断桥)橱窗	(1)窗代号:ZJC1 (2)窗材质:塑钢窗 (3)玻璃品种、厚度:中空玻璃	m²	54.108
17	010807007001	金属(塑钢、断桥)飘(凸)窗	(1)窗材质:塑钢窗 (2)玻璃品种、厚度:中空玻璃	m²	13.8
18	011503001001	金属扶手、栏杆、栏板(护窗栏杆)	(1)材质:不锈钢 (2)规格:900 mm 高 (3)防腐刷油材质、工艺要求:详见图纸、答疑及相关规范要求	m	39.1546
19	011503001002	金属扶手、栏杆(楼梯栏杆)	(1)材质:不锈钢 (2)规格:900 mm 高 (3)防腐刷油材质、工艺要求:详见图纸、答疑及相关规范要求	m	9.1427

续表

序号	编码	项目名称	项目特征	单位	工程量明细 绘图输入
\multicolumn{6}{c}{措施项目}
1	011702002001	矩形柱（模板）	柱截面尺寸：矩形柱 周长2.4 m以内	m²	213.44
2	011702002002	矩形柱（模板）	柱截面尺寸：周长1.6 m以内	m²	1.63
3	011702003003	构造柱	柱截面尺寸：矩形250 mm×250 mm	m²	48.6062
4	011702008001	圈梁（模板）	梁截面形状：250 mm×180 mm	m²	33.4299
5	011702009001	过梁（模板）	（1）梁截面形状：详见设计图纸 （2）模板类型：木模板 （3）施工及材料应符合招标文件、设计、图集及相关规范、标准要求	m²	20.1175
6	011702010001	弧形、拱形梁	支撑高度：3.6 m以内	m²	15.2574
7	011702013002	短肢剪力墙、电梯井壁	墙类型：剪力墙	m²	59.4982
8	011702013003	短肢剪力墙、电梯井壁（连梁）	墙类型：连梁模板	m²	2.244
9	011702014001	有梁板（模板）	（1）支撑高度：3.6 m以内 （2）阳台板	m²	18.4518
10	011702014002	有梁板（模板）	支撑高度：3.6 m以内	m²	786.6224
11	011702024001	楼梯模板	类型：直形楼梯	m²	15.3975

五、总结拓展

层间复制

两种层间复制方法的区别

从其他楼层复制构件图元：将其他楼层的构件图元复制到目标层，只能选择构件来控制复制范围。

复制选定图元到其他楼层：将选中的图元复制到目标层，可通过选择图元来控制复制范围。

问题思考

"建模"页签下的层间复制功能与"构件列表"中的层间复制功能有何区别？

4.2 三层工程量计算

通过本节的学习,你将能够:
掌握层间复制图元的两种方法。

一、任务说明

①使用层间复制方法完成三层柱、梁、板、墙体、门窗的做法套用及图元绘制。
②查找三层与首层、二层的不同部分,对不同部分进行修正。
③汇总计算,统计三层柱、梁、板、墙体、门窗的工程量。

二、任务分析

对比三层与首层、二层的柱、梁、板、墙体、门窗都有哪些不同,分别从名称、尺寸、位置、做法4个方面进行对比。

三、任务实施

1)分析图纸

(1)分析框架柱

分析结施-04,三层框架柱和二层框架柱相比,截面尺寸、混凝土强度等级没有差别,钢筋信息也一样,只有标高不一样。

(2)分析梁

分析结施-06,三层梁和首层梁信息一样。

(3)分析板

分析结施-10,三层板和首层板信息一样。

(4)分析墙

分析建施-05,三层砌体与二层的基本相同。

(5)分析门窗

分析建施-05,三层门窗与二层的基本相同。

2)画法讲解

(1)从其他楼层复制图元

在三层中,选择"从其他层复制",源楼层选择"第2层",图元选择"柱、墙、门窗洞、楼梯",目标楼层选择"第3层",单击"确定"按钮,弹出"图元复制成功"提示框,如图4.16所示。

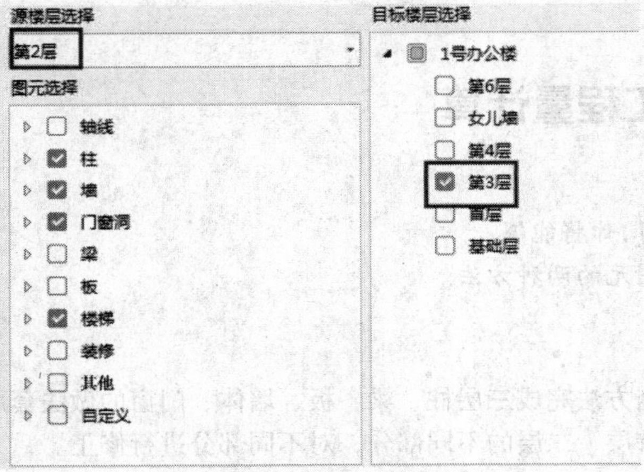

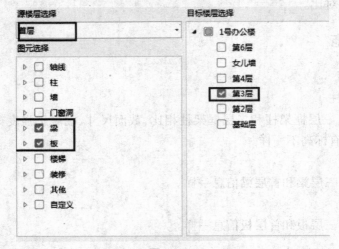

图4.16

（2）继续从其他楼层复制图元

在三层中，选择"从其他层复制"，源楼层选择"首层"，图元选择"梁、板"，目标楼层选择"第3层"，单击"确定"按钮，弹出"图元复制成功"提示框，如图4.17所示。

图4.17

（3）修改构件

①修改TL1、TL2顶标高。

②修改平台板顶标高。

③修改楼梯。

通过上述三步即可完成三层图元的全部绘制。

四、任务结果

汇总计算，统计三层清单定额工程量，见表4.2。

表4.2 三层清单定额工程量

序号	编码	项目名称	项目特征	单位	工程量明细 绘图输入
			实体项目		
1	010402001001	砌块墙	(1)砌块品种、规格、强度等级:陶粒空心砖墙100 mm厚 (2)墙体类型:空心砌块 (3)砂浆强度级:M5水泥砂浆	m³	1.5908
2	010402001002	砌块墙	(1)砌块品种、规格、强度等级:陶粒空心砖墙200 mm厚 (2)墙体类型:空心砌块 (3)砂浆强度级:M5水泥砂浆	m³	70.9355
3	010402001003	砌块墙	(1)砌块品种、规格、强度等级:陶粒空心砖墙250 mm厚 (2)墙体类型:空心砌块 (3)砂浆强度级:M5水泥砂浆	m³	41.846
4	010502001001	矩形柱	(1)柱规格形状:矩形柱 周长2.4 m以内 (2)混凝土种类:现浇商品混凝土 (3)混凝土强度等级:C30	m³	29.52
5	010502001002	矩形柱	(1)柱规格形状:矩形柱 周长1.6 m以内 (2)混凝土种类:现浇商品混凝土 (3)混凝土强度等级:C30	m³	0.108
6	010502002003	构造柱	(1)柱规格形状:矩形 250 mm×250 mm (2)混凝土种类:商品混凝土 (3)混凝土强度等级:C25	m³	3.9418
7	010503004001	圈梁	(1)混凝土种类:商品混凝土 (2)混凝土强度等级:C25	m³	3.9272
8	010503005001	过梁	(1)混凝土种类:商品混凝土 (2)混凝土强度等级:C25	m³	1.1761
9	010504003002	电梯井墙	(1)混凝土种类:商品混凝土 (2)混凝土强度等级:C30	m³	5.6188
10	010504003003	电梯井墙(连梁)	(1)混凝土种类:商品混凝土 (2)混凝土强度等级:C30	m³	0.2024
11	010505001001	有梁板	(1)混凝土种类:商品混凝土 (2)混凝土强度等级:C30 (3)阳台板	m³	3.1082
12	010505001002	有梁板	(1)混凝土种类:商品混凝土 (2)混凝土强度等级:C30	m³	107.1579

续表

序号	编码	项目名称	项目特征	单位	工程量明细 绘图输入
13	010505001003	有梁板	(1)混凝土种类:商品混凝土 (2)混凝土强度等级:C30	m³	1.6707
14	010505007001	天沟、挑檐板	(1)混凝土种类:商品混凝土 (2)混凝土强度等级:C30	m³	4.5972
15	010506001001	直形楼梯	(1)混凝土种类:商品混凝土 (2)混凝土强度等级:C30	m²	15.3975
16	010801001001	木质门	(1)成品木质夹板门M1021 (2)其他未尽事宜详见图纸、答疑及相关规范要求	m²	46.2
17	010807006001	金属(塑钢、断桥)橱窗	(1)窗代号:ZJC1 (2)窗材质:塑钢窗 (3)玻璃品种、厚度:中空玻璃	m²	54.108
18	010807007001	金属(塑钢、断桥)飘(凸)窗	(1)窗材质:塑钢窗 (2)玻璃品种、厚度:中空玻璃	m²	13.8
19	011503001001	金属扶手、栏杆、栏板(护窗栏杆)	(1)材质:不锈钢 (2)规格:900 mm高 (3)防腐刷油材质、工艺要求:详见图纸、答疑及相关规范要求	m	25.0342
20	011503001002	金属扶手、栏杆(楼梯栏杆)	(1)材质:不锈钢 (2)规格:900 mm高 (3)防腐刷油材质、工艺要求:详见图纸、答疑及相关规范要求	m	9.1427
措施项目					
1	011702002001	矩形柱(模板)	柱截面尺寸:矩形柱 周长2.4 m以内	m²	213.544
2	011702002002	矩形柱(模板)	柱截面尺寸:周长1.6 m以内	m²	1.63
3	011702003003	构造柱	柱截面尺寸:矩形250 mm×250 mm	m²	48.5714
4	011702008001	圈梁(模板)	梁截面形状:250 mm×180 mm	m²	33.4299
5	011702009001	过梁(模板)	(1)梁截面形状:详见设计图纸 (2)模板类型:木模板 (3)施工及材料应符合招标文件、设计、图集及相关规范、标准要求	m²	20.1285
6	011702010001	弧形、拱形梁	支撑高度:3.6 m以内	m²	15.2574
7	011702013001	短肢剪力墙、电梯井壁(暗柱模板)	墙类型:暗柱模板	m²	0
8	011702013002	短肢剪力墙、电梯井壁	墙类型:剪力墙	m²	56.7642

续表

序号	编码	项目名称	项目特征	单位	工程量明细 绘图输入
9	011702013003	短肢剪力墙、电梯井壁(连梁)	墙类型：连梁模板	m²	2.244
10	011702014001	有梁板(模板)	(1)支撑高度：3.6 m以内 (2)阳台板	m²	18.4518
11	011702014002	有梁板(模板)	支撑高度：3.6 m以内	m²	762.0177
12	011702022001	天沟、挑檐	构件类型：飘窗顶板、底板	m²	51.1411
13	011702024001	楼梯模板	类型：直形楼梯	m²	15.3975

五、总结拓展

图元存盘及图元提取的使用方法和层间复制功能都能满足快速完成绘图的要求。请读者自行对比使用方法。

问 题思考

分析在进行图元存盘及图元提取操作时，选择基准点有何用途？

5 四层、屋面层工程量计算

通过本章的学习,你将能够:

(1)掌握批量选择构件图元的方法;

(2)批量删除的方法;

(3)掌握女儿墙、压顶、屋面的属性定义和绘制方法;

(4)统计四层、机房层构件图元的工程量。

5.1 四层工程量计算

通过本节的学习,你将能够:

(1)巩固层间复制的方法;

(2)调整四层构件属性及图元绘制;

(3)掌握屋面框架梁的属性定义和绘制。

一、任务说明

①使用层间复制方法完成四层柱、墙体、门窗的做法套用及图元绘制。

②查找四层与三层的不同部分,将不同部分进行修正。

③四层梁和板与其他层信息不一致,需重新定义和绘制。

④汇总计算,统计四层柱、梁、板、墙体、门窗的工程量。

二、任务分析

①对比三层与四层的柱、墙体、门窗都有哪些不同,分别从名称、尺寸、位置、做法4个方面进行对比。

②从其他楼层复制构件图元与复制选定图元到其他楼层有什么不同?

三、任务实施

1)分析图纸

四层层高为3.35 m,与三层不同。

(1)分析柱

分析结施-04,四层和三层的框架柱信息是一样的。但四层无梯柱,因四层为暗柱,与三层不同。

（2）分析梁

分析结施-08,四层框架梁为屋面框架梁。四层无梯梁,因梁标高改变,四层有连梁。

（3）分析板

分析结施-12,④~⑤轴、ⓒ~ⓓ轴的板构件和板钢筋信息与其他层不同。四层无平台板,楼梯间变为屋面板,无楼梯间楼板。

（4）分析墙

分析建施-06、建施-07,四层砌体与三层砌体基本相同,但墙高有变化,剪力墙钢筋有变化,为 Q4。

（5）分析门窗

分析建施-06、建施-07,四层门窗离地面高度有变化,其他与三层门窗基本相同。

（6）分析楼梯

四层无楼梯。

（7）分析过梁

四层过梁与三层不同。

2)画法讲解

（1）从其他楼层复制图元

在四层,选择"从其他楼层复制"图元,源楼层选择"第3层",图元选择"柱、墙、门窗洞",目标楼层选择"第4层",单击"确定"按钮,如图5.1所示。

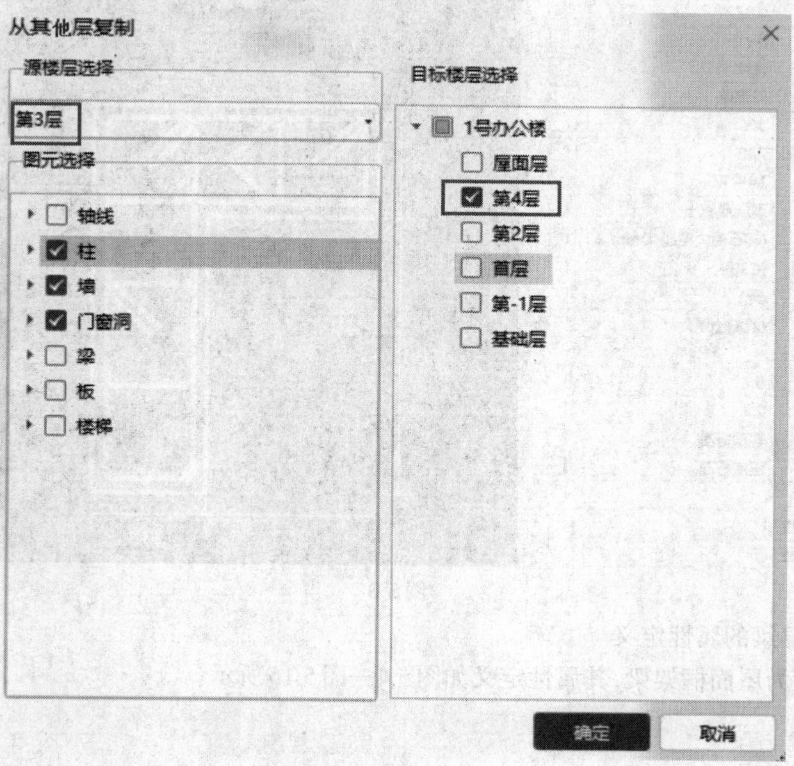

图5.1

将三层柱复制到四层，其中GBZ1和GBZ2信息修改如图5.2和图5.3所示。

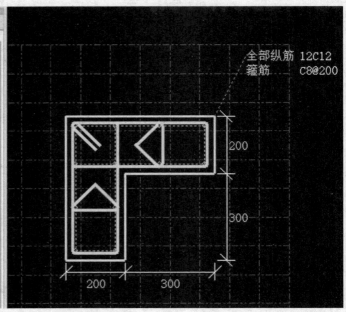

	属性名称	属性值	附加
1	名称	GBZ1	
2	截面形状	L-d形	☐
3	结构类别	暗柱	☐
4	定额类别	普通柱	☐
5	截面宽度(B边)(...	500	☐
6	截面高度(H边)(...	500	☐
7	全部纵筋	12Φ12	☐
8	材质	现浇混凝土	☐
9	混凝土类型	(碎石最大粒径40m...	☐
10	混凝土强度等级	(C30)	☐
11	混凝土外加剂	(无)	
12	泵送类型	(混凝土泵)	
13	泵送高度(m)		
14	截面面积(m²)	0.16	☐
15	截面周长(m)	2	☐
16	顶标高(m)	层顶标高	☐
17	底标高(m)	层底标高	☐
18	备注		☐

图5.2

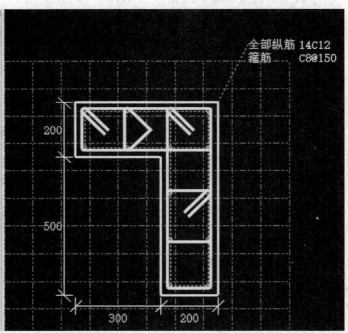

	属性名称	属性值	附加
1	名称	GBZ2	
2	截面形状	L-c形	☐
3	结构类别	暗柱	☐
4	定额类别	普通柱	☐
5	截面宽度(B边)(...	500	☐
6	截面高度(H边)(...	700	☐
7	全部纵筋	14Φ12	☐
8	材质	现浇混凝土	☐
9	混凝土类型	(碎石最大粒径40mm...	☐
10	混凝土强度等级	(C30)	☐
11	混凝土外加剂	(无)	
12	泵送类型	(混凝土泵)	
13	泵送高度(m)		
14	截面面积(m²)	0.2	☐
15	截面周长(m)	2.4	☐
16	顶标高(m)	层顶标高	☐
17	底标高(m)	层底标高	☐
18	备注		☐
19	⊞ 钢筋业务属性		
33	⊞ 土建业务属性		

图5.3

（2）四层梁的属性定义

四层梁为屋面框架梁，其属性定义如图5.4—图5.15所示。

	属性名称	属性值	附加
1	名称	WKL1(1)	
2	结构类别	屋面框架梁	☐
3	跨数量	1	☐
4	截面宽度(mm)	250	☐
5	截面高度(mm)	600	☐
6	轴线距梁左边	(125)	☐
7	箍筋	Φ10@100/200(2)	☐
8	胶数	2	
9	上部通长筋	2Φ25	☐
10	下部通长筋		☐
11	侧面构造或受	N2Φ16	☐
12	拉筋	(Φ6)	☐
13	定额类别	有梁板	☐
14	材质	商品混凝土	☐
15	混凝土类型	(特细砂塑性混凝土(坍...	☐
16	混凝土强度等级	(C30)	☐
17	混凝土外加剂	(无)	
18	泵送类型	(混凝土泵)	
19	泵送高度(m)		
20	截面周长(m)	1.7	☐
21	截面面积(m²)	0.15	☐
22	起点顶标高(m)	层顶标高	☐
23	终点顶标高(m)	层顶标高	☐
24	备注		☐
25	⊞ 钢筋业务属性		
35	⊞ 土建业务属性		
42	⊞ 显示样式		

图5.4

	属性名称	属性值	附加
1	名称	WKL2(2)	
2	结构类别	屋面框架梁	☐
3	跨数量	2	☐
4	截面宽度(mm)	300	☐
5	截面高度(mm)	600	☐
6	轴线距梁左边	(150)	☐
7	箍筋	Φ10@100/200(2)	☐
8	胶数	2	
9	上部通长筋	2Φ25	☐
10	下部通长筋		☐
11	侧面构造或受	G2Φ12	☐
12	拉筋	(Φ6)	☐
13	定额类别	有梁板	☐
14	材质	商品混凝土	☐
15	混凝土类型	(特细砂塑性混凝土(坍...	☐
16	混凝土强度等级	(C30)	☐
17	混凝土外加剂	(无)	
18	泵送类型	(混凝土泵)	
19	泵送高度(m)		
20	截面周长(m)	1.8	☐
21	截面面积(m²)	0.18	☐
22	起点顶标高(m)	层顶标高	☐
23	终点顶标高(m)	层顶标高	☐
24	备注		☐
25	⊞ 钢筋业务属性		
35	⊞ 土建业务属性		
42	⊞ 显示样式		

图5.5

	属性名称	属性值	附加
1	名称	WKL3(3)	
2	结构类别	屋面框架梁	☐
3	跨数量	3	☐
4	截面宽度(mm)	250	☐
5	截面高度(mm)	500	☐
6	轴线距梁左边	(125)	☐
7	箍筋	Φ10@100/200(2)	☐
8	胶数	2	
9	上部通长筋	2Φ22	☐
10	下部通长筋		☐
11	侧面构造或受	G2Φ12	☐
12	拉筋	(Φ6)	☐
13	定额类别	有梁板	☐
14	材质	商品混凝土	☐
15	混凝土类型	(特细砂塑性混凝土(坍...	☐
16	混凝土强度等级	(C30)	☐
17	混凝土外加剂	(无)	
18	泵送类型	(混凝土泵)	
19	泵送高度(m)		
20	截面周长(m)	1.5	☐
21	截面面积(m²)	0.125	☐
22	起点顶标高(m)	层顶标高	☐
23	终点顶标高(m)	层顶标高	☐
24	备注		☐
25	⊞ 钢筋业务属性		
35	⊞ 土建业务属性		
42	⊞ 显示样式		

图5.6

	属性名称	属性值	附加
1	名称	WKL4(1)	
2	结构类别	屋面框架梁	☐
3	跨数量	1	☐
4	截面宽度(mm)	300	☐
5	截面高度(mm)	600	☐
6	轴线距梁左边	(150)	☐
7	箍筋	Φ10@100/200(2)	☐
8	胶数	2	
9	上部通长筋	2Φ25	☐
10	下部通长筋		☐
11	侧面构造或受	G2Φ12	☐
12	拉筋	(Φ6)	☐
13	定额类别	有梁板	☐
14	材质	商品混凝土	☐
15	混凝土类型	(特细砂塑性混凝土(坍...	☐
16	混凝土强度等级	(C30)	☐
17	混凝土外加剂	(无)	
18	泵送类型	(混凝土泵)	
19	泵送高度(m)		
20	截面周长(m)	1.8	☐
21	截面面积(m²)	0.18	☐
22	起点顶标高(m)	层顶标高	☐
23	终点顶标高(m)	层顶标高	☐
24	备注		☐
25	⊞ 钢筋业务属性		
35	⊞ 土建业务属性		
42	⊞ 显示样式		

图5.7

	属性名称	属性值	附加
1	名称	WKL5(3)	
2	结构类别	屋面框架梁	☐
3	跨数量	3	
4	截面宽度(mm)	300	
5	截面高度(mm)	500	
6	轴线距梁左边...	(150)	☐
7	箍筋	Φ10@100/200(2)	☐
8	胶数	2	
9	上部通长筋	2Φ25	☐
10	下部通长筋		☐
11	侧面构造或受...	G2Φ12	☐
12	拉筋	(Φ6)	☐
13	定额类别	有梁板	☐
14	材质	商品混凝土	☐
15	混凝土类型	(特细砂塑性混凝土(坍...	☐
16	混凝土强度等级	(C30)	☐
17	混凝土外加剂	(无)	
18	泵送类型	(混凝土泵)	
19	泵送高度(m)		
20	截面周长(m)	1.6	☐
21	截面面积(m²)	0.15	☐
22	起点顶标高	层顶标高	☐
23	终点顶标高	层顶标高	☐
24	备注		☐
25	⊞ 钢筋业务属性		
35	⊞ 土建业务属性		
42	⊞ 显示样式		

图 5.8

	属性名称	属性值	附加
1	名称	WKL6(7)	
2	结构类别	屋面框架梁	☐
3	跨数量	7	
4	截面宽度(mm)	300	
5	截面高度(mm)	600	
6	轴线距梁左边...	(150)	☐
7	箍筋	Φ10@100/200(2)	☐
8	胶数	2	
9	上部通长筋	2Φ25	☐
10	下部通长筋		☐
11	侧面构造或受...	G2Φ12	☐
12	拉筋	(Φ6)	☐
13	定额类别	有梁板	☐
14	材质	商品混凝土	☐
15	混凝土类型	(特细砂塑性混凝土(坍...	☐
16	混凝土强度等级	(C30)	☐
17	混凝土外加剂	(无)	
18	泵送类型	(混凝土泵)	
19	泵送高度(m)		
20	截面周长(m)	1.8	☐
21	截面面积(m²)	0.18	☐
22	起点顶标高(m)	层顶标高	☐
23	终点顶标高(m)	层顶标高	☐
24	备注		☐
25	⊞ 钢筋业务属性		
35	⊞ 土建业务属性		
42	⊞ 显示样式		

图 5.9

	属性名称	属性值	附加
1	名称	WKL7(3)	
2	结构类别	屋面框架梁	☐
3	跨数量	3	
4	截面宽度(mm)	300	
5	截面高度(mm)	600	
6	轴线距梁左边...	(150)	☐
7	箍筋	Φ10@100/200(2)	☐
8	胶数	2	
9	上部通长筋	2Φ25	☐
10	下部通长筋		☐
11	侧面构造或受...	G2Φ12	☐
12	拉筋	(Φ6)	☐
13	定额类别	有梁板	☐
14	材质	商品混凝土	☐
15	混凝土类型	(特细砂塑性混凝土(坍...	☐
16	混凝土强度等级	(C30)	☐
17	混凝土外加剂	(无)	
18	泵送类型	(混凝土泵)	
19	泵送高度(m)		
20	截面周长(m)	1.8	☐
21	截面面积(m²)	0.18	☐
22	起点顶标高(m)	层顶标高	☐
23	终点顶标高(m)	层顶标高	☐
24	备注		☐
25	⊞ 钢筋业务属性		
35	⊞ 土建业务属性		
42	⊞ 显示样式		

图 5.10

	属性名称	属性值	附加
1	名称	WKL8(1)	
2	结构类别	屋面框架梁	☐
3	跨数量	1	
4	截面宽度(mm)	300	
5	截面高度(mm)	600	
6	轴线距梁左边...	(150)	☐
7	箍筋	Φ10@100/200(2)	☐
8	胶数	2	
9	上部通长筋	2Φ25	☐
10	下部通长筋		☐
11	侧面构造或受...	G2Φ12	☐
12	拉筋	(Φ6)	☐
13	定额类别	有梁板	☐
14	材质	商品混凝土	☐
15	混凝土类型	(特细砂塑性混凝土(坍...	☐
16	混凝土强度等级	(C30)	☐
17	混凝土外加剂	(无)	
18	泵送类型	(混凝土泵)	
19	泵送高度(m)		
20	截面周长(m)	1.8	☐
21	截面面积(m²)	0.18	☐
22	起点顶标高(m)	层顶标高	☐
23	终点顶标高(m)	层顶标高	☐
24	备注		☐
25	⊞ 钢筋业务属性		
35	⊞ 土建业务属性		
42	⊞ 显示样式		

图 5.11

	属性名称	属性值	附加
1	名称	WKL9(3)	
2	结构类别	屋面框架梁	
3	跨数量	3	
4	截面宽度(mm)	300	
5	截面高度(mm)	600	
6	轴线距梁左边…	(150)	
7	箍筋	Φ10@100/200(2)	
8	胶数	2	
9	上部通长筋	2Φ25	
10	下部通长筋		
11	侧面构造或受…	G2Φ12	
12	拉筋	(Φ6)	
13	定额类别	有梁板	
14	材质	商品混凝土	
15	混凝土类型	(特细砂塑性混凝土(拐…	
16	混凝土强度等级	(C30)	
17	混凝土外加剂	(无)	
18	泵送类型	(混凝土泵)	
19	泵送高度(m)		
20	截面周长(m)	1.8	
21	截面面积(m²)	0.18	
22	起点顶标高(m)	屋顶标高	
23	终点顶标高(m)	屋顶标高	
24	备注		
25	钢筋业务属性		
35	土建业务属性		
42	显示样式		

图 5.12

	属性名称	属性值	附加
1	名称	WKL10(3)	
2	结构类别	屋面框架梁	
3	跨数量	3	
4	截面宽度(mm)	300	
5	截面高度(mm)	600	
6	轴线距梁左边…	(150)	
7	箍筋	Φ10@100/200(2)	
8	胶数	2	
9	上部通长筋	2Φ25	
10	下部通长筋		
11	侧面构造或受…	G2Φ12	
12	拉筋	(Φ6)	
13	定额类别	有梁板	
14	材质	商品混凝土	
15	混凝土类型	(特细砂塑性混凝土(拐…	
16	混凝土强度等级	(C30)	
17	混凝土外加剂	(无)	
18	泵送类型	(混凝土泵)	
19	泵送高度(m)		
20	截面周长(m)	1.8	
21	截面面积(m²)	0.18	
22	起点顶标高(m)	屋顶标高	
23	终点顶标高(m)	屋顶标高	
24	备注		
25	钢筋业务属性		
35	土建业务属性		
42	显示样式		

图 5.13

	属性名称	属性值	附加
1	名称	KL10a(3)	
2	结构类别	楼层框架梁	
3	跨数量	3	
4	截面宽度(mm)	300	
5	截面高度(mm)	600	
6	轴线距梁左边…	(150)	
7	箍筋	Φ10@100/200(2)	
8	胶数	2	
9	上部通长筋	2Φ25	
10	下部通长筋		
11	侧面构造或受…	G2Φ12	
12	拉筋	(Φ6)	
13	定额类别	有梁板	
14	材质	商品混凝土	
15	混凝土类型	(特细砂塑性混凝土(拐…	
16	混凝土强度等级	(C30)	
17	混凝土外加剂	(无)	
18	泵送类型	(混凝土泵)	
19	泵送高度(m)		
20	截面周长(m)	1.8	
21	截面面积(m²)	0.18	
22	起点顶标高(m)	屋顶标高	
23	终点顶标高(m)	屋顶标高	
24	备注		
25	钢筋业务属性		
35	土建业务属性		
42	显示样式		

图 5.14

	属性名称	属性值	附加
1	名称	KL10b(1)	
2	结构类别	楼层框架梁	
3	跨数量	1	
4	截面宽度(mm)	300	
5	截面高度(mm)	600	
6	轴线距梁左边…	(150)	
7	箍筋	Φ10@100/200(2)	
8	胶数	2	
9	上部通长筋	2Φ25	
10	下部通长筋	2Φ25	
11	侧面构造或受…	G2Φ12	
12	拉筋	(Φ6)	
13	定额类别	有梁板	
14	材质	商品混凝土	
15	混凝土类型	(特细砂塑性混凝土(拐…	
16	混凝土强度等级	(C30)	
17	混凝土外加剂	(无)	
18	泵送类型	(混凝土泵)	
19	泵送高度(m)		
20	截面周长(m)	1.8	
21	截面面积(m²)	0.18	
22	起点顶标高(m)	屋顶标高	
23	终点顶标高(m)	屋顶标高	
24	备注		
25	钢筋业务属性		
35	土建业务属性		
42	显示样式		

图 5.15

四层梁的标高需要修改,绘制方法同首层梁。板和板钢筋的绘制方法同首层。

用层间复制的方法,把第3层的墙、门窗洞口复制到第4层。

检查并修改四层构件信息。如C5027窗下墙高150 mm,因梁高180 mm,设置不合理修改相应构件信息进行处理。

构件添加清单和定额,方法同首层。

柱的修改:顶层柱要判断边角柱,可使用"判断边角柱"的功能,如图5.16所示。

图5.16

四、总结拓展

下面简单介绍几种在绘图界面查看工程量的方式。

①单击"查看工程量",选中要查看的构件图元,弹出"查看构件图元工程量"对话框,可以查看做法工程量、清单工程量和定额工程量。

②按"F3"键批量选择构件图元,然后单击"查看工程量",可以查看做法工程量、清单工程量和定额工程量。

③单击"查看计算式",选择单一图元,弹出"查看构件图元工程量计算式",可以查看此图元的详细计算式,还可利用"查看三维扣减图"查看详细工程量计算式。

问题思考

(1)如何使用"判断边角柱"的命令?

(2)本工程中,上人孔处板位置开孔,如何处理?

5.2 女儿墙、压顶、屋面的工程量计算

通过本节的学习,你将能够:

(1)确定女儿墙高度、厚度,确定屋面防水的上卷高度;

(2)矩形绘制和点绘制屋面图元;

(3)图元的拉伸;

(4)统计本层女儿墙、女儿墙压顶、屋面、构造柱、栏板等工程量。

一、任务说明

①完成女儿墙、屋面的工程量计算。

②汇总计算,统计屋面的工程量。

二、任务分析

①从哪张图中能够找到屋面做法？都与哪些清单、定额有关？

②从哪张图中能够找到女儿墙的尺寸？

三、任务实施

1)分析图纸

（1）分析女儿墙及压顶

分析建施-12、建施-08，女儿墙的构造参见建施-08节点1，女儿墙墙厚240 mm（以建施-08平面图为准）。女儿墙墙身为砖墙，压顶材质为混凝土，宽300 mm，高60 mm。

（2）分析屋面

分析建施-02，可知本层的屋面做法为屋面1，防水的上卷高度设计未指明，按照定额默认高度为250 mm。

2)清单、定额计算规则学习

（1）清单计算规则学习

女儿墙、屋面、墙面装修清单计算规则见表5.1。

表5.1　女儿墙、屋面、墙面装修清单计算规则

编号	项目名称	单位	计算规则
010401003	实心砖墙	m³	按设计图示尺寸以体积计算
010507005	扶手、压顶	m³	(1)以m计量，按设计图示的中心线延长米计算 (2)以m³计量，按设计图示尺寸以体积计算
010902001	屋面卷材防水	m²	按设计图示尺寸以面积计算 (1)斜屋顶(不包括平屋顶找坡)按斜面积计算，平屋顶按水平投影面积计算 (2)不扣除房上烟囱、风帽底座、风道、屋面小气窗和斜沟所占面积 (3)屋面的女儿墙、伸缩缝和天窗等处的弯起部分，并入屋面工程量内
011204003	块料墙面	m²	
011407001	墙面喷刷涂料	m²	
011001003	保温隔热 墙面	m²	按设计图示尺寸以面积计算 扣除门窗洞口以及面积大于0.3 m²梁、孔洞所占面积；门窗洞口侧壁以及与墙相连的柱，并入保温墙体工程量内

（2）定额计算规则

女儿墙、屋面定额计算规则见表5.2。

表5.2　女儿墙、屋面定额计算规则

编号	项目名称	单位	计算规则
AD0021	砖砌体 女儿墙240	m³	从屋面板上表面算至女儿墙顶面（如有混凝土压顶时算至压顶下表面）
AE0110	零星构件（压顶）现浇商品混凝土	m³	按设计图示体积计算
AE0172	现浇混凝土模板 零星构件（压顶）模板	m³	按设计图示体积计算
AJ0013	改性沥青卷材 热熔法一层	m²	卷材、涂膜屋面按设计面积以"m²"计算。不扣除房上烟囱、风帽底座、风道、斜沟、变形缝所占面积，屋面的女儿墙、伸缩缝和天窗等处的弯起部分，按图示尺寸并入屋面工程量计算。如图纸无规定时，伸缩缝、女儿墙的弯起部分可按250 mm计算，天窗弯起部分可按500 mm计算
AJ0014	改性沥青卷材 热熔法每增加一层		
AL0004	水泥砂浆找平层 厚度20 mm 在填充材料上 现拌	m²	按主墙间净空面积以"m²"计算。应扣除凸出地面的构筑物、设备基础、室内铁道、地沟等所占的体积（面积），但不扣除柱、垛、间壁墙、附墙烟囱及面积在0.3 m²以内孔洞所占的体积（面积），而门洞、空圈、暖气包槽、壁龛的开口部分的体积（面积）亦不增加
KB0062	屋面保温 陶粒混凝土	m³	按设计图示水平投影面积乘以平均厚度以体积计算
KB0073	屋面保温 硬泡聚氨酯现场喷发 厚度(mm)50	m²	按设计图示尺寸以面积计算
KB0074	屋面保温 硬泡聚氨酯现场喷发 厚度(mm)每增减5		
AF0008	构造柱 商品混凝土	m³	构造柱（抗震柱）应包括"马牙槎"的体积在内，以"m³"计算
AF0062	构造柱 现浇混凝土模板	m³	构造柱（抗震柱）应包括"马牙槎"的体积在内，以"m³"计算
LB0042	墙面贴面砖 水泥砂浆粘贴 周长450 mm以内 灰缝5 mm	m²	扣除门窗洞口和空圈所占面积，不扣除踢脚板、挂镜线、单个面积在0.3 m²以内的孔洞和墙与梁头交接处的面积，但门窗洞口、空圈侧壁和顶面（底面）亦不增加。墙垛（含附墙烟囱）侧壁面积与内墙抹灰工程量合并计算
AM0012	墙面、墙裙水泥砂浆抹灰 混凝土墙 外墙 湿拌商品砂浆	m²	按设计结构尺寸（有保温、隔热、防潮层者按其外表面尺寸）面积以"m²"计算
AM0032	其他砂浆 界面剂一遍 混凝土基层		按设计结构尺寸（有保温、隔热、防潮层者按其外表面尺寸）面积以"m²"计算

续表

编号	项目名称	单位	计算规则
KB0081	外墙外保温 聚苯乙烯板 厚度 50 mm	m²	按设计图示尺寸以"m²"计算,应扣除门窗洞口、空圈和单个面积在 0.3 m² 以上的孔洞所占面积。门窗洞口、空圈的侧壁、顶(底)面和墙垛设计要求做保温时,并入墙保温工程量内
LB0184	外墙涂料 抹灰面	m²	按设计结构尺寸(有保温、隔热、防潮层者按其外表面尺寸)面积以"m²"计算,应扣除门窗洞口、外墙裙(墙面与墙裙抹灰种类相同者应合并计算)和单个面积大于 0.3 m² 的孔洞所占面积,不扣除单个面积在 0.3 m² 以内的孔洞所占面积,门窗洞口及孔洞的侧壁、顶面(底面)面积亦不增加,附墙柱(含附墙烟囱)侧面抹灰面积应并入外墙面抹灰工程量内

3)属性定义

(1)女儿墙的属性定义

女儿墙的属性定义同墙,在新建墙体时,名称命名为"女儿墙",其属性定义如图 5.17 所示。

图 5.17

(2)屋面的属性定义

在导航树中选择"其他"→"屋面",在"构件列表"中选择"新建"→"新建屋面",在"属性编辑"框中输入相应的属性值,如图5.18和图5.19所示。

图5.18　　　　　　　　　　　　　　　图5.19

（3）女儿墙压顶的属性定义

在导航树中选择"压顶",在"构件列表"中选择"新建"→"新建矩形压顶",修改名称为"女儿墙压顶",依据建施-08中女儿墙压顶信息输入属性信息。在截面编辑中修改相应的钢筋信息,箍筋信息为φ6@200,纵筋信息为3φ6,如图5.20和图5.21所示。

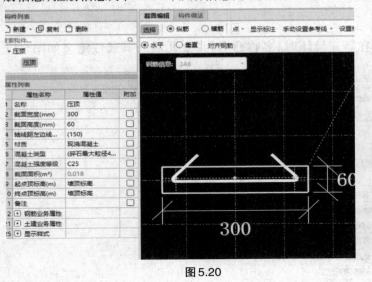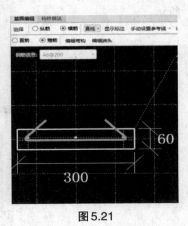

图5.20　　　　　　　　　　　　　　　图5.21

4）做法套用

①女儿墙的做法套用,如图5.22所示。

	编码	类别	名称	项目特征	单位	工程量表达式	表达式说明
1	⊟ 010401003	项	实心砖墙	1.砖品种、规格、强度级:240标准砖墙 2.墙体类型:女儿墙 3.砂浆强度级:M5水泥砂浆	m3	TJ	TJ<体积>
2	J1-5	定	标准砖墙 墙厚240		m3	TJ	TJ<体积>

图5.22

②女儿墙压顶的做法套用,如图5.23所示。

	编码	类别	名称	项目特征	单位	工程量表达式	表达式说明
1	⊟ 010507005	项	扶手、压顶	1.断面尺寸:300*60 2.混凝土种类:商砼 3.混凝土强度等级:C25	m3	TJ	TJ<体积>
2	—— J2-52	定	商品混凝土 压顶		m3	TJ	TJ<体积>
3	⊟ 011702039	项	压顶(模板)	1.构件规格类型:300*60	m2	MBMJ	MBMJ<模板面积>
4	—— J2-178	定	现浇混凝土模板 压顶 复合木模板		m2	MBMJ	MBMJ<模板面积>

图 5.23

5)画法讲解

(1)直线绘制女儿墙

直线绘制女儿墙,因为是居中于轴线绘制的,所以女儿墙图元绘制完成后要对其进行偏移、延伸,把第四层的梁复制到本层,作为对齐的参照线,使女儿墙各段墙体封闭,然后删除梁。在③~⑥/Ⓐ处添加竖向女儿墙,将女儿墙封闭。绘制好的图元如图5.24所示。

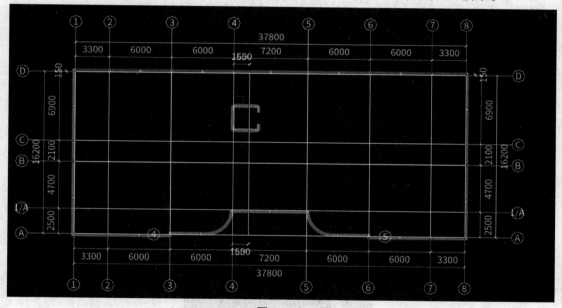

图 5.24

将楼层切换到第四层,选中电梯井周边的剪力墙和暗柱复制到屋面层。在屋面层,绘制缺口处的剪力墙,合并剪力墙,选中所有剪力墙,修改剪力墙顶标高,如图5.25所示。

新建剪力墙,修改名称为"屋面上人孔",其属性值如图5.26所示。

采用直线功能绘制屋面上人孔,如图5.27所示。

▾ 剪力墙
　　　Q4 [内墙]

属性列表

	属性名称	属性值
1	名称	Q4
2	厚度(mm)	200
3	轴线距左墙皮...	(100)
4	水平分布钢筋	(2)⏀14@200
5	垂直分布钢筋	(2)⏀10@200
6	拉筋	⏀8@600*600
7	材质	现浇混凝土
8	混凝土类型	(碎石最大粒径40mm 坍...
9	混凝土强度等级	(C30)
10	混凝土外加剂	(无)
11	泵送类型	(混凝土泵)
12	泵送高度(m)	(15.9)
13	内/外墙标志	(内墙)
14	类别	混凝土墙
15	起点顶标高(m)	15.9
16	终点顶标高(m)	15.9
17	起点底标高(m)	层底标高(14.4)
18	终点底标高(m)	层底标高(14.4)
19	备注	

图 5.25

属性列表　图层管理

	属性名称	属性值
1	名称	屋面上人孔
2	厚度(mm)	80
3	轴线距左墙皮...	(40)
4	水平分布钢筋	(1)⏀6@200
5	垂直分布钢筋	(2)⏀8@200
6	拉筋	⏀6@600*600
7	材质	现浇混凝土
8	混凝土类型	(碎石最大粒径40mm 坍...
9	混凝土强度等级	C30
10	混凝土外加剂	(无)
11	泵送类型	(混凝土泵)
12	泵送高度(m)	(15)
13	内/外墙标志	(外墙)
14	类别	混凝土墙
15	起点顶标高(m)	层底标高+0.6(15)
16	终点顶标高(m)	层底标高+0.6(15)
17	起点底标高(m)	层底标高(14.4)
18	终点底标高(m)	层底标高(14.4)
19	备注	

图 5.26

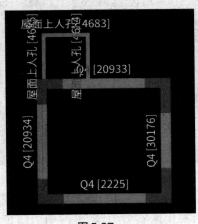

图 5.27

（2）绘制女儿墙压顶

用"智能布置"功能，选择"墙中心线"，批量选中所有女儿墙，单击鼠标右键即可完成女儿墙压顶的绘制，如图5.28所示。

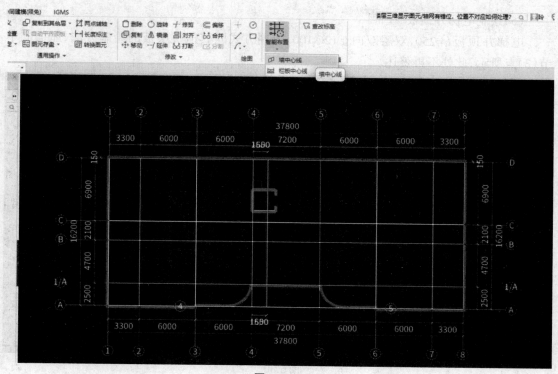

图5.28

（3）绘制屋面

采用"点"功能绘制屋面，如图5.29所示。

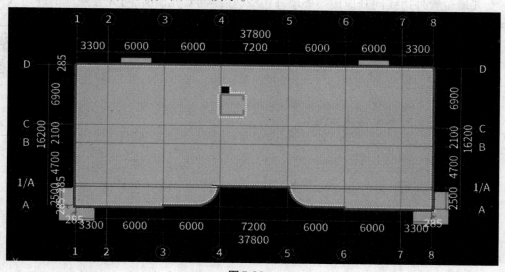

图5.29

单击鼠标右键选择"设置防水卷边"，选中屋面，弹出"设置防水卷边"对话框，输入"250"，单击"确定"按钮，如图5.30所示。

（4）绘制构造柱

绘制方法同其他楼层，此处不再赘述。

（5）绘制电梯井顶板、屋面

电梯井顶板 $h=250$，双层双向 $\Phi 12@100$，绘制方式同其他楼层板的绘制方法，屋面同本节（3）点所示，此处不再赘述。

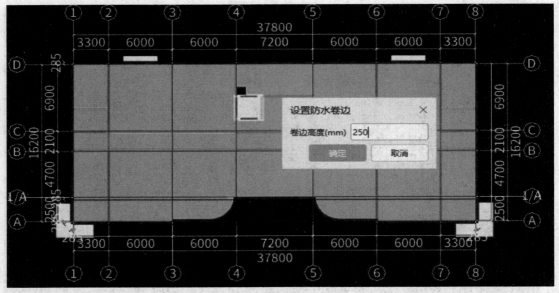

图5.30

四、总结拓展

女儿墙位置外边线同其他楼层外墙外边线，在绘制女儿墙时，可先参照柱的外边线进行绘制，然后删除柱即可。

问 题思考

构造柱的绘制可参考哪些方法？

女儿墙、压顶、屋面的工程量计算

6 地下一层工程量计算

通过本章的学习,你将能够:
(1)分析地下层要计算哪些构件;
(2)各构件需要计算哪些工程量;
(3)地下层构件与其他层构件属性定义与绘制的区别;
(4)计算并统计地下一层工程量。

6.1 地下一层柱的工程量计算

通过本节的学习,你将能够:
(1)分析本层归类到剪力墙的构件;
(2)统计本层柱的工程量。

一、任务说明
①完成地下一层剪力墙的构件属性定义、做法套用及绘制。
②汇总计算,统计地下一层柱的工程量。

二、任务分析
①地下一层都有哪些需要计算的构件工程量?
②地下一层有哪些柱构件不需要绘制?

三、任务实施

1)图纸分析

①分析结施-04,可以从柱表中得到地下一层和首层柱信息相同。本层包括矩形框架柱及暗柱。

②YBZ1和YBZ2包含在剪力墙内,算量时属于剪力墙内部构件,因此,YBZ1和YBZ2的混凝土量与模板工程量归到剪力墙中。

2)属性定义与绘制

从首层复制柱到地下一层,不选构造柱和楼梯短柱TZ1,如图6.1所示。复制后应修改构件属性。

①与楼梯间相近的KZ4底标高为-5.7 m。

②负一层柱的保护层厚度为30 mm，若楼层设置中未做修改，则此处需做修改。

③分析结施-01（4）"六、3钢筋直径$d \geq 22$ mm采用机械连接，$d < 22$ mm时可采用绑扎搭接接头或焊接，所有负一层的构件的钢筋搭接设置均要修改"。

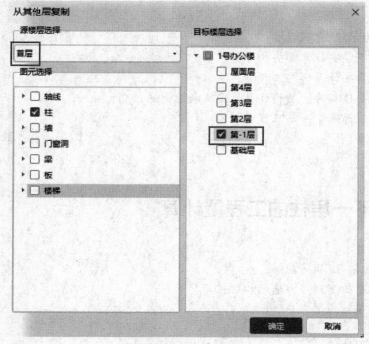

图6.1

3）做法套用

地下一层框架柱的做法参考首层框架柱的做法。

地下一层柱YBZ1和YBZ2的做法，可将首层柱的做法利用"做法刷"进行复制，如图6.2所示。

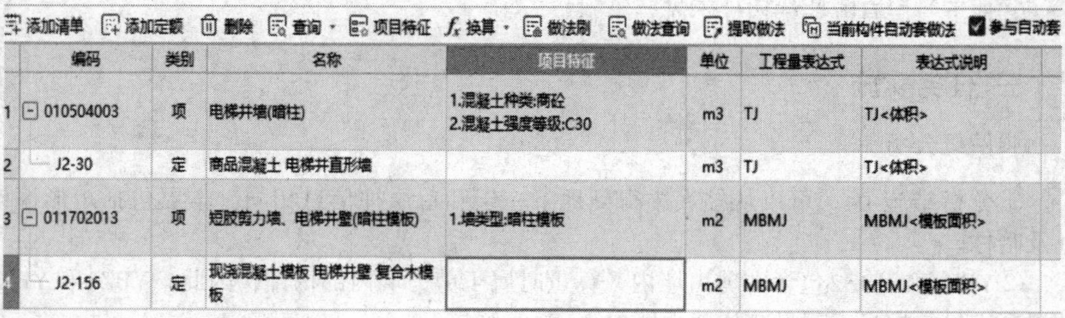

	编码	类别	名称	项目特征	单位	工程量表达式	表达式说明
1	⊟ 010504003	项	电梯井壁(暗柱)	1.混凝土种类:商砼 2.混凝土强度等级:C30	m3	TJ	TJ<体积>
2	J2-30	定	商品混凝土 电梯井直形墙		m3	TJ	TJ<体积>
3	⊟ 011702013	项	短肢剪力墙、电梯井壁(暗柱模板)	1.模类型:暗柱模板	m2	MBMJ	MBMJ<模板面积>
4	J2-156	定	现浇混凝土模板 电梯井壁 复合木模板		m2	MBMJ	MBMJ<模板面积>

图6.2

四、任务结果

汇总计算，统计地下一层柱的清单工程量，见表6.1。

表6.1　地下一层柱的清单工程量

序号	编码	项目名称	项目特征	单位	工程量明细 绘图输入
实体项目					
1	010502001001	矩形柱	(1)柱规格形状:矩形柱 周长2.4 m以内 (2)混凝土种类:现浇商品混凝土 (3)混凝土强度等级:C30	m³	31.385
2	010504003001	电梯井墙(暗柱)	(1)混凝土种类:商品混凝土 (2)混凝土强度等级:C30	m³	0
措施项目					
1	011702002001	矩形柱(模板)	柱截面尺寸:矩形柱 周长2.4 m以内	m²	183.4594
2	011702013001	短肢剪力墙、电梯井壁 (暗柱模板)	墙类型:暗柱模板	m²	0

五、总结拓展

因为暗柱体积并入剪力墙体积。所以,当完成地下一层电梯井墙(暗柱)定义和绘制后,电梯井墙(暗柱)汇总体积为0。

问题思考

从首层复制柱到地下一层,为何不选择构造柱和楼梯短柱TZ1?

6.2　地下一层剪力墙的工程量计算

通过本节的学习,你将能够:
分析本层归类到剪力墙的构件。

一、任务说明

①完成地下一层剪力墙的属性定义及做法套用。
②绘制剪力墙图元。
③汇总计算,统计地下一层剪力墙的工程量。

二、任务分析

①地下一层剪力墙和首层有什么不同?

②地下一层有哪些剪力墙构件不需要绘制？

三、任务实施

1）图纸分析

①分析结施-02，可以得到地下一层的剪力墙信息。
②分析结施-05，可得到连梁信息，连梁是剪力墙的一部分。
③分析结施-02，剪力墙顶部有暗梁。
④分析结施-01（4），地下室外墙附加钢筋网片。

2）清单、定额计算规则学习

（1）清单计算规则
混凝土墙清单计算规则见表6.2。

表6.2　混凝土墙清单计算规则

编号	项目名称	单位	计算规则
010504001	直形墙	m³	按设计图示尺寸以体积计算,扣除门窗洞口及单个面积>0.3 m²的孔洞所占体积,墙垛及凸出墙面部分并入墙体体积内计算
010504002	弧形混凝土墙		
011702011	直形墙（模板）	m²	按模板与现浇混凝土构件的接触面积计算,单孔面积≤0.3 m²的孔洞不予扣除
011702012	弧形墙（模板）	m²	

（2）定额计算规则
混凝土墙定额计算规则见表6.3。

表6.3　混凝土墙定额计算规则

编号	项目名称	单位	计算规则
J2-28	商品混凝土 墙 地下室混凝土墙 250 mm外	m³	按设计图示尺寸以体积计算,扣除门窗洞口及单个面积>0.3 m²的孔洞所占体积,墙垛及凸出墙面部分并入墙体体积内计算
J2-29	商品混凝土 弧形混凝土墙	m³	
J2-155	现浇混凝土模板 直形墙 复合木模板 地下室混凝土 外墙		按模板与现浇混凝土构件的接触面积计算,单孔面积≤0.3 m²的孔洞不予扣除
J2-157	现浇混凝土模板 弧形墙 复合木模板		

3）属性定义

（1）剪力墙的属性定义
①由结施-02可知,Q1的相关信息如图6.3—图6.5所示。

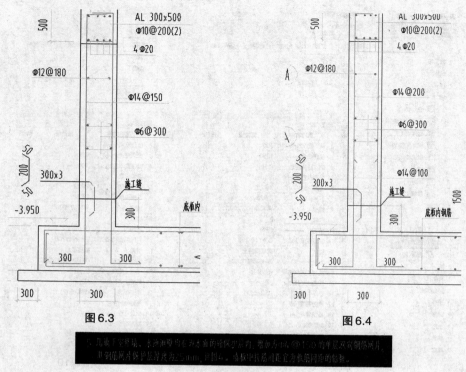

图6.3　　　　　　　　　图6.4

图6.5

②新建外墙。在导航树中选择"墙"→"剪力墙",在"构件列表"中单击"新建"→"新建外墙",进入墙的属性定义界面,如图6.6—图6.8所示。

	属性名称	属性值	附加
1	名称	Q1	
2	厚度(mm)	300	☐
3	轴线距左墙皮	(150)	☐
4	水平分布钢筋	(2)Φ12@180	☐
5	垂直分布钢筋	(2)Φ14@150	☐
6	拉筋	Φ6@300*300	☐
7	材质	现浇混凝土	☐
8	混凝土类型	(碎石最大粒径40…	☐
9	混凝土强度等级	(C30)	☐
10	混凝土外加剂	(无)	☐
11	泵送类型	(混凝土泵)	☐
12	泵送高度(m)		
13	内/外墙标志	(外墙)	☑
14	类别	混凝土墙	☐
15	起点顶标高(m)	层顶标高	☐
16	终点顶标高(m)	层顶标高	☐
17	起点底标高(m)	层底标高	☐
18	终点底标高(m)	层底标高	☐
19	备注		☐
20	⊕ 钢筋业务属性		
34	⊕ 土建业务属性		
42	⊕ 显示样式		

图6.6

	属性名称	属性值	附加
1	名称	Q1弧形	
2	厚度(mm)	300	☐
3	轴线距左墙皮	(150)	☐
4	水平分布钢筋	(2)Φ12@180	☐
5	垂直分布钢筋	(2)Φ14@150	☐
6	拉筋	Φ6@300*300	☐
7	材质	现浇混凝土	☐
8	混凝土类型	(碎石最大粒径40…	☐
9	混凝土强度等级	(C30)	☐
10	混凝土外加剂	(无)	☐
11	泵送类型	(混凝土泵)	☐
12	泵送高度(m)		
13	内/外墙标志	(外墙)	☑
14	类别	混凝土墙	☐
15	起点顶标高(m)	层顶标高	☐
16	终点顶标高(m)	层顶标高	☐
17	起点底标高(m)	层底标高	☐
18	终点底标高(m)	层底标高	☐
19	备注		☐

图6.7

	属性名称	属性值
1	名称	Q2
2	厚度(mm)	300
3	轴线距左墙皮	(150)
4	水平分布钢筋	(2)Φ12@180
5	垂直分布钢筋	(2)Φ14@200
6	拉筋	Φ6@300*300
7	材质	商品混凝土
8	混凝土类型	(特细砂塑性混凝土(坍落…
9	混凝土强度等级	(C30)
10	混凝土外加剂	(无)
11	泵送类型	(混凝土泵)
12	泵送高度(m)	(0.6)
13	内/外墙标志	(外墙)
14	类别	挡土墙
15	起点顶标高(m)	0.6
16	终点顶标高(m)	0.6
17	起点底标高(m)	基础顶标高(-3.95)
18	终点底标高(m)	基础顶标高(-3.95)

图6.8

(2)连梁的属性定义

连梁信息在结施-05中,在导航树中选择"梁"→"连梁",其属性信息如图6.9和图6.10所示。

图6.9　　　　　　　　　　　　　　　　　　图6.10

（3）暗梁的属性定义

在导航树中选择"墙"→"暗梁"，暗梁信息在结施-02中，其属性定义如图6.11所示。

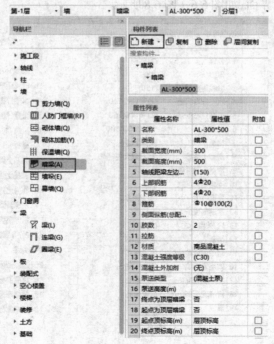

图6.11

4)做法套用

外墙做法套用如图6.12—图6.14所示。

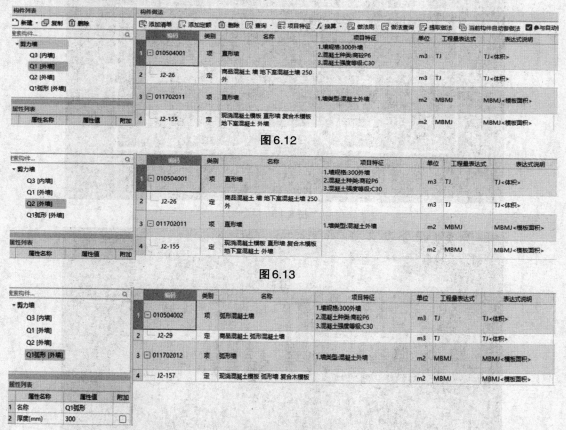

图6.12

图6.13

图6.14

5)画法讲解

①Q1、Q2、Q3用直线功能绘制即可,绘制方法同首层。Q1-弧形可采用弧形绘制,绘制方法同首层。

②偏移,方法同首层。完成后如图6.15所示。

③修改Q2的顶标高。

④在电梯井门洞下方有剪力墙Q3,标高:-3.95以下到独基JC-7以上。

⑤连梁的画法参考首层,绘制后三维效果如图6.16所示。

⑥用智能布置功能,选中剪力墙Q1、Q2即可完成暗梁的绘制。修改Q2上暗梁的顶标高。在相应位置也可用直线功能绘制,完成后三维效果如图6.17所示。

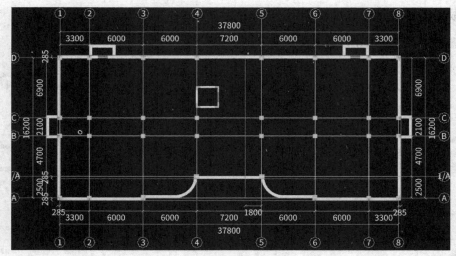

图6.15

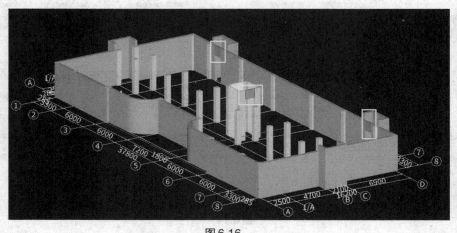

图6.16

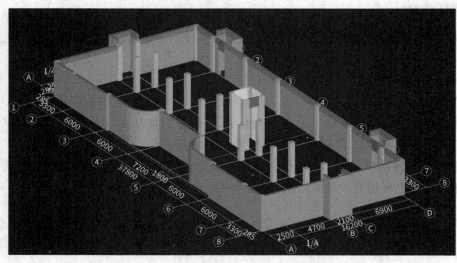

图6.17

四、任务结果

汇总计算,统计地下一层剪力墙的清单工程量,见表6.4。

表6.4 地下一层剪力墙的清单工程量

序号	编码	项目名称	项目特征	单位	工程量明细
					绘图输入
实体项目					
1	010504001001	直形墙	(1)墙规格:300 mm外墙 (2)混凝土种类:商品混凝土P6 (3)混凝土强度等级:C30	m³	128.6136
2	010504002001	弧形混凝土墙	(1)墙规格:300 mm外墙 (2)混凝土种类:商品混凝土P6 (3)混凝土强度等级:C30	m³	7.6295
3	010504003002	电梯井墙	(1)混凝土种类:商品混凝土 (2混凝土强度等级:C30	m³	6.3508
措施项目					
1	011702011001	直形墙	墙类型:混凝土外墙	m²	858.4245
2	011702012001	弧形墙	墙类型:混凝土外墙	m²	50.8885
3	011702013002	短肢剪力墙、电梯井壁	墙类型:剪力墙	m²	64.544

五、总结拓展

地下一层剪力墙的中心线和轴线位置不重合,如果每段墙体都采用"修改轴线距边的距离"比较麻烦。而图纸中显示剪力墙的外边线和柱的外边线平齐,因此,可先在轴线上绘制剪力墙,然后使用"单对齐"功能将墙的外边线和柱的外边线对齐即可。

问题思考

结合软件,分析剪力墙钢筋的锚固方式。

6.3 地下一层梁、板、砌体墙的工程量计算

通过本节的学习,你将能够:
统计地下一层梁、板及砌体墙的工程量。

一、任务说明

①完成地下一层梁、板及砌体墙的属性定义、做法套用及绘制。

②汇总计算，统计地下一层梁、板及砌体墙的工程量。

二、任务分析

地下一层梁、板及砌体墙和首层有什么不同？

三、任务实施

①分析结施-05和结施-06可知，地下一层梁和首层梁基本相同，在Ⓑ轴、④~⑤轴处原位标注信息不同。负一层无圈梁，剪力墙上无框架梁，KL3变成2段，每段1跨，左右对称。

②分析结施-09可得到板的信息。

③分析建施-03可得到砌体墙的信息。

地下一层梁、板及砌体墙的属性定义与做法套用等同首层梁、板及砌体墙的操作方法。注意保护层厚度的改变。本层梁及砌体墙效果图如6.18所示。

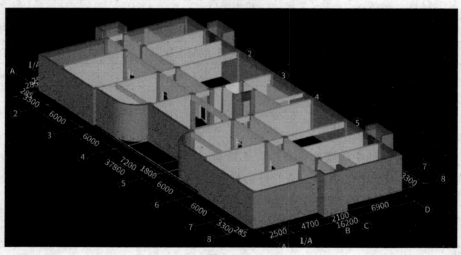

图6.18

四、任务结果

汇总计算，统计地下一层梁、板及砌体墙的清单工程量，见表6.5。

表6.5　地下一层梁、板及砌体墙的清单工程量

序号	编码	项目名称	项目特征	单位	工程量明细
					绘图输入
实体项目					
1	010402001002	砌块墙	(1)砌块品种、规格、强度级:陶粒空心砖墙200 mm厚 (2)墙体类型:空心砌块 (3)砂浆强度级:M5水泥砂浆	m³	86.4518

续表

序号	编码	项目名称	项目特征	单位	工程量明细 绘图输入
2	010402001003	砌块墙	(1)砌块品种、规格、强度级:陶粒空心砖墙250 mm厚 (2)墙体类型:空心砌块 (3)砂浆强度级:M5水泥砂浆	m³	0.328
3	010504003003	电梯井墙(连梁)	(1)混凝土种类:商品混凝土 (2)混凝土强度等级:C30	m³	0.2024
4	010505001001	有梁板	(1)混凝土种类:商品混凝土 (2)混凝土强度等级:C30	m³	100.5674
措施项目					
1	011702013003	短肢剪力墙、电梯井壁(连梁)	墙类型:连梁模板	m²	2.904
2	011702014001	有梁板(模板)	支撑高度:3.6 m以内	m²	687.318

五、总结拓展

结合清单、定额规范,套取相应的定额子目时注意超高部分工程量的提取。

问题思考

如何计算框架间墙的长度?

6.4 地下一层门窗洞口、过梁的工程量计算

通过本节的学习,你将能够:
统计地下一层门窗洞口、过梁的工程量。

一、任务说明

①完成地下一层门窗洞口、过梁的属性定义、做法套用及绘制。
②汇总计算,统计地下一层门窗洞口、过梁的工程量。

二、任务分析

地下一层门窗洞口、过梁和首层有什么不同?

三、任务实施

1)图纸分析

分析建施-03,可得到地下一层门窗洞口信息。

2)门窗洞口属性定义及做法套用

门窗洞口属性定义及做法套用同首层。

四、任务结果

汇总计算,统计地下一层门窗洞口、圈梁(过梁)的清单工程量,见表6.6。

表6.6 地下一层门窗洞口、圈梁(过梁)的清单工程量

序号	编码	项目名称	项目特征	单位	工程量明细 绘图输入
实体项目					
1	010503005001	过梁	(1)混凝土种类:商品混凝土 (2)混凝土强度等级:C25	m³	0.8244
2	010801001001	木质门	(1)成品木质夹板门M1021 (2)其他未尽事宜详见图纸、答疑及相关规范要求	m²	37.8
3	010802003001	钢质防火门	(1)门代号及洞口尺寸:成品乙级防火门FM乙1121 (2)其他未尽事宜详见图纸、答疑及相关规范要求	m²	2.31
4	010802003002	钢质防火门	(1)门代号及洞口尺寸:成品甲级防火门FM甲1021 (2)成品安装:其他未尽事宜详见图纸、答疑及相关规范要求	m²	4.2
5	010807001002	金属窗	(1)窗代号及洞口尺寸:C1624 (2)窗材质:塑钢窗 (3)玻璃品种、厚度:中空玻璃	m²	7.68
措施项目					
1	011702009001	过梁(模板)	(1)梁截面形状:详见设计图纸 (2)模板类型:木模板 (3)施工及材料应符合招标文件、设计、图集及相关规范、标准要求	m²	12.6823

问题思考

分析门窗洞口与墙体间的相互扣减关系。

地下一层工
程量计算

7 基础层工程量计算

通过本章的学习,你将能够:
(1)分析基础层需要计算的内容;
(2)定义独立基础、止水板、垫层、土方等构件;
(3)统计基础层工程量。

7.1 独立基础、止水板、垫层的工程量计算

通过本节的学习,你将能够:
(1)依据定额、清单分析独立基础、止水板、垫层的计算规则,确定计算内容;
(2)定义独立基础、止水板、垫层;
(3)绘制独立基础、止水板、垫层;
(4)统计独立基础、止水板、垫层工程量。

一、任务说明

①完成独立基础、止水板、垫层的构件定义、做法套用及绘制。
②汇总计算,统计独立基础、止水板、垫层的工程量。

二、任务分析

①基础层都有哪些需要计算的构件工程量?
②独立基础、止水板、垫层如何定义和绘制?

三、任务实施

1)分析图纸

①由结施-03可知,本工程为独立基础,混凝土强度等级为C30,独立基础顶标高为止水板顶标高(-3.95 m)。

②由结施-03可知,基础部分的止水板的厚度为350 mm,止水板采用筏板基础进行处理。

③由结施-03可知,本工程基础垫层为100 mm厚的混凝土,顶标高为基础底标高,出边距离为100 mm。

2)清单、定额计算规则学习

（1）清单计算规则学习

独立基础、止水板、垫层清单计算规则见表7.1。

表7.1　独立基础、止水板、垫层清单计算规则

编号	项目名称	单位	计算规则
010501003	独立基础	m³	按设计图示尺寸以体积计算。不扣除构件内钢筋、预埋铁件和伸入承台基础的桩头所占体积
010501004	满堂基础		按设计图示尺寸以体积计算。不扣除伸入承台基础的桩头所占体积
010501001	垫层		按设计图示尺寸以体积计算
011702001	基础	m²	按模板与混凝土的接触面积以"m²"计算

（2）定额计算规则学习

独立基础、止水板、垫层定额计算规则见表7.2。

表7.2　独立基础、止水板、垫层定额计算规则

编号	项目名称	单位	计算规则
J2-6	商品混凝土 独立基础及桩承台	m³	按设计图示尺寸以体积计算，局部加深部分并入满堂基础体积内
J2-131	现浇混凝土模板 独立基础、桩承台 复合木模板	m²	按模板与混凝土的接触面积以"m²"计算
G2-83	基础垫层 商品混凝土 无筋 泵送	m³	按设计图示尺寸以体积计算
J2-128	现浇混凝土模板 混凝土垫层 复合木模板	m²	按模板与混凝土的接触面积以"m²"计算
J2-8	商品混凝土 满堂基础 无梁式	m³	按设计图示体积以"m³"计算。不扣除构件内钢筋、螺栓、预埋铁件及单个面积0.3 m³以内的孔洞所占体积
J2-132	现浇混凝土模板 无梁式满堂基础 复合木模板	m²	按模板与混凝土的接触面积以"m²"计算

3)构件属性定义

（1）独立基础属性定义

独立基础属性定义（以JC-1为例），如图7.1所示。

新建独立基础后，单击鼠标右键，新建矩形独立基础单元，其属性定义如图7.2所示。

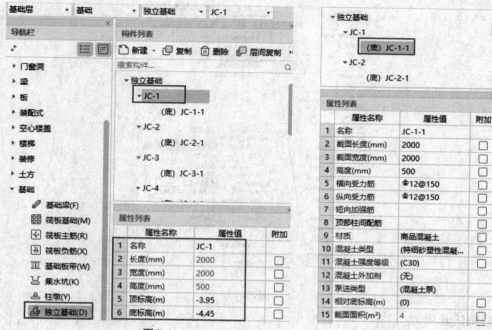

图7.1   图7.2

（2）止水板属性定义

新建筏板基础，修改其名称为止水板，其属性定义如图7.3所示。

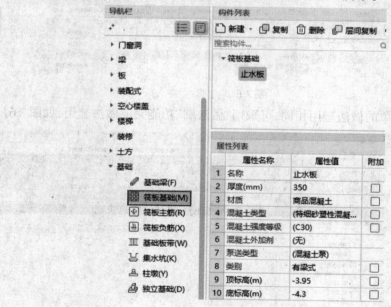

图7.3

（3）垫层属性定义

新建面式垫层，其属性定义如图7.4所示。

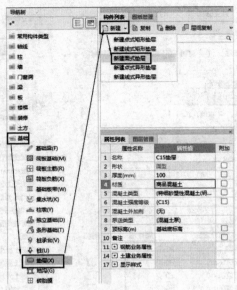

图7.4

4)做法套用

(1)独立基础

独立基础的做法套用,如图7.5所示。

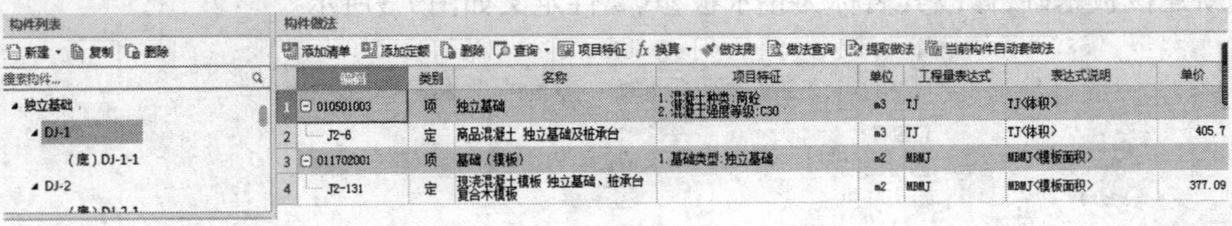

图7.5

其他独立基础清单的做法套用相同,可采用"做法刷"功能完成做法套用,如图7.6所示。

图7.6

(2)止水板

止水板的做法套用,如图7.7所示。

图 7.7

（3）垫层

垫层的做法套用，如图 7.8 所示。

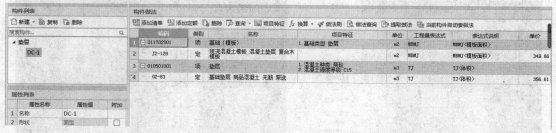

图 7.8

5）画法讲解

（1）独立基础

独立基础以"点"绘制方式完成，其绘制方法同柱，也可通过智能布置进行绘制。

（2）筏板基础

①止水板用"矩形"功能绘制，用鼠标左键单击①/Ⓓ轴交点，再在⑧/Ⓐ轴交点处单击鼠标左键即可完成，如图 7.9 所示。

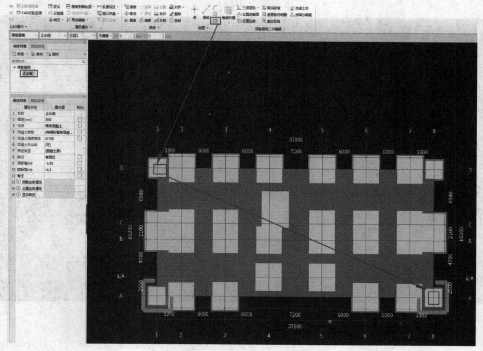

图 7.9

②由结施-02可知，止水板左右侧外边线距轴线尺寸为2200 mm，上下侧外边线距轴线尺寸为2700 mm。选中止水板，鼠标右键单击"偏移"，偏移方式选择"整体偏移"，移动鼠标至止水板的外侧输入2200 mm，按"Enter"键；再次选中止水板，选择偏移方式为"多边偏移"，单击需要偏移的上侧或下侧外边，右键确定，输入偏移尺寸为500 mm，即可完成止水板的绘制。在电梯井处是没有止水板的，用"分割"功能沿着剪力墙Q3内边线分割即可完成，如图7.10—图7.13所示。

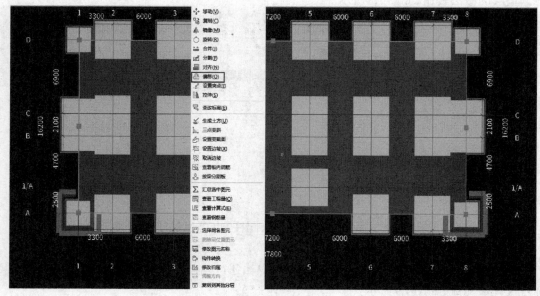

图 7.10

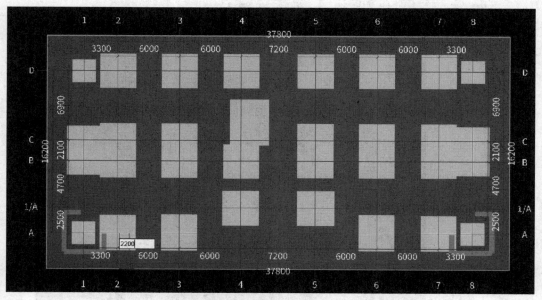

图 7.11

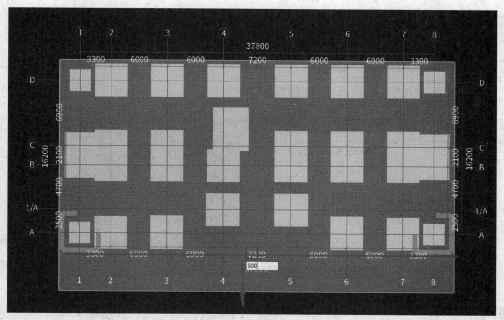

图7.12

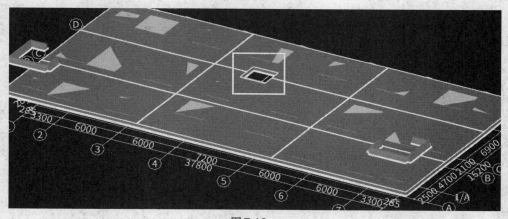

图7.13

止水板内钢筋的操作方法与板钢筋类似。

新建筏板主筋,修改钢筋信息如图7.14和图7.15所示。

鼠标左键单击止水板即可完成钢筋布置。

③垫层在独立基础下方,属于面式构件,选择"智能布置"→"独立基础",在弹出的对话框中输入出边距离"100 mm",单击"确定"按钮,框选独立基础,垫层就布置好了。在止水板下的垫层绘制方法同独立基

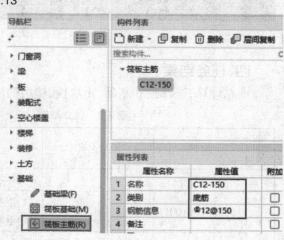

图7.14

础下方垫层,输入出边距离"300 mm"。注意:电梯井处是没有止水板垫层的,用"分割"功能沿着剪力墙Q3外边线分割删除电梯井处的止水板垫层即可完成,如图7.16所示。

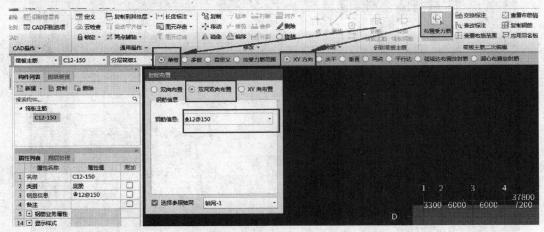

图7.15

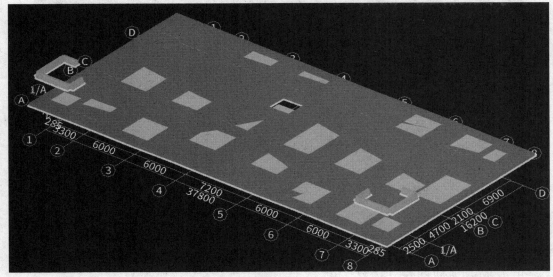

图7.16

四、任务结果

汇总计算,统计独立基础、止水板、垫层的清单工程量,见表7.3。

表7.3　独立基础、止水板、垫层的清单工程量

序号	编码	项目名称	项目特征	单位	工程量明细绘图输入
实体项目					
1	010501001001	垫层	(1)混凝土种类:商品混凝土 (2)混凝土强度等级:C15	m³	28.688
	G2-83	基础垫层 商品混凝土 无筋 泵送		m³	28.688

续表

序号	编码	项目名称	项目特征	单位	工程量明细绘图输入
2	010501003001	独立基础	(1)混凝土种类:商品混凝土 (2)混凝土强度等级:C30	m³	65.328
	J2-6	商品混凝土 独立基础及桩承台		m³	65.328
3	010501004001	满堂基础	(1)混凝土种类:商品混凝土 (2)混凝土强度等级:C30 P6	m³	316.757
	J2-8	商品混凝土 满堂基础 无梁式		m³	316.757
措施项目					
1	011702001001	基础(模板)	基础类型:独立基础	m²	78.64
	J2-131	现浇混凝土模板 独立基础、桩承台 复合木模板		10 m²	7.864
2	011702001002	基础(模板)	基础类型:垫层	m²	33.6
	J2-128	现浇混凝土模板 混凝土垫层 复合木模板		10 m²	3.36
3	011702001003	基础(模板)	筏板基础	m²	48.23
	J2-132	现浇混凝土模板 无梁式满堂基础 复合木模板		10 m²	4.823

五、总结拓展

建模四棱台独立基础

软件在独立基础中提供了多种参数图供选择,如图7.17所示。选择"新建独立基础单元"后,选择参数化图形,用点画的方法绘制图元,如图7.18所示。

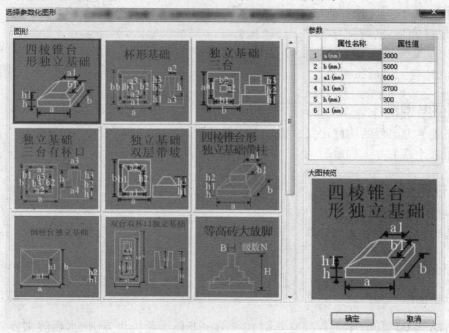

图7.17

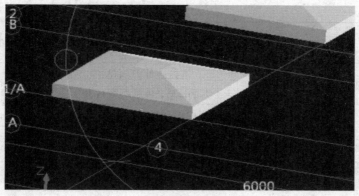

图7.18

独立基础、垫层、止水板的定义与绘制

问题思考

(1)窗台下基础部分需要绘制哪些构件？如何定义？
(2)面式垫层如何绘制？

7.2 土方工程量计算

通过本节的学习，你将能够：
(1)依据清单、定额分析挖土方的计算规则；
(2)定义基坑土方和大开挖土方；
(3)统计挖土方的工程量。

一、任务说明
①完成土方工程的构件定义、做法套用及绘制。
②汇总计算土方工程量。

二、任务分析
①哪些地方需要挖土方？
②基础回填土方应如何计算？

三、任务实施

1)分析图纸

分析结施-02可知，本工程独立基础JC-7的土方属于基坑土方，止水板的土方为大开挖土方。依据定额可知,挖土方有工作面300 mm(定额规定,混凝土基础工作面400 mm,混凝土基础垫层工作面150 mm,基础从垫层底开始放坡),根据挖土深度需要放坡,放坡土方增量按照定额规定计算。

2)清单、定额计算规则学习

(1)清单计算规则学习

土方清单计算规则见表7.4。

表7.4　土方清单计算规则

编号	项目名称	单位	计算规则
010101002	挖一般土方	m³	按设计图示尺寸,以体积计算
010101004	挖基坑土方	m³	按设计图示尺寸基坑底面积乘以挖土深度,以体积计算
010103001	回填方	m³	按设计图示尺寸以体积计算 (1)场地回填:回填面积乘以平均回填厚度 (2)室内回填:主墙间面积乘以回填厚度,不扣除间隔墙 (3)基础回填:按挖方清单项目工程量减去自然地坪以下埋设的基础体积(包括基础垫层及其他构筑物)

(2)定额计算规则学习

土方定额计算规则见表7.5。

表7.5　土方定额计算规则

编号	项目名称	单位	计算规则
G1-24	挖掘机挖土 装车 5 m以内	m³	按设计图示尺寸体积加放坡工程量计算
G1-30	挖掘机挖沟槽、基坑 装车	m³	土石方的开挖、运输均按开挖前的天然密实体积计算
G1-43	机械土方 填土碾压 压实系数0.9以上	m³	按挖土方体积减去设计室外地坪以下建筑物、基础(含垫层)的体积计算

3)土方属性定义和绘制

(1)基坑土方绘制

用反建构件法,查询定额,放坡系数0.25,在垫层界面单击"生成土方",如图7.19所示。选择JC-7下方的垫层,单击鼠标右键即可完成基坑土方的定义和绘制。

(2)挖一般土方绘制

在垫层定义界面,选择"生成土方",选择"大开挖土方"→工作面宽300 mm→放坡系数0.25,手动生成→确定,框选垫层,单击鼠标右键,绘制方式参照图7.17所示,即可完成大开挖土方的定义和绘制,绘制结果如图7.20所示。

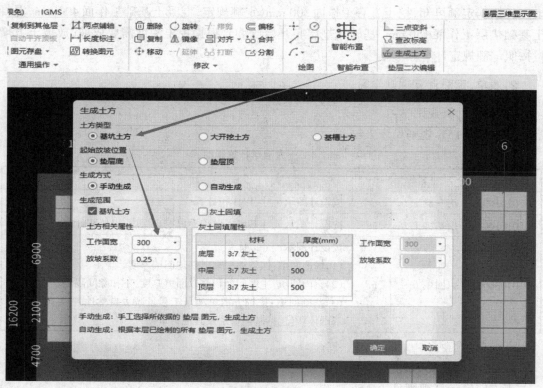

图 7.19

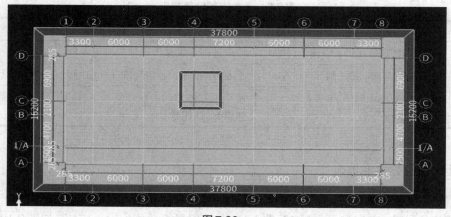

图 7.20

4)土方做法套用

大开挖、基坑土方做法套用,如图 7.21 和图 7.22 所示。

	编码	类别	名称	项目特征	单位	工程量表达式	表达式说明
1	⊟ 010101002	项	挖一般土方	1.土壤类别:三类土 2.挖土深度:4.2m	m3	TFTJ	TFTJ<土方体积>
2	— G1-24	定	挖掘机挖土 装车 5m以内		m3	TFTJ	TFTJ<土方体积>

图 7.21

编码	类别	名称	项目特征	单位	工程量表达式	表达式说明
1 ⊟ 010101004	项	挖基坑土方	1.土壤类别:三类土 2.挖土深度:5.95m	m3	TFTJ	TFTJ<土方体积>
2 G1-30	定	挖掘机挖沟槽、基坑 装车		m3	TFTJ	TFTJ<土方体积>

图7.22

四、任务结果

汇总计算,统计土方工程量,见表7.6。

表7.6 土方工程量

序号	编码	项目名称	项目特征	单位	工程量明细
					绘图输入
实体项目					
1	010101002001	挖一般土方	(1)土壤类别:三类土 (2)挖土深度:4.2m	m³	4210.2467
	G1-24	挖掘机挖土 装车 5 m 以内		1000 m³	4.2102467
2	010101004001	挖基坑土方	(1)土壤类别:三类土 (2)挖土深度:5.95 m	m³	0
	G1-30	挖掘机挖沟槽、基坑 装车		1000 m³	0

五、总结拓展

土方的定义和绘制可采用自动生成功能实现,也可手动定义和绘制。

问题思考

(1)大开挖土方如何定义与绘制?
(2)土方回填的智能布置如何完成?

土方工程量计算

8 装修工程量计算

通过本章的学习,你将能够:
(1)定义楼地面、天棚、墙面、踢脚、吊顶;
(2)在房间中添加依附构件;
(3)统计各层的装修工程量。

8.1 首层装修的工程量计算

通过本节的学习,你将能够:
(1)定义房间;
(2)分类统计首层装修工程量。

一、任务说明
①完成全楼装修工程的楼地面、天棚、墙面、踢脚、吊顶的构件定义及做法套用。
②建立首层房间单元,添加依附构件并绘制。
③汇总计算,统计首层装修工程的工程量。

二、任务分析
①楼地面、天棚、墙面、踢脚、吊顶的构件做法在图中什么位置可以找到?
②各装修做法套用清单和定额时,如何正确地编辑工程量表达式?
③装修工程中如何用虚墙分割空间?
④外墙保温如何定义、套用做法?地下与地上一样吗?

三、任务实施

1)分析图纸

分析建施-01的室内装修做法表,首层有6种装修类型的房间:大堂、办公室1、办公室2、楼梯间、走廊、卫生间;装修做法有楼面1、楼面2、楼面3、楼面4、踢脚1、踢脚2、踢脚3、内墙1、内墙2、天棚1、吊顶1、吊顶2。

2)清单、定额计算规则学习

(1)清单计算规则学习
装饰装修清单计算规则,见表8.1。

表8.1　装饰装修清单计算规则

编号	项目名称	单位	计算规则
011102003	块料楼地面	m²	按设计图示尺寸,以面积计算
011102001	石材楼地面	m²	按设计图示尺寸,以面积计算
011105003	块料踢脚线	m	按设计图示尺寸,以长度计算
011105002	石材踢脚线	m	按设计图示尺寸,以长度计算
011105001	水泥砂浆踢脚线	m	按设计图示尺寸,以长度计算
011407001	墙面喷刷涂料	m²	按设计图示尺寸,以面积计算
011204003	块料墙面	m²	按镶贴表面积计算
011407002	天棚喷刷涂料	m²	按设计图示尺寸,以面积计算
011302001	吊顶天棚	m²	按设计图示尺寸,以水平投影面积计算。天棚面中的灯槽及跌级、锯齿形、吊挂式、藻井式天棚面积不展开计算。不扣除间壁墙、检查口、附墙烟囱、柱垛和管道所占面积,扣除单个大于0.3 m²的孔洞、独立柱及与天棚相连的窗帘盒所占的面积

（2）定额计算规则学习

①楼地面装修定额计算规则（以楼面2为例），见表8.2。

表8.2　楼地面装修定额计算规则

编号	项目名称	单位	计算规则
Z1-29	楼地面 地砖周长3.2 m以内 干硬性水泥砂浆	m²	按设计图示尺寸以面积计算
J3-52	聚氨酯涂料 满涂 1.2 m厚	m³	按室内房间净面积乘以厚度以体积计算
J3-53	聚氨酯涂膜 防水 每增减1 m厚	m²	按设计图示尺寸以面积计算
Z1-14	水泥砂浆找平层 20 mm厚	m²	按设计图示尺寸以面积计算
Z1-16	细石混凝土找平层 30 mm厚	m²	按设计图示尺寸以面积计算
Z1-17	细石混凝土找平层 每增减5 mm厚	m²	按设计图示尺寸以面积计算

②踢脚定额计算规则，见表8.3。

表8.3　踢脚定额计算规则

编号	项目名称	单位	计算规则
Z1-51	水泥砂浆踢脚线	m	按设计图示长度以延长米计算
Z1-52	石材成品踢脚线 水泥砂浆	m	按设计图示长度以延长米计算
Z1-53	踢脚线 地砖 水泥砂浆	m	按设计图示长度以延长米计算

③内墙面、独立柱装修定额计算规则（以内墙1为例），见表8.4。

表8.4 内墙面、独立柱装修定额计算规则

编号	项目名称	单位	计算规则
Z2-12	墙面抹灰 墙面增一遍素水泥浆 无胶	m²	内墙抹灰按设计图示尺寸以面积计算,应扣除门窗洞口和空圈所占的面积,不扣除踢脚线、挂镜线、0.3㎡以内的孔洞和墙与构件交接处的面积,门窗洞口侧壁和顶面亦不增加。附墙柱、梁、垛和附墙烟囱侧壁面积并入相应的墙面面积内
Z2-1	墙面抹灰 墙面、墙裙 混合砂浆 20 mm 实际厚度(mm):14	m²	
Z2-2	墙面抹灰 墙面、墙裙 水泥砂浆 每增减 1 mm	m²	
Z6-49	室内腻子面 乳胶漆 面漆两遍 换为【水性耐擦洗涂料面漆】涂料	m²	按设计图示尺寸以喷(刷)面积计算
Z2-12	墙面抹灰 墙面增减一遍素水泥浆 无胶	m²	内墙抹灰按设计图示尺寸以面积计算,应扣除门窗洞口和空圈所占的面积,不扣除踢脚线、挂镜线、0.3㎡以内的孔洞和墙与构件交接处的面积,门窗洞口侧壁和顶面亦不增加。附墙柱、梁、垛和附墙烟囱侧壁面积并入相应的墙面面积内
Z2-1	墙面抹灰 墙面、墙裙 水泥砂浆 20 mm 实际厚度(mm):9	m²	
Z2-2	墙面抹灰 墙面、墙裙 水泥砂浆 每增减 1 mm	m²	
Z2-30	内墙面砖(水泥砂浆粘贴)周长 1200 mm 以内	m²	墙面贴块料面层按设计图示尺寸以面积计算

④天棚、吊顶定额计算规则(以天棚1、吊顶1为例),见表8.5。

表8.5 天棚、吊顶定额计算规则

编号	项目名称	单位	计算规则
Z3-2	混凝土天棚 水泥砂浆面	m²	天棚抹灰按设计图示尺寸以水平投影面积计算,不扣除间壁墙、垛、柱、附墙烟囱、检查洞、通风洞、管道等所占的面积
Z6-49	室内腻子面 乳胶漆 面漆两遍	m²	按设计图示尺寸以喷(刷)面积计算
Z3-3	天棚吊筋 每付丝杆吊筋规格 H=750 mm,间距 900 mm φ6	m²	按设计图示尺寸以天棚面层展开面积计算
Z3-16	普通轻钢龙骨天棚 装配式U形主龙骨间距900 mm 副龙骨间距 400 mm	m²	按设计图示尺寸以天棚面层展开面积计算
Z3-47	天棚面层 嵌入式 铝合金条板天棚	m²	按设计图示尺寸以展开面积计算。不扣除间壁墙、检查口、各类风口、附墙烟囱、柱垛和管道所占面积,扣除天棚相连的窗帘盒所占的面积;成品板面层应扣除合模的灯具、风口面积
Z3-39	天棚面层 搁在T形铝合金龙骨上 矿棉板	m²	按设计图示尺寸以展开面积计算。不扣除间壁墙、检查口、各类风口、附墙烟囱、柱垛和管道所占面积,扣除天棚相连的窗帘盒所占的面积;成品板面层应扣除合模的灯具、风口面积

3)装修构件的属性定义及做法套用

（1）楼地面的属性定义

单击导航树中的"装修"→"楼地面"，在"构件列表"中选择"新建"→"新建楼地面"，在"属性编辑"框中输入相应的属性值，如有房间需要计算防水，需在"是否计算防水"中选择"是"，如图8.1—图8.4所示。

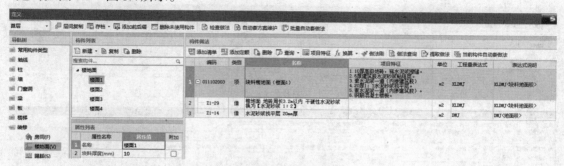

图8.1

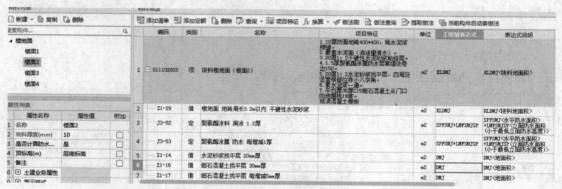

图8.2

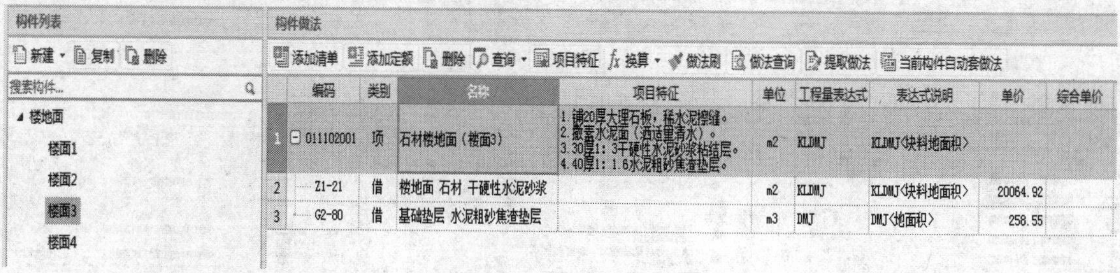

图8.3

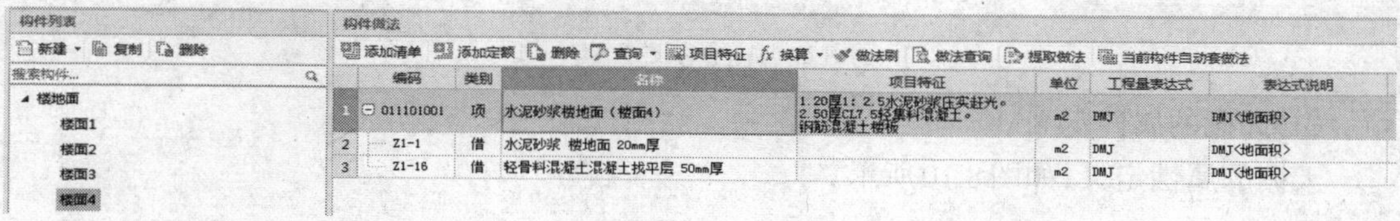

图8.4

（2）踢脚的属性定义

新建踢脚构件的属性定义，如图8.5—图8.7所示。

图8.5

图8.6

图8.7

（3）内墙面的属性定义

新建内墙面的属性定义，如图8.8—图8.9所示。

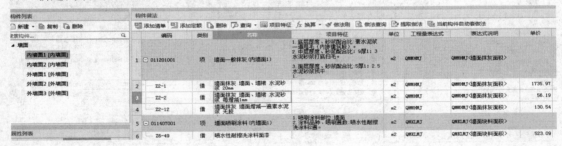

图8.8

图8.9

（4）天棚的属性定义

天棚的属性定义，如图8.10所示。

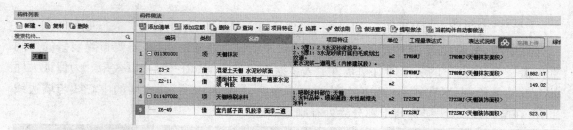

图8.10

(5)吊顶的属性定义

分析建施-01可知吊顶距地的高度,吊顶的属性定义如图8.11和图8.12所示。

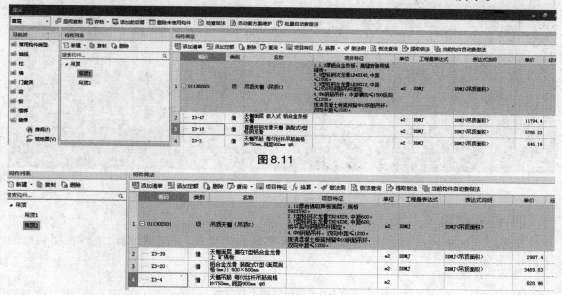

图8.11

图8.12

(6)房间的属性定义

通过"添加依附构件",建立房间中的装修构件。构件名称下"楼面1"可以切换成"楼面2"或是"楼面3",其他的依附构件也是同理进行操作,如图8.13所示。

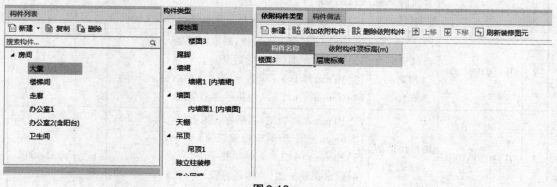

图8.13

4)房间的绘制

点绘制,按照建施-04中房间的名称选择软件中建立好的房间,在需要布置装修的房间处单击一下,房间中的装修即自动布置上去。绘制好的房间,用三维查看效果。为保证大厅的"点"功能绘制,可在④~⑤/⑧轴上补画一道虚墙,如图8.14所示,虚墙的中心线与墙边线平齐,在电梯门洞处,楼梯与走廊分界处补画虚墙。

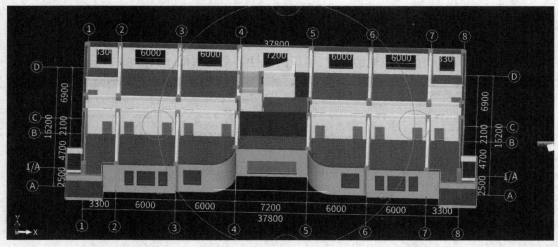

图8.14

四、任务结果

按照以上装修的绘制方式,完成其他层外墙装修的绘制,并汇总计算,统计首层装修的工程量,见表8.6。

表8.6　首层装修工程量表

序号	编码	项目名称	项目特征	单位	工程量明细 绘图输入
实体项目					
1	011101001001	水泥砂浆楼地面(楼面4)	(1)20 mm厚1:2.5水泥砂浆压实赶光 (2)50 mm厚CL7.5轻集料混凝土 钢筋混凝土楼板	m²	64.8128
2	011102001001	石材楼地面（楼面3）	(1)铺20 mm厚大理石板,稀水泥浆擦缝 (2)撒素水泥面(洒适量清水) (3)30 mm厚1:3干硬性水泥砂浆黏结层 (4)40 mm厚1:1.6水泥粗砂焦渣垫层	m²	117.67
3	011102003001	块料楼地面（楼面1）	(1)10 mm厚高级地砖,稀水泥浆擦缝 (2)6 mm泥浆一道(内掺建筑胶) (3)20 mm厚1:3水泥砂浆找平层 (4)素水泥浆一道(内掺建筑胶) (5)钢筋混凝土楼板	m²	323.4094

续表

序号	编码	项目名称	项目特征	单位	工程量明细 绘图输入
4	011102003002	块料楼地面（楼面2）	（1）10 mm厚防滑地砖400 mm×400 mm,稀水泥浆擦缝 （2）撒素水泥面(洒适量清水) （3）20 mm厚1:2干硬性水泥砂浆黏结层 （4）1.5 mm厚聚氨酯涂膜防水层靠墙处卷边150 mm （5）20 mm厚1:3水泥砂浆找平层,四周及竖管根部位抹小八字角 （6）素水泥浆一道 （7）平均35 mm厚C15细石混凝土从门口向地漏找1%坡 现浇混凝土楼板	m²	65.169
5	011105001001	水泥砂浆踢脚线-踢脚3	（1）6 mm厚1:2.5水泥砂浆罩面压实赶光(高100 mm) （2）素水泥浆一道 （3）6 mm厚1:3水泥砂浆打底扫毛或划出纹道	m	56.04
6	011105002001	石材踢脚线-踢脚2	（1）15 mm厚大理石踢脚板(800 mm×100 mm深色大理石高100 mm),稀水泥浆擦缝 （2）10 mm厚1:2水泥砂浆(内掺建筑胶)黏结层 （3）界面剂一道甩毛(甩前先将墙面用水湿润)	m	70.1
7	011105003001	块料踢脚线-踢脚1	（1）10 mm厚防滑地砖踢脚(400 mm×100 mm深色地砖,高100 mm),稀水泥浆擦缝 （2）8 mm厚1:2水泥砂浆(内掺建筑胶)黏结层 （3）5 mm厚1:3水泥砂浆打底扫毛或划出纹道	m	234.6172
8	011201001001	墙面一般抹灰(内墙面1)	（1）底层厚度、砂浆配合比:素水泥浆一道甩毛(内掺建筑胶) （2）中层厚度、砂浆配合比:9 mm厚1:3水泥砂浆打底扫毛 （3）面层厚度、砂浆配合比:5 mm厚1:2.5水泥砂浆找平	m²	1059.491
9	011201001002	墙面一般抹灰(墙裙1)	（1）底层厚度、砂浆配合比:8 mm厚1:3水泥砂浆打底扫毛划出纹道 （2）面层厚度、砂浆配合比:6 mm厚1:0.5:2.5水泥石灰膏砂浆罩面	m²	14.52
10	011202001001	柱、梁面一般抹灰(独立柱装修)	（1）底层厚度、砂浆配合比:素水泥浆一道甩毛(内掺建筑胶) （2）中层厚度、砂浆配合比:9 mm厚1:3水泥砂浆打底扫毛 （3）面层厚度、砂浆配合比:5 mm厚1:2.5水泥砂浆找平	m²	14.624

续表

序号	编码	项目名称	项目特征	单位	工程量明细 绘图输入
11	011204001001	石材墙面（墙裙1）	(1)安装方式:粘贴 (2)面层材料品种、规格、品牌、颜色:10 mm厚大理石板,正、背面及四周边满刷防污剂 (3)结合层材料种类:水泥砂浆 (4)缝宽、嵌缝材料种类:稀水泥浆擦缝 (5)防护材料种类:正、背面及四周边满刷防污剂	m²	14.748
12	011204001002	石材墙面（外墙面2）	(1)干挂石材墙面 (2)竖向龙骨间整个墙面用聚合物砂浆粘贴35 mm厚聚苯保温板,聚苯板与角钢竖龙骨交接处严贴不得有缝隙,黏结面积20%聚苯离墙10 mm形成10 mm厚空气层聚苯保温板容重≥18 kg/m (3)墙面	m²	145.9686
13	011204003001	块料墙面（外墙面1）	(1)10 mm厚面砖,在砖粘贴面上随粘随刷一遍YJ-302混凝土界面处理剂,1:1水泥砂浆勾缝 (2)6 mm厚1:0.2:2.5水泥石灰膏砂浆(内掺建筑胶) (3)刷素水泥浆一道(内掺水重5%的建筑胶) (4)50 mm厚聚苯保温板保温层 (5)刷一道YJ-302型混凝土界面处理剂	m²	223.8658
14	011204003002	块料墙面（内墙面2）	(1)白水泥擦缝 (2)5 mm厚釉面砖面层(200 mm×300 mm高级面砖) (3)5 mm厚1:2建筑水泥砂浆黏结层 (4)素水泥浆一道 (5)9 mm厚1:3水泥砂浆打底压实抹平 素水泥浆一道甩毛	m²	157.446
15	011301001001	天棚抹灰（天棚1）	(1)3 mm厚1:2.5水泥砂浆找平 (2)5 mm厚1:3水泥砂浆打底扫毛或划出纹道 (3)素水泥浆一道甩毛(内掺建筑胶)	m²	84.7168
16	011302001001	吊顶天棚（吊顶1）	(1)1.0 mm厚铝合金条板,离缝安装带插缝板 (2)U形轻钢次龙骨LB45×48,中距≤1500 mm (3)U形轻钢主龙骨LB38×12,中距≤1500 mm与钢筋吊杆固定 (4)凝土板底预留φ10钢筋吊环,双向中距≤1500 mm	m²	434.5697
17	011302001002	吊顶天棚（吊顶2）	(1)12 mm厚岩棉吸声板面层,规格592 mm×592 mm (2)T形轻钢次龙骨TB24×28,中距600 mm (3)T型轻钢主龙骨TB24×38,中距600 mm,找平后与钢筋吊杆固定 (4)φ8钢筋吊杆,双向中距≤1200 mm现浇混凝土板底预留φ10钢筋吊环,双向中距≤1200 mm	m²	42.525

续表

序号	编码	项目名称	项目特征	单位	工程量明细 绘图输入
18	011406001001	抹灰面油漆（独立柱装修）	(1)喷刷涂料部位:墙面 (2)涂料品种、喷刷遍数:喷水性耐擦洗涂料两遍	m²	14.624
19	011407001002	墙面喷刷涂料（内墙面1）	(1)喷刷涂料部位:墙面 (2)涂料品种、喷刷遍数:喷水性耐擦洗涂料两遍	m²	1030.117
20	011407001003	墙面喷刷涂料-外墙面3	(1)喷HJ80-1型无机建筑涂料 (2)6 mm厚1:2.5水泥砂浆找平 (3)12 mm厚1:3水泥砂浆打底扫毛或划出纹道 (4)刷素水泥浆一道(内掺水重5%的建筑胶) (5)50 mm厚聚苯保温板保温层 (6)刷一道YJ-302型混凝土界面处理剂	m²	39.0798
21	011407002001	天棚喷刷涂料（天棚1）	(1)喷刷涂料部位:天棚 (2)涂料品种、喷刷遍数:水性耐擦洗涂料	m²	84.7168

五、总结拓展

装修的房间必须是封闭的

在绘制房间图元时,要保证房间必须是封闭的,如不封闭,可使用虚墙将房间封闭。

问 题思考

(1)虚墙是否计算内墙面工程量?
(2)虚墙是否影响楼面的面积?

装修工程量计算

8.2 其他层装修的工程量计算

通过本节的学习,你将能够:
(1)分析软件在计算装修工程量时的计算思路;
(2)计算其他楼层装修工程量。
其他楼层装修方法同首层,也可考虑从首层复制图元。

一、任务说明

完成其他楼层的装修工程量。

二、任务分析

①其他楼层与首层做法有何不同？

②装修工程量的计算与主体构件的工程量计算有何不同？

三、任务实施

1)分析图纸

由建施-01中室内装修做法表可知,地下一层所用的装修做法和首层装修做法基本相同,地面做法为地面1、地面2、地面3。二层至四层的装修做法基本和首层的装修做法相同,可以把首层构件复制到其他楼层,然后重新组合房间即可。

2)清单、定额计算规则学习

(1)清单计算规则

其他层装修清单计算规则,见表8.7。

表8.7　其他层装修清单计算规则

编号	项目名称	单位	计算规则
011102001	石材楼地面	m²	按设计图示尺寸,以面积计算
011102003	块料楼地面	m²	按设计图示尺寸,以面积计算
011101001	水泥砂浆 楼地面	m²	按设计图示尺寸,以面积计算
010103001	回填方	m³	按设计图示尺寸以体积计算 (1)场地回填:回填面积乘以平均回填厚度 (2)室内回填:主墙间面积乘以回填厚度,不扣除间隔墙 (3)基础回填:按挖方清单项目工程量减去自然地坪以下埋设的基础体积(包括基础垫层及其他构筑物)

(2)定额计算规则

其他层装修定额计算规则,以地面4层为例,见表8.8。

表8.8　其他层装修定额计算规则

编号	项目名称	单位	计算规则
Z1-1	水泥砂浆 楼地面 20 mm厚	m²	按设计图示尺寸以面积计算,应扣除凸出地面的构筑物、设备基础、室内管道、地沟等所占面积,不扣除间壁墙和0.3 m²以内的柱、垛、附墙烟囱及孔洞所占面积。门洞、空圈、暖气包槽、壁龛等的开口部分不增加面积
G2-83	基础垫层 商品混凝土 无筋 泵送	m³	按设计图示尺寸,以体积计算
G2-81	基础垫层 碎石 灌浆	m³	按设计图示尺寸,以体积计算

四、任务结果

汇总计算,统计地下一层的装修清单定额工程量,见表8.9。

表8.9　地下一层的装修清单定额工程量

序号	编码	项目名称	单位	工程量明细
1	011101001002	水泥砂浆楼地面-地面2 (1)20 mm厚1:2.5水泥砂浆抹面压实赶光 (2)素水泥浆一道(内掺建筑胶) (3)50 mm厚C10混凝土 (4)150 mm厚5~32卵石灌M2.5混合砂浆,平板振捣器振捣密实 素土夯实,压实系数0.95	m²	38.64
2	011102003003	块料楼地面(地面1) (1)铺20 mm厚大理石板,稀水泥擦缝 (2)撒素水泥面(撒适量清水) (3)30 mm厚1:3干硬性水泥砂浆黏结层 (4)100 mm厚C10素混凝土 (5)150 mm厚3:7灰土夯实 素土夯实	m²	327.29
3	011102003004	块料楼地面(楼面2) (1)10 mm厚高级地砖,建筑胶黏剂粘铺,稀水泥浆碱擦缝 (2)20 mm厚1:2干硬性水泥砂浆黏结层 (3)素水泥结合层一道 (4)50 mm厚C10混凝土 (5)150 mm厚5~32卵石灌M2.5混合砂浆,平板振捣器振捣密实 (6)素土夯实,压实系数0.95	m²	116.167
4	011102003005	块料楼地面 (1)2.5 mm厚石塑防滑地砖,建筑胶黏结粘铺,稀水泥浆 (2)素水泥浆一道(内掺建筑胶) (3)30 mm厚C15细石混凝土随抹打随 (4)3 mm厚高聚物改性沥青涂膜防水层,四周往上卷150 mm高 (5)平均35 mm厚C15细石混凝土找坡层 (6)150 mm厚3:7灰土夯实 素土夯实,压实系数0.95	m²	64.295
5	011105001002	水泥砂浆踢脚线 (1)6 mm厚1:2.5水泥砂浆罩面压实赶光(高100 mm) (2)素水泥浆一道 (3)6 mm厚1:3水泥砂浆打底扫毛或划出纹道	m	65.4
6	011105002002	石材踢脚线 (1)15 mm厚大理石踢脚板(800 mm×100 mm深色大理石高100 mm),稀水泥浆擦缝 (2)10 mm厚1:2水泥砂浆(内掺建筑胶)黏结层 界面剂一道甩毛(甩前先将墙面用水湿润)	m	90.76

续表

序号	编码	项目名称	单位	工程量明细
7	011105003002	块料踢脚线 (1)10 mm厚防滑地砖踢脚(400 mm×100 mm深色地砖,高100 mm),稀水泥浆擦缝 (2)8 mm厚1:2水泥砂浆(内掺建筑胶)黏结层 (3)5 mm厚1:3水泥砂浆打底扫毛或划出纹道	m	211.753
8	011201001001	墙面一般抹灰(内墙面1) (1)底层厚度、砂浆配合比:素水泥浆一道甩毛(内掺建筑胶) (2)中层厚度、砂浆配合比:9 mm厚1:3水泥砂浆打底扫毛 (3)面层厚度、砂浆配合比:5 mm厚1:2.5水泥砂浆找平	m²	1190.1814
9	011204003003	块料墙面(内墙面2) (1)白水泥擦缝 (2)5 mm厚釉面砖面层(200 mm×300 mm高级面砖) (3)5 mm厚1:2建筑水泥砂浆黏结层 (4)素水泥浆一道 (5)9 mm厚1:3水泥砂浆打底压实抹平 素水泥浆一道甩毛	m²	161.184
10	011301001002	天棚抹灰(天棚1) (1)3 mm厚1:2.5水泥砂浆找平 (2)5 mm厚1:3水泥砂浆打底扫毛或划出纹道 素水泥浆一道甩毛(内掺建筑胶)	m²	53.62
11	011302001001	吊顶天棚（吊顶1） (1)1.0 mm厚铝合金条板,离缝安装带插缝板 (2)U形轻钢次龙骨LB45×48,中距≤1500 mm (3)U形轻钢主龙骨LB38×12,中距≤1500 mm 与钢筋吊杆固定 (4)φ6钢筋吊杆,中距横向≤1500 mm,纵向≤1200 mm 现浇混凝土板底预留φ10钢筋吊环,双向中距≤1500 mm	m2	477.1226
12	011407001003	墙面喷刷涂料(内墙面1) (1)刷涂料部位:墙面 (2)涂料品种、喷刷遍数:喷水性耐擦洗涂料两遍	m²	1140.385
13	011407002001	天棚喷刷涂料(天棚1) (1)喷刷涂料部位:天棚 (2)涂料品种、喷刷遍数:水性耐擦洗涂料	m²	53.62

8.3 外墙保温层的工程量计算

通过本节的学习,你将能够:

(1)定义外墙保温层;

(2)统计外墙保温层的工程量。

一、任务说明

完成各楼层外墙保温层的工程量。

二、任务分析

①地上外墙与地下部分保温层的做法有何不同?

②保温层增加后是否会影响外墙装修的工程量计算?

三、任务实施

1)分析图纸

由分析建施-01中"(六)墙体设计"可知,外墙外侧做50 mm厚的保温层。

2)清单、定额计算规则学习

（1）清单计算规则学习

外墙保温层清单计算规则,见表8.10。

表8.10　外墙保温层清单计算规则

编号	项目名称	单位	计算规则
011001003	保温隔热墙面	m²	按设计图示尺寸,以面积算
011204003	块料墙面(外墙1)	m²	按镶贴表面积计算
011204001	石材墙面(外墙2)	m²	按镶贴表面积计算
011407001	墙面喷刷涂料(外墙3)	m²	按设计图示尺寸以面积计算

（2）定额计算规则学习

外墙保温层定额计算规则,见表8.11。

表8.11　外墙保温层定额计算规则

编号	项目名称	单位	计算规则
J4-23	墙体保温 聚苯板 附墙铺贴 100 mm厚	m²	按设计图示尺寸以面积计算,扣除门窗洞口以及面积>0.3 m²、孔洞所占面积;门窗洞口侧壁,需做保温时,并入保温墙体工程量内。计算带木框或龙骨的保温隔热墙工程量,不扣除木框和龙骨所占面积。附墙柱保温按设计图示尺寸以保温层中线展开长度乘以保温层高度,并入相应墙体保温工程量内

续表

编号	项目名称	单位	计算规则
Z2-11	墙面抹灰 墙面增减一遍 素水泥浆 有胶	m²	按设计图示尺寸以面积计算,应扣除门窗洞口和空圈所占的面积,不扣除踢脚线、挂镜线、0.3 m²内的孔洞和墙与构件交接处的面积,门窗洞口侧壁和顶面亦不增加。附墙柱、梁、垛和附墙烟囱侧壁面积并入相应的墙面面积内
J4-2	刷界面剂	m²	设计图示尺寸以面积计算
Z2-28	外墙面砖周长 800 mm 以内 水泥砂浆粘贴 缝宽 10 mm 以内	m²	按设计图示尺寸以面积计算
Z2-21	挂贴石材 墙面灌缝砂浆（30 mm 厚）	m²	按设计图示尺寸以面积计算
Z2-56	墙面龙骨基层 轻钢龙骨隔墙 高度 3000 mm 以上 间距400 mm	t	按设计图示饰面外围尺寸以展开面积计算
Z6-52	外墙乳胶漆两遍 抹灰面外墙	m²	按设计图示尺寸以喷（刷）面积计算
Z2-2	墙面抹灰 墙面、墙裙 水泥砂浆 20 mm	m²	按设计图示尺寸以外墙垂直投影面积计算,应扣除门窗洞口及大于0.3 m²洞所占面积,洞口侧壁面积不另增加。附墙柱、垛、梁侧面抹灰面积并入外墙面抹灰工程量内计算。栏板、窗台线、门窗套、扶手、压顶、柱、挑檐、遮阳板、突出墙外的腰线等,另按相应规定计算

3）属性定义和绘制

新建外墙面,其属性定义如图8.15—图8.17所示。

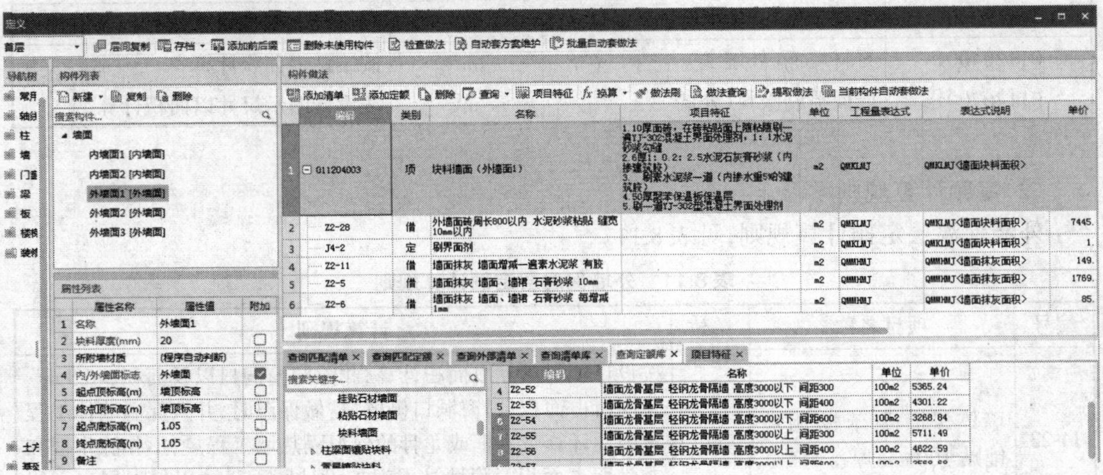

图 8.15

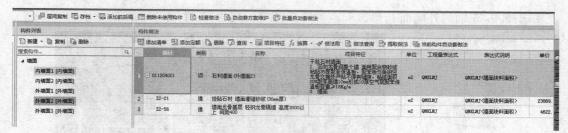

图 8.16

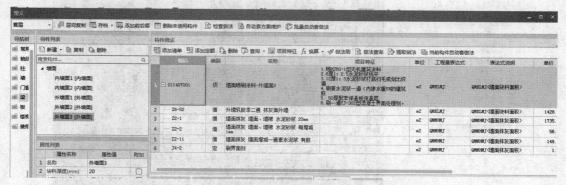

图 8.17

　　用"点"功能绘制时,在外墙外侧单击鼠标左键即可,如图 8.18 所示。或者选择"智能布置"→"外墙外边线",即可完成外墙面外侧做法绘制。

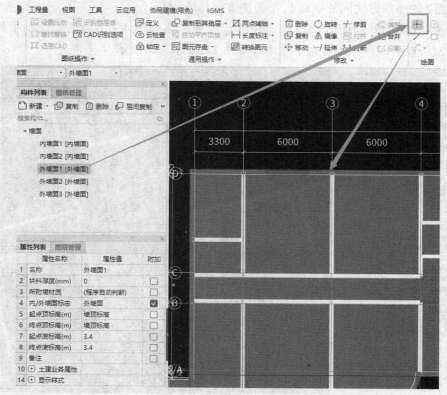

图 8.18

选择④~⑤轴的外墙面1,修改起点和终点的底标高为"3.4",如图8.19所示。

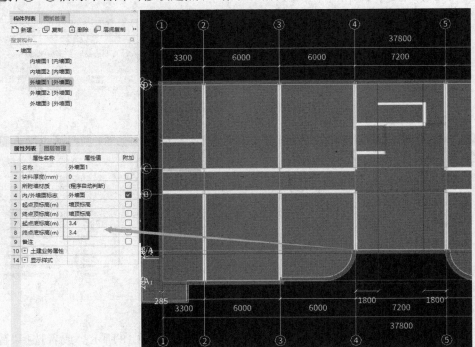

图8.19

外墙面2的操作方法同外墙面1,布置位置同外墙面1。

选择④~⑤轴的外墙面2,修改起点和终点的顶标高为"3.4"(因为已经绘制了外墙面1和外墙面2,所以可以在三维状态下选中外墙面2),如图8.20所示。

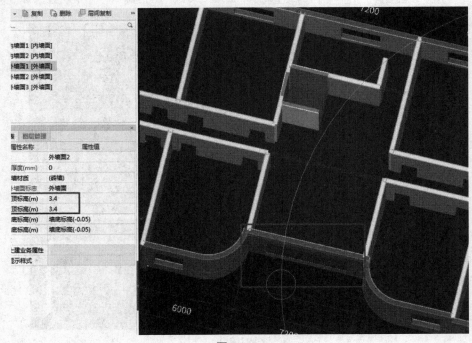

图8.20

外墙面3的绘制,如图8.21所示。

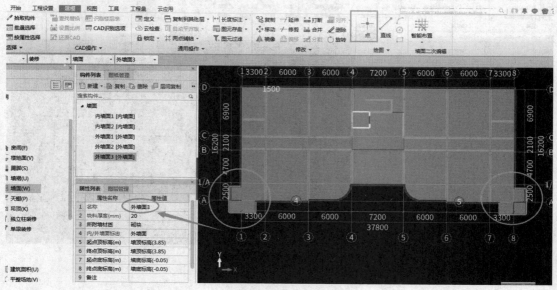

图8.21

新建保温层,如图8.22所示。外墙保温层用"点"功能绘制,在外墙外侧单击鼠标左键即可,或者选择"智能布置"→"外墙外边线",即可完成外墙的外侧保温层,如图8.23所示。

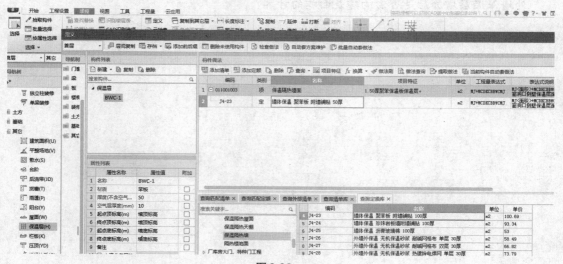

图8.22

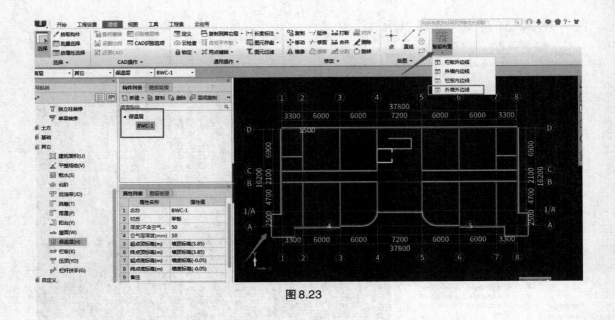

图 8.23

问 题思考

外墙保温层增加后是否影响建筑面积的计算？

9 零星及其他工程量计算

通过本章的学习,你将能够:

(1)掌握建筑面积、平整场地的工程量计算;

(2)掌握挑檐、雨篷的工程量计算;

(3)掌握台阶、散水及栏杆的工程量计算。

9.1 建筑面积、平整场地的工程量计算

通过本节的学习,你将能够:

(1)依据定额和清单分析建筑面积、平整场地的工程量计算规则;

(2)定义建筑面积、平整场地的属性及做法套用;

(3)绘制建筑面积、平整场地;

(4)统计建筑面积、平整场地工程量。

一、任务说明

①完成建筑面积、平整场地的属性定义、做法套用及图元绘制。

②汇总计算,统计首层建筑面积、平整场地工程量。

二、任务分析

①首层建筑面积中门厅外雨篷的建筑面积应如何计算? 工程量表达式作何修改?

②与建筑面积相关的综合脚手架如何套用清单定额?

③平整场地的工程量计算如何定义? 此任务中应选用地下一层还是首层的建筑面积?

三、任务实施

1)分析图纸

分析首层平面图可知,本层建筑面积分为楼层建筑面积和雨篷建筑面积两部分。平整场地的面积为建筑物首层建筑面积。

2)清单、定额计算规则学习

(1)清单计算规则学习

清单计算规则,见表9.1。

表9.1 平整场地清单计算规则

编号	项目名称	单位	计算规则
010101001	平整场地	m²	按设计图示尺寸以建筑物首层建筑面积计算按设计图示尺寸,以建筑物首层建筑面积计算。建筑物地下室结构外边线凸出首层结构外边线时,其凸出部分的建筑面积合并计算
011703001	建筑垂直运输	m²	(1)建筑物地下室部分垂直运输按设计室内地坪(±0.00)以下的建筑面积,以面积计算 (2)建筑物上部建筑部分垂直运输按室内地坪(±0.00)以上的建筑面积总和,以面积计算

（2）定额计算规则学习

定额计算规则,见表9.2。

表9.2 平整场地定额计算规则

编号	项目名称	单位	计算规则
G1-40	机械土方 平整场地 厚30 cm以内	1000 m²	按设计图示尺寸,以建筑物首层建筑面积计算
J7-43	±0.00以上垂直运输 檐高(m)20 层数 6 m以内	m²	按室内地坪(±0.00)以上的建筑面积总和计算。同一建筑物有高低层时,应按不同高度垂直分界面的建筑面积分别计算
J7-36	钢筋混凝土地下室 层数 一层	m²	按设计室内地坪(±0.00)以下的建筑面积计算

3)属性定义

（1）建筑面积的属性定义

在导航树中选择"其他"→"建筑面积",在"构件列表"中选择"新建"→"新建建筑面积",在"属性编辑框"中输入相应的属性值,如图9.1所示。

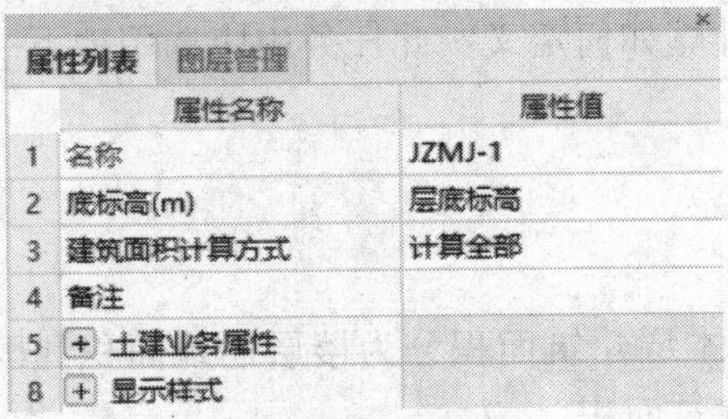

图9.1

（2）平整场地的属性定义

在导航树中选择"其他"→"平整场地",在"构件列表"中选择"新建"→"新建平整场地",在"属性编辑框"中输入相应的属性值,如图9.2所示。

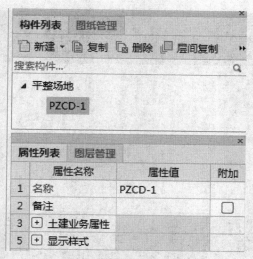

图9.2

4)做法套用

①建筑面积的做法套用,如图9.3所示。

图9.3

②平整场地的做法在建筑面积中套用,如图9.4所示。

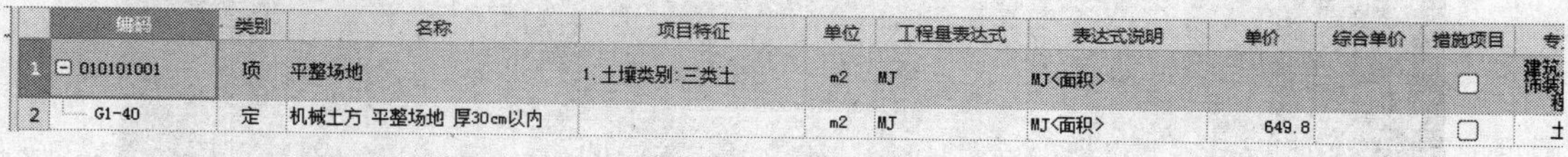

	编码	类别	名称	项目特征	单位	工程量表达式	表达式说明	单价	综合单价	措施项目	专
1	□ 010101001	项	平整场地	1.土壤类别:三类土	m2	MJ	MJ<面积>			☐	建筑 市政
2	G1-40	定	机械土方 平整场地 厚30cm以内		m2	MJ	MJ<面积>	649.8		☐	土

图9.4

5)画法讲解

(1)建筑面积绘制

建筑面积属于面式构件,可以点绘制,也可以直线、画弧、画圆、画矩形绘制。注意本工程中飘窗部分不计算建筑面积,转角窗和雨篷部分计算半面积。下面以直线绘制为例。

①在进行全面积建筑面积JZMJ-1绘制时,可沿着建筑外墙外边线往外扩50 mm进行绘制(因为保温层厚度50 mm),形成封闭区域,单击鼠标右键即可。

②在进行半面积建筑面积JZMJ-2绘制时,转角窗部位的建筑面积同样沿着外墙外边线往外扩50 mm进行直线绘制,雨篷部位的建筑面积沿着雨篷边线进行绘制即可。如图9.5所示。

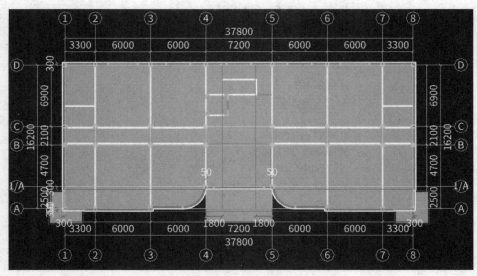

图9.5

（2）平整场地绘制

平整场地绘制同建筑面积，平整场地的面积为首层建筑面积，如图9.6所示。

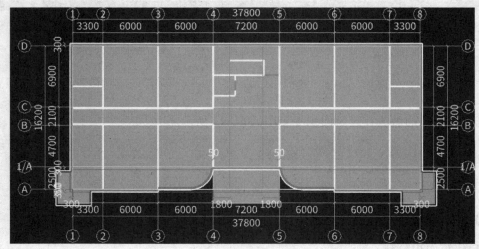

图9.6

四、任务结果

汇总计算，统计建筑面积、平整场地的清单定额工程量，见表9.3。

表9.3　建筑面积、平整场地的清单定额工程量

序号	编码	项目名称及特征	单位	工程量
1	010101001001	平整场地 土壤类别：三类土	m²	634.43
	G1-40	机械土方 平整场地 厚30 cm以内	1000 m²	0.6343

续表

序号	编码	项目名称及特征	单位	工程量
2	011703001001	建筑垂直运输 (1)建筑物建筑类型及结构形式:框架结构 (2)建筑物檐口高度、层数:14.85 m,地上4 m层,地下1层	m²	634.43
	J7-43	±0.00以上垂直运输 檐高(m)20 层数6 m以内	100 m²	6.344314

五、总结拓展

①平整场地习惯上是计算首层建筑面积,但是地下室建筑面积大于首层建筑面积时,平整场地以地下室为准。

②当一层建筑面积计算规则不一样时,有几个区域就要建立几个建筑面积属性。

问题思考

(1)平整场地与建筑面积属于面式图元,与用直线绘制其他面式图元有什么区别?需要注意哪些问题?

(2)平整场地与建筑面积绘制图元的范围是一样的,计算结果是否有区别?

(3)工程中,转角窗处的建筑面积是否按全面积计算?

平整场地、建筑
面积工程量计算

9.2 首层挑檐、雨篷的工程量计算

通过本节的学习,你将能够:

(1)依据定额和清单分析首层挑檐、雨篷的工程量计算规则;

(2)定义首层挑檐、雨篷;

(3)绘制首层挑檐、雨篷;

(4)统计首层挑檐、雨篷的工程量。

一、任务说明

①完成首层挑檐、雨篷的属性定义、做法套用及图元绘制。

②汇总计算,统计首层挑檐、雨篷的工程量。

二、任务分析

①首层挑檐涉及哪些构件?如何分析这些构件的图纸?如何计算这些构件的钢筋工程量?这些构件的做法都一样吗?工程量表达式如何选用?

②首层雨篷是一个室外构件，为什么要一次性将清单及定额做完？做法套用分别都是些什么？工程量表达式如何选用？

三、任务实施

1)分析图纸

分析结施-10，可以从板平面图中得到飘窗处飘窗板的剖面详图信息，本层的飘窗板是一个异形构件，可以采用挑檐来计算这部分的钢筋和土建工程量。

分析建施-01，雨篷属于玻璃钢雨篷，面层是玻璃钢，底层为钢管网架，属于成品，由厂家直接定做安装。

2)清单、定额计算规则学习

(1)清单计算规则学习

挑檐（飘窗板）、雨篷清单计算规则，见表9.4。

表9.4　挑檐、雨篷清单计算规则

编号	项目名称	单位	计算规则
010505007	天沟、挑檐板	m³	按设计图示尺寸以体积计算
011702022	天沟、挑檐（模板）	m²	按模板与现浇混凝土接触面积计算
010607003	成品雨篷	m / m²	(1)以米计量，按设计图示接触边以米计算 (2)以平方米计量，按设计图示尺寸以展开面积计算

(2)定额计算规则(部分)学习

挑檐（飘窗板）、雨篷定额计算规则(部分)，见表9.5。

表9.5　挑檐、雨篷定额计算规则（部分）

编号	项目名称	单位	计算规则
J2-39	商品混凝土 天沟、挑檐板	m³	按设计图示尺寸以体积计算
J2-174	现浇混凝土模板 挑檐天沟 木模板	10 m²	按图示外挑部分的水平投影面积计算，挑出墙外的悬臂梁及板边模板不另计算。挑出部分(以外墙外边线为界)超过1.5 m时，按有梁板计算。挑檐天沟及雨篷翻边高度30 cm以内不另计算，超出部分按栏板子目执行
Z4-28	钢龙骨 点式钢化夹胶玻璃 雨篷	100 m²	玻璃雨篷按玻璃实际面积计算

3)挑檐、雨篷的属性定义

(1)挑檐的属性定义

在导航树中选择"其他"→"挑檐"，在"构件列表"中选择"新建"→"新建线式异形挑檐"，新建1—1剖面飘窗板，根据图纸中的尺寸标注，在弹出的"异形截面编辑器"中，将飘窗板的截面绘制好,如图9.7所示。

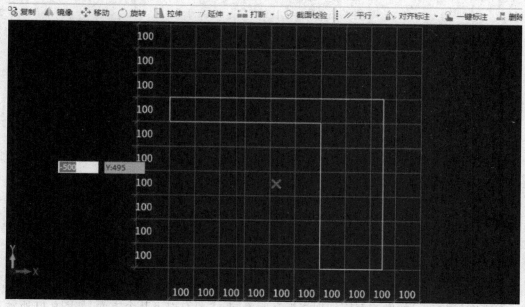

图9.7

单击"确定"按钮,在"属性编辑"框中输入相应的属性值,如图9.8所示。

在"截面编辑"中完成钢筋信息的编辑,如图9.9所示。

图9.8

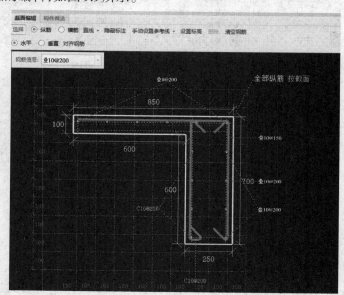

图9.9

(2)雨篷的属性定义

因为该工程的雨篷为成品雨篷,可灵活采用"自定义面"的方式计算雨篷的工程量。在导航树中选择"自定义"→"自定义面",在"构件列表"中选择"新建"→"新建自定义面",在"属性编辑"框中输入相应的属性值,如图9.10所示。

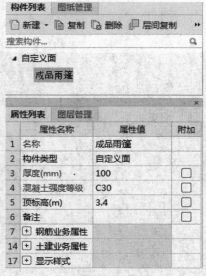

图 9.10

4)做法套用

①挑檐（飘窗板）的做法套用与现浇板有所不同,主要有以下几个方面,如图9.11所示。

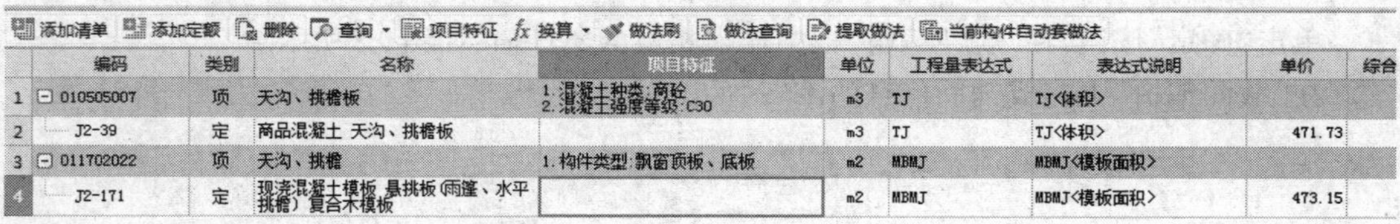

	编码	类别	名称	项目特征	单位	工程量表达式	表达式说明	单价	综合
1	⊟ 010505007	项	天沟、挑檐板	1.混凝土种类:商砼 2.混凝土强度等级:C30	m3	TJ	TJ〈体积〉		
2	J2-39	定	商品混凝土 天沟、挑檐板		m3	TJ	TJ〈体积〉	471.73	
3	⊟ 011702022	项	天沟、挑檐	1.构件类型:飘窗顶板、底板	m2	MBMJ	MBMJ〈模板面积〉		
4	J2-171	定	现浇混凝土模板 悬挑板(雨篷、水平挑檐)复合木模板		m2	MBMJ	MBMJ〈模板面积〉	473.15	

图 9.11

②雨篷的做法套用,如图9.12所示。

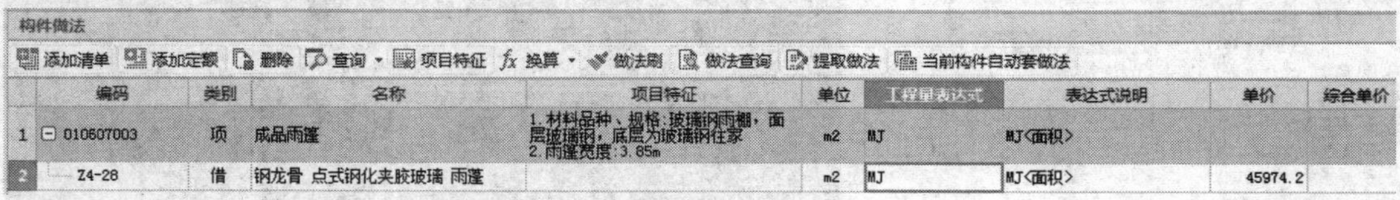

构件做法									
	编码	类别	名称	项目特征	单位	工程量表达式	表达式说明	单价	综合单价
1	⊟ 010607003	项	成品雨篷	1.材料品种、规格:玻璃钢雨棚,面层玻璃,底层为玻璃钢住架 2.雨篷宽度:3.65m	m2	MJ	MJ〈面积〉		
2	Z4-28	借	钢龙骨 点式钢化夹胶玻璃 雨篷		m2	MJ	MJ〈面积〉	45974.2	

图 9.12

5)挑檐、雨篷绘制

（1）直线绘制挑檐（飘窗板）

首先根据图纸尺寸做好辅助轴线,单击"直线"命令,再左键单击起点与终点即可绘制挑檐（飘窗板）,如图9.13所示。或者用"Shift+左键"的方式进行偏移绘制直线。

图 9.13

（2）直线绘制雨篷

首先根据图纸尺寸做好辅助轴线，或者用"Shift+左键"的方法绘制雨篷，如图9.14所示。

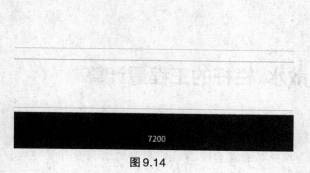

图9.14

四、任务结果

汇总计算，统计本层挑檐（飘窗板）、雨篷的清单定额工程量，见表9.6。

表9.6　挑檐（飘窗板）、雨篷的清单定额工程量

序号	编码	项目名称及特征	单位	工程量
1	010607003	成品雨篷	m²	27.72
	Z4-28	钢龙骨 点式钢化夹胶玻璃 雨篷	100 m²	0.2772
	010505007	天沟、挑檐板	m³	4.743
2	J2-39	商品混凝土 天沟、挑檐板	m³	4.743
	011702022	天沟、挑檐（模板）	m²	52.42
	J2-174	现浇混凝土模板 挑檐天沟 木模板	10 m²	5.242

五、总结拓展

①挑檐既属于线性构件，也属于面式构件，因此，挑檐直线绘制的方法与线性构件一样。

②砌体墙与挑檐（飘窗板）无法扣减。通过挑檐计算飘窗板及根部构件的土建及钢筋工程量时，会因无扣减关系导致砌体墙工程量错误，故本工程可将飘窗板部位的墙体打断，通过绘制虚墙连接，如图9.15所示。

图9.15

挑檐、雨篷
工程量计算

③雨篷的形式不一样，所采用的计算方式也不一样。

问题思考

（1）若不使用辅助轴线，怎样才能快速绘制上述挑檐？

（2）如果采用现浇混凝土雨篷，该如何绘制雨篷？

9.3 台阶、散水、栏杆的工程量计算

通过本节的学习，你将能够：

（1）依据定额和清单分析首层台阶、散水、栏杆的工程量计算规则；

（2）定义台阶、散水、栏杆的属性；

（3）绘制台阶、散水、栏杆；

（4）统计台阶、散水、栏杆的工程量。

一、任务说明

①完成台阶、散水、栏杆的属性定义、做法套用及图元绘制。

②汇总计算，统计台阶、散水、栏杆的工程量。

二、任务分析

①台阶的尺寸能够从哪个图中什么位置找到？都有哪些工作内容？如何套用清单定额？

②散水的尺寸能够从哪个图中什么位置找到？都有哪些工作内容？如何套用清单定额？

③栏杆的尺寸能够从哪个图中什么位置找到？都有哪些工作内容？如何套用清单定额？

三、任务实施

1）图纸分析

结合建施-04，可以从平面图中得到台阶、散水、栏杆的信息，本层台阶、散水、栏杆的截面尺寸如下：

①台阶的踏步宽度为300 mm，踏步个数为3，顶标高为±0.000。

②散水的宽度为900 mm，沿建筑物周围布置，底标高为-0.45-0.06=-0.51（m）。

③由平面图可知，阳台栏杆为900 mm高的不锈钢栏杆。

④由二、四层平面图可知，走廊栏杆为900 mm高玻璃栏板。

⑤从建施-13剖面图可知，楼梯栏杆为1050 mm高铁栏杆带木扶手。

结合建施-12，可以从散水做法详图和台阶做法详图中得到以下信息：

①台阶做法：a.20 mm厚花岗岩板铺面；b.素水泥面；c.30 mm厚1∶4硬性水泥砂浆黏结层；d.素水泥浆一道；e.100 mm厚C15混凝土；f.300 mm厚3∶7灰土垫层分两步夯实；g.素土夯实。

②散水做法：a.60 mm厚C15细石混凝土面层；b.150 mm厚3：7灰土宽出面层300 mm；c.素土夯实，向外坡4%。散水宽度为900 mm，沿建筑物周围布置，沥青砂浆伸缩缝。

2)清单、定额计算规则学习

(1)清单计算规则学习

台阶、散水、栏杆清单计算规则，见表9.7。

表9.7　台阶、散水、栏杆清单计算规则

编号	项目名称	单位	计算规则
011107001	石材台阶面	m²	按设计图示尺寸以台阶(包括最上层踏步边沿加300 mm)水平投影面积计算
010507004	台阶	m²	按设计图示尺寸以水平投影面积计算,平台与台阶的分界线以最上层踏步外沿加300 mm为界
011702027	台阶(模板)	m²	按图示尺寸的水平投影面积计算,台阶端头及两侧不另计模板面积。混凝土台阶不包括侧墙。架空式混凝土台阶按现浇混凝土楼梯计算
010507001	散水、坡道	m²	按设计图示尺寸以水平投影面积计算
011702029	散水	m²	按模板与散水的接触面积计算
011503001	金属扶手、栏杆	m	按设计图示,以扶手中心线长度(包括弯头长度)计算

(2)定额计算规则学习

台阶、散水、栏杆定额计算规则，见表9.8。

表9.8　台阶、散水、栏杆定额计算规则

编号	项目名称	单位	计算规则
Z1-86	石材台阶 水泥砂浆	100 m²	台阶面层按设计图示尺寸以台阶(包括最上层踏步边沿加300 mm)水平投影面积计算
G2-83	基础垫层 商品混凝土 无筋 泵送	m³	按设计图示尺寸,以体积计算
G2-71	基础垫层 灰土3:7	m³	按设计图示尺寸,以体积计算
J2-177	现浇混凝土模板 台阶 木模板	10 m²	混凝土台阶按图示尺寸的水平投影面积计算,台阶端头及两侧不另计模板面积。混凝土台阶不包括侧墙。架空式混凝土台阶按现浇混凝土楼梯计算
Z1-68	不锈钢栏杆 直线形 竖条式	10 m	按设计图示尺寸以扶手中心线长度(包括弯头长度)计算
Z1-75	金属靠墙扶手 不锈钢管	10 m	按设计图示尺寸以扶手中心线长度(包括弯头长度)计算

3)台阶、散水、栏杆的属性定义

（1）台阶的属性定义

在导航树中选择"其他"→"台阶"，在"构件列表"中选择"新建"→"新建台阶"，新建室外台阶，根据建施-12中台阶的尺寸标注，在"属性编辑框"中输入相应的属性值，如图9.16所示。

（2）散水的属性定义

在导航树中选择"其他"→"散水"，在"构件列表"中选择"新建"→"新建散水"，新建散水，根据散水图纸中的尺寸标注，在"属性编辑框"中输入相应的属性值，如图9.17所示。

属性列表			
	属性名称	属性值	附加
1	名称	室外台阶	
2	台阶高度(mm)	450	☐
3	踏步高度(mm)	450	☐
4	材质	现浇混凝土	☐
5	混凝土类型	商品混凝土 (泵送)	☐
6	混凝土强度等级	C15	☐
7	顶标高(m)	0	☐
8	备注		☐
9	⊞ 钢筋业务属性		
12	⊞ 土建业务属性		
14	⊞ 显示样式		

图9.16

	属性名称	属性值
1	名称	SS-1
2	厚度(mm)	60
3	材质	现浇混凝土
4	混凝土类型	商品混凝土 (非泵送)
5	混凝土强度等级	C15
6	底标高(m)	(-0.45)
7	备注	
8	⊞ 钢筋业务属性	
11	⊞ 土建业务属性	
13	⊞ 显示样式	

图9.17

	属性名称	属性值
1	名称	900高不锈钢栏杆扶手(护窗...
2	材质	金属
3	类别	栏杆扶手
4	扶手截面形状	圆形
5	扶手半径(mm)	25
6	栏杆截面形状	圆形
7	栏杆半径(mm)	25
8	高度(mm)	900
9	间距(mm)	110
10	起点底标高(m)	0
11	终点底标高(m)	0

图9.18

（3）栏杆的属性定义

在导航树中选择"其他"→"栏杆扶手"，在"构件列表"中选择"新建"→"新建栏杆扶手"，新建"900高不锈钢栏杆护窗栏杆扶手"，根据图纸中的尺寸标注，在"属性编辑框"中输入相应的属性值，如图9.18所示。走廊栏杆扶手、楼梯栏杆扶手的属性如图9.19—图9.20所示。

属性列表	图层管理	
	属性名称	属性值
1	名称	900高玻璃栏板(走廊栏杆扶手)
2	材质	玻璃
3	类别	栏杆扶手
4	扶手截面形状	圆形
5	扶手半径(mm)	30
6	高度(mm)	900
7	起点底标高(m)	3.9
8	终点底标高(m)	3.9

图9.19

属性列表	图层管理	
	属性名称	属性值
1	名称	1050高不锈钢栏杆扶手（楼梯栏杆）
2	材质	金属
3	类别	栏杆扶手
4	扶手截面形状	圆形
5	扶手半径(mm)	25
6	栏杆截面形状	矩形
7	栏杆截面宽度(...	20
8	栏杆截面高度(...	20
9	高度(mm)	1050
10	间距(mm)	110
11	起点底标高(m)	0
12	终点底标高(m)	1.95

图9.20

4)做法套用

①台阶的做法套用,如图9.21所示。

	编码	类别	名称	项目特征	单位	工程量表达式	表达式说明	单价
1	□ 011107001	项	石材台阶	1、20厚花岗岩板铺面面正、背面及四周边满涂防污剂,稀水泥浆擦缝 2、撒素水泥面(洒适量清水) 3、30厚1:4硬性水泥砂浆粘结层 4、素水泥浆一道(内掺建筑胶) 5、100厚C15混凝土,台阶面向外坡1% 6、300厚3:7灰土垫层分两步夯实 7、素土夯实	m2	MJ	MJ<台阶整体水平投影面积>	
2	Z1-86	借	石材台阶 水泥砂浆		m2	MJ	MJ<台阶整体水平投影面积>	1621
3	Z2-12	借	墙面抹灰 墙面增减一遍素水泥浆 无胶		m2	MJ	MJ<台阶整体水平投影面积>	13
4	Z2-11	借	墙面抹灰 墙面增减一遍素水泥浆 有胶		m2	MJ	MJ<台阶整体水平投影面积>	14
5	G2-83	定	基础垫层 商品混凝土 无筋 泵送		m3	TJ	TJ<体积>	35
6	G2-71	定	基础垫层 灰土3:7		m3	TJ	TJ<体积>	22
7	□ 011702027	项	台阶(模板)	1.台阶踏步宽:300	m2	MJ	MJ<台阶整体水平投影面积>	
8	J2-177	定	现浇混凝土模板 台阶 木模板		m2	MJ	MJ<台阶整体水平投影面积>	47

图9.21

②散水的做法套用,如图9.22所示。

构件做法

	编码	类别	名称	项目特征	单位	工程量表达式	表达式说明	单价
1	□ 010507001	项	散水、坡道	1.60mm 厚 C15 细石混凝土面层 2.150 mm厚 3:7灰土宽出面层 300 mm 3.素土夯实,向外坡 4%。	m2	MJ	MJ<面积>	
2	J2-56	定	商品混凝土 散水		m2	MJ	MJ<面积>	31.91
3	A2-258	借	基础垫层,3:7灰土		m3	MJ*0.15	MJ<面积>*0.15	99.49
4	□ 011702029	项	散水(模板)		m2	MJ	MJ<面积>	
5	J2-181	定	现浇混凝土模板 小型构件 复合木模板		m2	MJ	MJ<面积>	802.89

图9.22

③不锈钢栏杆(阳台护窗栏杆)的做法套用,如图9.23所示。

	编码	类别	名称	项目特征	单位	工程量表达式	表达式说明	
1	□ 011503001	项	金属扶手、栏杆、栏板	1.材质:不锈钢 2.规格:900mm高 3.防腐刷油材质、工艺要求:	m	CD	CD<长度(含弯头)>	
2	Z1-75	借	金属靠墙扶手 不锈钢管		m	CD	CD<长度(含弯头)>	
3	Z1-68	借	不锈钢栏杆 直线形竖条式		m	CD	CD<长度(含弯头)>	

图9.23

④玻璃栏板(走廊栏杆)的做法套用,如图9.24所示。

	编码	类别	名称	项目特征	单位	工程量表达式	表达式说明
1	□ 011503001	项	金属扶手、栏杆、栏板(走廊玻璃栏板)	1.材质:不锈钢 2.规格:900mm高 3.防腐刷油材质、工艺要求:	m	CD	CD<长度(含弯头)>
	Z1-69	借	不锈钢栏杆 钢化玻璃栏板10mm厚全装		m	CD	CD<长度(含弯头)>
	Z1-77	借	金属靠墙扶手 钢管		m	CD	CD<长度(含弯头)>

图9.24

⑤楼梯栏杆的做法套用,如图9.25所示。可在楼梯中进行楼梯栏杆工程量计算,参考3.7节楼梯工程量计算中的做法套用。

	编码	类别	名称	项目特征	单位	工程量表达式	表达式说明
5	□ 011503001	项	金属扶手、栏杆(楼梯栏杆)	1.材质:铁艺 2.规格:900mm高 3.防腐刷油材质、工艺要求:	m	LGCD	LGCD<栏杆扶手长度>
6	Z1-77	借	金属靠墙扶手 钢管		m	LGCD	LGCD<栏杆扶手长度>
7	Z1-85	借	铸铁 铁花栏杆		m	LGCD	LGCD<栏杆扶手长度>

图9.25

5）台阶、散水、栏杆画法讲解

（1）绘制台阶

台阶属于面式构件，因此可以直线绘制、三点画弧，也可以点绘制，这里用直线和三点画弧绘制法。首先做好辅助轴线，根据建施-04，然后选择"直线"和"三点画弧"命令，单击交点形成闭合区域即可绘制台阶轮廓，单击"设置踏步边"，用鼠标左键单击下方水平轮廓线，右键弹出"设置踏步边"窗口，输入踏步个数为3，踏步宽度为300 mm，如图9.26所示。

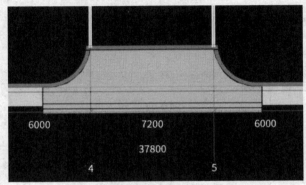

图9.26

（2）智能布置散水

散水同样属于面式构件，因此可以直线绘制，也可以点绘制，这里用智能布置比较简单。选择"智能布置"→"外墙外边线"，在弹出的对话框中输入"900"，单击鼠标右键确定即可。根据图纸分析，可知排烟竖井和采光竖井处无散水，需采用"修改"→"分割"功能将排烟竖井和采光竖井处的散水进行分割后删除，完成后如图9.27所示。

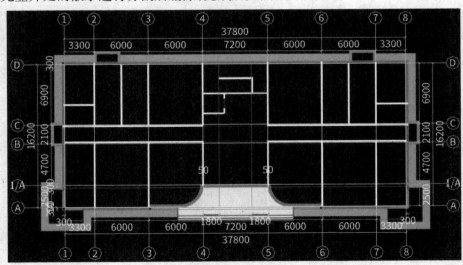

图9.27

（3）直线布置栏杆

栏杆同样属于线式构件，因此可以直线绘制。依据图纸位置和尺寸绘制直线，单击鼠标右键确定即可，阳台护窗栏杆扶手、走廊栏杆扶手、楼梯栏杆扶手绘制完成后如图9.28—图9.30所示。

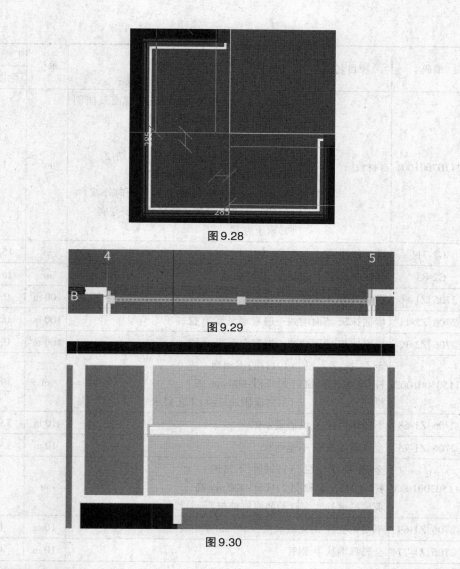

图9.28

图9.29

图9.30

四、任务结果

汇总计算,统计台阶、散水、栏杆的清单定额工程量,见表9.9。

表9.9　台阶、散水、栏杆的清单定额工程量

序号	编码	项目名称	项目特征	单位	工程量明细 绘图输入
实体项目					
1	010507001001	散水、坡道	(1)60 mm 厚 C 15 细石混凝土面层 (2)150 mm 厚 3∶7灰土宽出面层 300 mm (3)素土夯实,向外坡 4%	m²	100.026
	J2-56	商品混凝土 散水		m²	100.026
	[597]A2-258	基础垫层,3∶7灰土		m³	15.0039

续表

序号	编码	项目名称	项目特征	单位	工程量明细 绘图输入
2	011107001001	石材台阶	(1)20 mm厚花岗岩板铺面正、背面及四周边满涂防污剂，稀水泥浆擦缝 (2)撒素水泥面(洒适量清水) (3)30 mm厚1:4硬性水泥砂浆黏结层 (4)素水泥浆一道(内掺建筑胶) (5)100 mm厚C15混凝土，台阶面向外坡1% (6)300 mm厚3:7灰土垫层分两步夯实 (7)素土夯实	m²	11.52
	G2-71	基础垫层 灰土3:7		m³	15.9686
	G2-83	基础垫层 商品混凝土 无筋 泵送		m³	15.9686
	[2706]Z1-86	石材台阶 水泥砂浆		100 m²	0.1152
	[2706]Z2-11	墙面抹灰 墙面增减一遍素水泥浆 有胶		100 m²	0.1152
	[2706]Z2-12	墙面抹灰 墙面增减一遍素水泥浆 无胶		100 m²	0.1152
3	011503001002	金属扶手、栏杆、栏板(护窗栏杆)	(1)材质:不锈钢 (2)规格:900 mm高 (3)防腐刷油材质、工艺要求	m	39.1546
	[2706]Z1-68	不锈钢栏杆 直线形竖条式		10 m	3.91546
	[2706]Z1-75	金属靠墙扶手 不锈钢管		10 m	3.91546
4	011503001003	金属扶手、栏杆、栏板(走廊玻璃栏板)	(1)材质:不锈钢 (2)规格:900 mm高 (3)防腐刷油材质、工艺要求	m	7.2
	[2706]Z1-69	不锈钢栏杆 钢化玻璃栏板10 mm厚全玻		10 m	0.72
	[2706]Z1-77	金属靠墙扶手 钢管		10 m	0.72
措施项目					
1	011702027001	台阶(模板)	台阶踏步宽:300 mm	m²	11.52
	J2-177	现浇混凝土模板 台阶 木模板		10 m²	1.152
2	011702029001	散水(模板)		m²	100.026
	J2-181	现浇混凝土模板 小型构件 复合木模板		10 m²	10.0026

五、总结拓展

①台阶绘制后，还要根据实际图纸设置台阶起始边。

②台阶属性定义只给出台阶的顶标高。

③如果在封闭区域，台阶也可以使用点绘制。

④栏杆还可以采用智能布置的方式绘制。

问 题思考

(1)智能布置散水的前提条件是什么?

(2)表9.9中散水的工程量是最终工程量吗?

(3)散水与台阶相交时,软件会自动扣减吗?若扣减,谁的级别大?

(4)台阶、散水、栏杆在套用清单与定额时,与主体构件有哪些区别?

台阶、散水、栏
杆的工程量计算

10 表格算量

通过本章的学习,你将能够:
(1)通过参数输入法计算钢筋工程量;
(2)通过直接输入法计算钢筋工程量。

10.1 参数输入法计算钢筋工程量

通过本节的学习,你将能够:
掌握参数输入法计算钢筋工程量的方法。

一、任务说明
表格输入中,通过"参数输入"完成所有层楼梯梯板的钢筋量计算。

二、任务分析
以首层楼梯为例,参考结施-13及建施-13,读取梯板的相关信息,如梯板厚度、钢筋信息及楼梯具体位置。

三、任务实施
参考3.7.2节楼梯梯板钢筋工程量的属性定义和绘制。

四、任务结果
查看报表预览中的构件汇总信息明细表,见表10.1。

表10.1　所有楼梯构件钢筋汇总表

汇总信息	汇总信息钢筋总重(kg)	构件名称	构件数量	HRB400
楼层名称:第-1层(表格算量)				264.708
其他	264.708	AT1	2	132.354
		AT1-1	2	132.354
		合计		264.708
楼层名称:首层(表格算量)				131.238
其他	131.238	AT1	2	131.238
		合计		131.238

续表

汇总信息	汇总信息钢筋总重(kg)	构件名称	构件数量	HRB400
楼层名称:第2层(表格算量)				267.719
其他	267.719	AT2	1	69.184
		BT1	1	66.181
		AT1	2	132.354
		合计		267.719
楼层名称:第3层(表格算量)				336.903
其他	336.903	AT2	2	138.368
		BT1	1	66.181
		AT1	2	132.354
		合计		336.903
楼层名称:第4层(表格算量)				132.354
其他	132.354	AT1	2	132.354
		合计		132.354

10.2 直接输入法计算钢筋工程量

通过本节的学习,你将能够:
掌握直接输入法计算钢筋工程量的方法。

一、任务说明
根据"配筋结构图",电梯井右下角所在楼板处有阳角放射筋,本工程以该处的阳角放射筋为例,介绍表格直接输入法。

二、任务分析
表格输入中的直接输入法与参数输入法的新建构件操作方法一致。

三、任务实施
①如图10.1所示,切换到"工程量"选项卡,单击"表格算量"。

②在表格算量中,单击"构件"新建构件,修改名称为"阳角放射筋",输入构件数量,单击"确定"按钮,如图10.2所示。

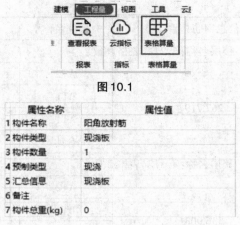

图 10.1

	属性名称	属性值
1	构件名称	阳角放射筋
2	构件类型	现浇板
3	构件数量	1
4	预制类型	现浇
5	汇总信息	现浇板
6	备注	
7	构件总重(kg)	0

图 10.2

③在直接输入的界面，"筋号"中输入"放射筋1"，在"直径"中选择相应的直径（如10），选择"钢筋级别"。

④如图 10.3 所示，选择图号，根据放射筋的形式选择相应的钢筋形式，如选择"两个弯折"，弯钩选择"90°弯折，不带弯钩"，选择图号完毕后单击"确定"按钮。

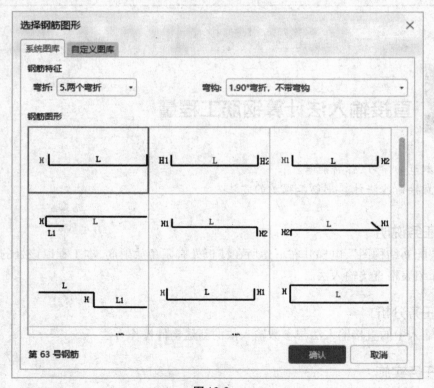

图 10.3

⑤在直接输入的界面中输入"图形"钢筋尺寸，如图 10.4 所示。软件会自动给出计算公式和长度，用户可以在"根数"中输入这种钢筋的根数。

筋号	直径(mm)	级别	图号	图形	计算公式	公式描述	弯曲调整	长度	根数
1	10	Φ	3 ···	130 ⌐1300⌐	1300+2*130		46	1514	7

图10.4

采用同样的方法可以进行其他形状的钢筋输入,并计算钢筋工程量。

表格算量

问 题思考

表格输入中的直接输入法适用于哪些构件?

11 汇总计算工程量

通过本章的学习,你将能够:
(1)掌握查看三维的方法;
(2)掌握汇总计算的方法;
(3)掌握查看构件钢筋计算结果的方法;
(4)掌握云检查及云指标查看的方法;
(5)掌握报表结果查看的方法。

11.1 查看三维

通过本节的学习,你将能够:
正确查看工程的三维模型。

一、任务说明
①完成整体构件的绘制并使用三维查看构件。
②检查缺漏的构件。

二、任务分析
三维动态观察可在"显示设置"面板中选择楼层,若要检查整个楼层的构件,选择全部楼层即可。

三、任务实施
①对照图纸完成所有构件的输入之后,可查看整个建筑结构的三维视图。
②在"视图"菜单下选择"显示设置",如图11.1所示。

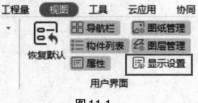

图11.1

③在"显示设置"的"楼层显示"中选择"全部楼层",如图11.2所示。在"图元显示"中设置"显示图元",如图11.3所示,可使用"动态观察"旋转角度。

显示设置

| 图元显示 | 楼层显示 |

图层构件	显示图元	显示名称
⊟ 所有构件	☑	☐
⊟ 施工段	☑	☐
土方工程	☑	☐
基础工程	☑	☐
主体结构	☑	☐
二次结构	☑	☐
装饰装修	☑	☐
其它土建	☑	☐
钢筋工程	☑	☐
⊟ 轴线	☑	☐
轴网	☑	☐
辅助轴线	☑	☐
⊟ 柱	☑	☐
柱	☑	☐
构造柱	☑	☐
砌体柱	☑	☐
约束边缘非阴…	☑	☐
⊟ 墙	☑	☐
剪力墙	☑	☐
人防门框墙	☑	☐
砌体墙	☑	☐
砌体加筋	☑	☐
保温墙	☑	☐
暗梁	☑	☐
墙垛	☑	☐
幕墙	☑	☐

[恢复默认设置]

显示设置

| 图元显示 | 楼层显示 |

○ 当前楼层　　○ 相邻楼层　　● 全部楼层

▾ ☑ 全部楼层
　☑ 屋面层
　☑ 第4层
　☑ 第3层
　☑ 第2层
　☑ 首层
　☑ 第-1层
　☑ 基础层

图 11.2　　　　　　　　　　　　　　　图 11.3

四、任务结果

查看整个结构,如图 11.4 所示。

图 11.4

11.2 汇总计算

通过本节的学习,你将能够:
正确进行汇总计算。

一、任务说明
本节的任务是汇总土建及钢筋工程量。

二、任务分析
钢筋计算结果查看的原则:对水平的构件(如梁),在某一层绘制完毕后,只要支座和钢筋信息输入完成,就可以汇总计算,查看计算结果。但是对于竖向构件(如柱),因为和上下层的柱存在搭接关系,和上下层的梁与板也存在节点之间的关系,所以需要在上下层相关联的构件都绘制完毕后,才能按照构件关系准确计算。

土建计算结果查看的原则:构件与构件之间有相互影响的,需要将有影响的构件都绘制完毕,才能按照构件关系准确计算;构件相对独立,不受其他构件的影响,只要把该构件绘制完毕,即可汇总计算。

三、任务实施
①需要计算工程量时,单击"工程量"选项卡上的"汇总计算",将弹出如图11.5所示的"汇总计算"对话框。

全楼:可以选中当前工程中的所有楼层,在全选状态下再次单击,即可将所选的楼层全部取消选择。

图 11.5

土建计算:计算所选楼层及构件的土建工程量。

钢筋计算:计算所选楼层及构件的钢筋工程量。

表格输入:在表格输入前打"√",表示只汇总表格输入方式下的构件的工程量。

若土建计算、钢筋计算和表格输入前都打"√",则工程中所有的构件都将进行汇总计算。

②选择需要汇总计算的楼层,单击"确定"按钮,软件开始计算并汇总选中楼层构件的相应工程量,计算完毕,弹出如图11.6所示的对话框,根据所选范围的大小和构件数量的多少,需要不同的计算时间。

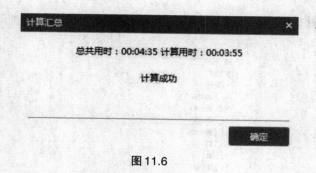

图 11.6

11.3　查看构件钢筋计算结果

通过本节的学习,你将能够:
正确查看构件钢筋计算结果。

一、任务说明
本节任务是查看构件钢筋量。

二、任务分析
对于同类钢筋量的查看,可使用"查看钢筋量"功能,查看单个构件图元钢筋的计算公式,也可使用"编辑钢筋"的功能。在"查看报表"中还可查看所有楼层的钢筋量。

三、任务实施
汇总计算完毕后,可采用以下几种方式查看计算结果和汇总结果。

1)查看钢筋量

①使用"查看钢筋量"的功能,在"工程量"选项卡中选择"查看钢筋量",然后选择需要查看钢筋量的图元,可以单击选择一个或多个图元,也可以拉框选择多个图元,此时将弹出如图 11.7 所示的对话框,显示所选图元的钢筋计算结果。

查看钢筋量 ‗ □ ×

📄 导出到Excel　☐ 显示施工段归类

钢筋总重(kg):388.164

楼层名称	构件名称	钢筋总重 (kg)	HPB300		HRB400				
			6	合计	10	12	20	25	合计
1 首层	KL2(2)[1383 1]	388.164	2.599	2.599	57.741	16.588	21.114	290.122	385.565
2	合计:	388.164	2.599	2.599	57.741	16.588	21.114	290.122	385.565

图 11.7

②要查看不同类型构件的钢筋量时,可以使用"批量选择"功能。按"F3"键,或者在"工

具"选项卡中选择"批量选择",选择相应的构件(如选择柱和剪力墙),如图11.8所示。

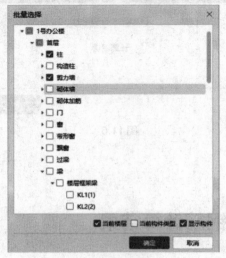

图11.8

选择"查看钢筋量",弹出"查看钢筋量"表,表中将列出所有柱和剪力墙的钢筋计算结果(按照级别和钢筋直径列出),同时列出合计钢筋量,如图11.9所示。

构件名称	钢筋总重 (kg)	HRB400							
		8	10	12	14	16	18	20	22
4	KZ1[2015]	184.603	73.963				67.932			42.70
5	KZ2[1984]	166.612	55.972				67.932			42.70
6	KZ2[1985]	166.612	55.972				67.932			42.70
7	KZ2[1997]	165.141	53.973				68.256			42.9:
8	KZ2[2004]	166.612	55.972				67.932			42.70
9	KZ2[2005]	166.612	55.972				67.932			42.70
10	KZ2[2014]	165.141	53.973				68.256			42.9:
11	KZ3[1987]	183.285	53.973					86.4		42.9:
12	KZ3[1988]	183.285	53.973					86.4		42.9:
13	KZ3[1989]	183.285	53.973					86.4		42.9:
14	KZ3[2000]	183.285	53.973					86.4		42.9:
15	KZ3[2001]	183.285	53.973					86.4		42.9:
16	KZ3[2002]	183.285	53.973					86.4		42.9:
17	KZ4[1990]	195.921	54.081					86.4		

kg) : 7619.519

📥 导出到Excel

图11.9

2)编辑钢筋

要查看单个图元钢筋的具体计算结果时,可以使用"编辑钢筋"功能,下面以首层⑤轴与Ⓓ轴交点处的KZ3柱为例进行介绍。

①在"工程量"选项卡中选择"编辑钢筋",再选择KZ3图元,绘图区下方将显示编辑钢筋列表,如图11.10所示。

编辑钢筋

筋号	直径(mm)	级别	图号	图形	计算公式	公式描述	长度	根数	搭接	损耗(%)	单重(kg)	总重(kg)	钢筋归类	搭接形式	钢筋类型
2 B边纵筋.1	16	Φ	1	3600	3600-1130+max(3000/6, 500, 500)+1*35*d	层高-本层的露出...	3600	4	1	0	7.2	28.8	直筋	直螺纹连接	普通钢筋
3 B边纵筋.2	18	Φ	1	3600	3600-500+max(3000/6, 500, 500)	层高-本层的露出...	3600	2	1	0	7.2	14.4	直筋	直螺纹连接	普通钢筋
4 H边纵筋.1	18	Φ	1	3600	3600-1130+max(3000/6, 500, 500)+1*35*d	层高-本层的露出...	3600	4	1	0	7.2	28.8	直筋	直螺纹连接	普通钢筋
5 H边纵筋.2	18	Φ	1	3600	3600-500+max(3000/6, 500, 500)	层高-本层的露出...	3600	2	1	0	7.2	14.4	直筋	直螺纹连接	普通钢筋
6 箍筋.1	8	Φ	195	450 [450]	2*(450+450)+2*(13.57*d)		2017	27	0	0	0.797	21.519	箍筋	绑扎	普通钢筋
7 箍筋.2	8	Φ	195	244 [450]	2*(450+244)+2*(13.57*d)		1605	54	0	0	0.634	34.236	箍筋	绑扎	普通钢筋
8															

图 11.10

②"编辑钢筋"列表从上到下依次列出 KZ3 的各类钢筋的计算结果,包括钢筋信息(直径、级别、根数等),以及每根钢筋的图形和计算公式,并且对计算公式进行了描述,用户可以清楚地看到计算过程。例如,第一行列出的是 KZ3 的角筋,从中可以看到角筋的所有信息。

使用"编辑钢筋"的功能,可以清楚显示构件中每根钢筋的形状、长度、计算过程以及其他信息,明确掌握计算的过程。另外,还可以对"编辑钢筋"列表进行编辑和输入,列表中的每个单元格都可以手动修改,可根据自己的需要进行编辑。

还可以在空白行进行钢筋的添加,输入"筋号"为"其他",选择钢筋直径和级别,选择图号来确定钢筋的形状,然后在图形中输入长度、需要的根数和其他信息。软件计算的钢筋结果显示为淡绿色底色,手动输入的行显示为白色底色,便于区分。这样,不仅能够清楚地看到钢筋计算的结果,还可以对结果进行修改,以满足不同的需求,如图 11.11 所示。

6 箍筋.1		Φ	195	440 [440]	2*(440+440)+2*(13.57*d)		55	1922	29	0	0	0.759	22.211	箍筋
7 箍筋.2		Φ	195	241 [440]	2*(440+241)+2*(13.57*d)		55	1524	54	0	0	0.602	34.914	箍筋
拉筋	20	Φ	1				0	80	1	0	0	0	直筋

图 11.11

【注意】

用户需要对修改后的结果进行锁定,可使用"建模"选项卡下"通用操作"中的"锁定"和"解锁"功能(图 11.12),对构件进行锁定和解锁。如果修改后不进行锁定,那么重新汇总计算时,软件会按照属性中的钢筋信息重新计算,手动输入的部分将被覆盖。

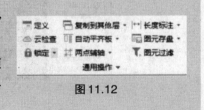

图 11.12

其他种类构件的计算结果显示与此类似,都是按照同样的项目进行排列,列出每种钢筋的计算结果。

3)钢筋三维

在汇总计算完成后,还可利用"钢筋三维"功能来查看构件的钢筋三维排布。钢筋三维可显示构件钢筋的计算结果,按照钢筋的实际长度和形状在构件中排列和显示,并标注各段的计算长度,供直观查看计算结果和钢筋对量。钢筋三维能够直观真实地反映当前所选图元的内部钢筋骨架,清楚显示钢筋骨架中每根钢筋与编辑钢筋中的每根钢筋的对应关系,且"钢筋三维"中的数值可修改。钢筋三维和钢筋计算结果还保持对应,相互保持联动,数值修改后,可以实时看到自己修改后的钢筋三维效果。

当前GTJ软件中已实现钢筋三维显示的构件,包括柱、暗柱、端柱、剪力墙、梁、板受力筋、板负筋、螺旋板、柱帽、楼层板带、集水坑、柱墩、筏板主筋、筏板负筋、独基、条基、桩承台、基础板带共18种21类构件。

钢筋三维显示状态应注意以下几点:

①查看当前构件的三维效果:直接用鼠标单击当前构件即可看到钢筋三维显示效果,同时配合绘图区右侧的动态观察等功能,全方位查看当前构件的三维显示效果,如图11.13所示。

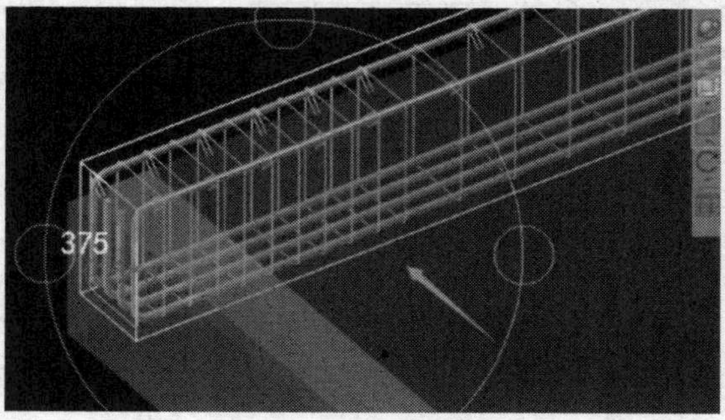

②钢筋三维和编辑钢筋对应显示。

a. 选中三维的某根钢筋线时, 在该钢筋线上显示各段的尺寸,同时在"编辑钢筋"表格中对应的行亮显。如果数字为白色字,则表示此数字可修改;否则, 将不能修改。

图 11.13

b. 在"编辑钢筋"表格中选中某行时, 则钢筋三维中对应的钢筋线对应亮显, 如图11.14所示。

③可以同时查看多个图元的钢筋三维。选择多个图元,然后选择"钢筋三维",即可同时显示多个图元的钢筋三维。

④在执行"钢筋三维"时,软件会根据不同类型的图元,显示一个浮动的"钢筋显示控制面板",如图11.14所示梁的钢筋三维,左上角的白框即为"钢筋显示控制面板"。此面板用于设置当前类型的图元中隐藏、显示的钢筋类型。勾选不同项时,绘图区域会及时更新显示,其中"显示其他图元"可以设置是否显示本层其他类型构件的图元。

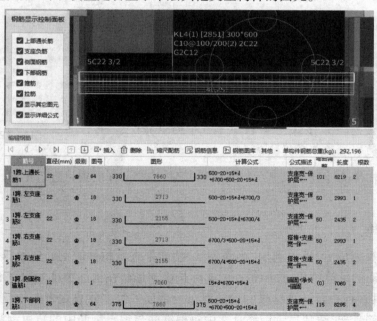

图 11.14

11.4 查看土建计算结果

通过本节的学习,你将能够:
正确查看土建计算结果。

一、任务说明

本节任务是查看构件土建工程量。

二、任务分析

查看构件土建工程量,可使用"工程量"选项卡中的"查看工程量"功能,查看构件土建工程量的计算式,可使用"查看计算式"功能。在"查看报表"中还可查看所有构件的土建工程量。

三、任务实施

汇总计算完毕后,用户可采用以下几种方式查看计算结果和汇总结果。

1)查看工程量

在"工程量"选项卡中选择"查看工程量",然后选择需要查看工程量的图元,可以单击选择一个或多个图元,也可以拉框选择多个图元,此时将弹出如图11.15所示"查看构件图元工程量"对话框,显示所选图元的工程量结果。

混凝土强度等级	楼层	名称	工程量名称										
			体积(m3)	模板面积(m2)	超高模板面积(m2)	截面周长(m)	梁净长(m)	轴线长度(m)	梁侧面积(m2)	单梁抹灰面积(m2)	单梁块料面积(m2)	截面面积(m2)	截面高度(m)	截面宽度(m)
1 C30	首层	KL6(7)	0.8827	41.6475	291.5326	1.7	31.8	38	36	0	0	0.165	0.55	0.3
2		小计	0.8827	41.6475	291.5326	1.7	31.8	38	36	0	0	0.165	0.55	0.3
3	小计		0.8827	41.6475	291.5326	1.7	31.8	38	36	0	0	0.165	0.55	0.3
4	合计		0.8827	41.6475	291.5326	1.7	31.8	38	36	0	0	0.165	0.55	0.3

图元明细 1(1)

	构件名称	位置
1	KL6(7)	<1-100,D+100> <8+100,...

图 11.15

2)查看计算式

在"工程量"选项卡中选择"查看计算式"，然后选择需要查看土建工程量的图元，可以单击选择一个或多个图元，也可以拉框选择多个图元，此时将弹出如图11.16所示"查看工程量计算式"对话框，显示所选图元的钢筋计算结果。

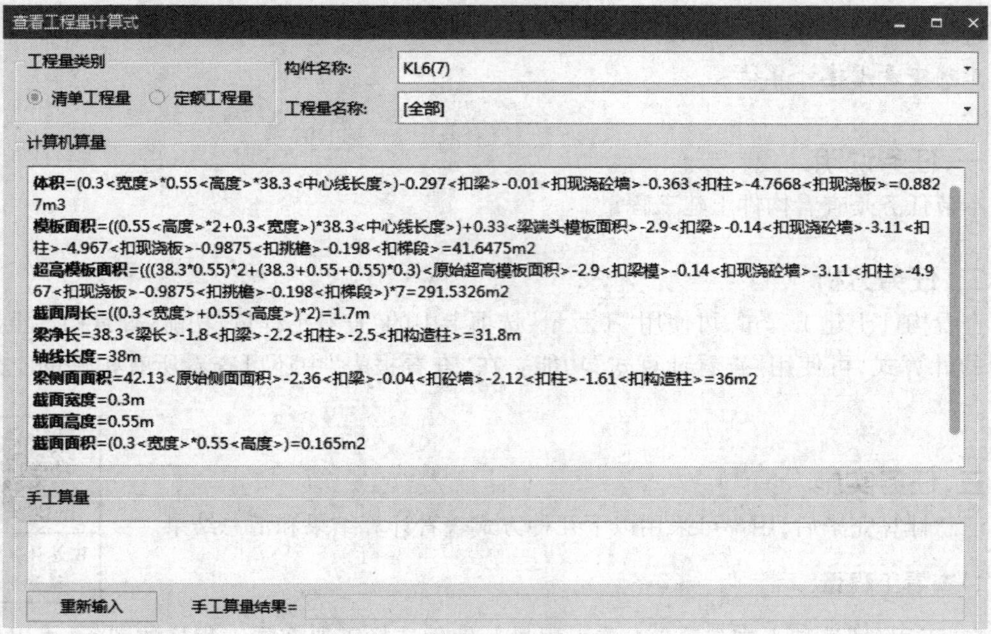

图 11.16

11.5 云检查

通过本节的学习，你将能够：
灵活运用云检查功能。

一、任务说明

当完成CAD识别或模型定义与绘制工作后，即可进行工程量汇总工作。为了保证算量结果的正确性，可以先对所做的工程进行云检查。

二、任务分析

本节任务是对所做的工程进行检查，从而发现工程中存在的问题，方便修正。

三、任务实施

模型定义及绘制完毕后，用户可采用"云检查"功能进行整楼检查、当前楼层检查、自定义检查,得到检查结果后,可以对检查结果进行查看处理。

1)云模型检查

(1)整楼检查

整楼检查是为了保证整楼算量结果的正确性,对整个楼层进行的检查。

单击"云应用"选项卡中的"云检查"功能,在弹出的"云模型检查"界面单击"整楼检查",如图11.17所示。

图11.17

进入检查后,软件自动根据内置的检查规则进行检查。也可以根据工程的具体情况自行设置检查规则,以便更合理地检查工程错误。单击"规则设置",根据工程情况作相应的参数调整,如图11.18所示,设置后单击"确定"按钮,再次执行云检查时,软件将按照设置的规则参数进行检查。

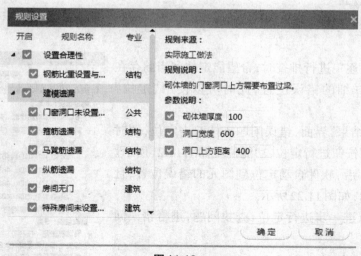

图11.18

（2）当前层检查

工程的单个楼层完成CAD识别或模型绘制工作后，为了保证算量结果的正确性，可对当前楼层进行检查，以便发现当前楼层中存在的错误，便于及时修正。在"云模型检查"界面，单击"当前层检查"即可。

（3）自定义检查

当工程CAD识别或模型绘制完成后，认为工程部分模型信息，如基础层、四层的建模模型可能存在问题，希望有针对性地进行检查，以便在最短的时间内关注最核心的问题，可进行自定义检查。在"云模型检查"界面，单击"自定义检查"，选择检查的楼层及检查的范围即可。

2）查看检查结果

"整楼检查/当前层检查/自定义检查"之后，在"云检查结果"界面，可以看到结果列表，如图11.19所示。软件根据当前检查问题的情况进行了分类，包含确定错误、疑似错误、提醒等。用户可根据当前问题的重要等级分别关注。

（1）忽略

在"结果列表"中逐一排查工程问题，经排查，某些问题不算作错误，可以忽略，则执行"忽略"操作 。当前忽略的问题将在"忽略列表"中显示出来，如图11.20所示。假如没有忽略的问题，则忽略列表错误为空。

图11.19

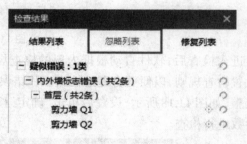

图11.20

（2）定位

对检查结果逐一进行排查时，希望能定位到当前存在问题的图元或详细的错误位置，此时可以使用"定位"功能。

在"云检查结果"界面，错误问题支持双击定位，同时可以单击"定位"按钮进行定位，功能位置如图11.21所示。

单击"定位"后，软件自动定位到图元的错误位置，且会给出气泡提示，如图11.22所示。

接下来可以进一步进行定位，查找问题，进行错误问题修复。

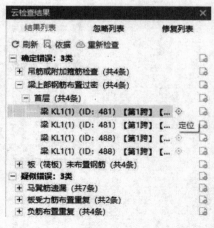

图11.21

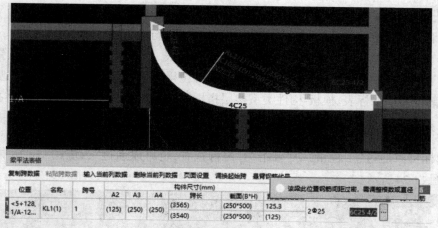

图 11.22

（3）修复

在"结果列表"中逐一排查问题时，发现的工程错误问题需要进行修改，软件内置了一些修复规则，支持快速修复。此时可单击"修复"按钮，进行问题修复，如图11.23所示。

修复后的问题在"修复列表"中显现，可在"修复列表"中再次关注已修复的问题。

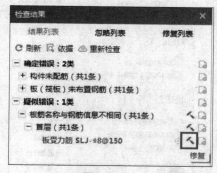

图 11.23

11.6 云指标

通过本节的学习，你将能够：
正确运用云指标的方法。

一、任务说明

当工程完成汇总计算后，为了确定工程量的合理性，可以查看"云指标"，对比类似工程指标进行判断。

二、任务分析

本节任务是对所作工程进行云指标的查看对比，从而判断该工程的工程量计算结果是否合理。

三、任务实施

当工程汇总完毕后，用户可以采用"云指标"功能进行工程指标的查看及对比，包含汇总表及钢筋、混凝土、模板、装修等不同维度的8张指标表，分别是工程指标汇总表、钢筋-部位楼层指标表、钢筋-构件类型楼层指标表、混凝土-部位楼层指标表、混凝土-构件类型楼层指标表、模板-部位楼层指标表、模板-构件类型楼层指标表、装修-装修指标表、砌体-砌体指标表。

1）云指标的查看

云指标可以通过"工程量"→"云指标"进行查看，也可以通过"云应用"→"云指标"进行查看，如图11.24所示。

	指标项	单位	清单工程量	1m2单位建筑面积指标
1	挖土方	m3	—	
2	混凝土	m3	343.053	0.109
3	钢筋	kg	199060.737	63.094
4	模板	m2	2297.164	0.728
5	砌体	m3	140.035	0.044
6	防水	m2	51.795	0.016
7	墙体保温	m2	404.504	0.128
8	外墙面抹灰	m2	228.005	0.072
9	内墙面抹灰	m2	1012.608	0.321
10	踢脚面积	m2	54.903	0.017
11	楼地面	m2	569.96	0.181
12	天棚抹灰	m2	84.66	0.027
13	吊顶面积	m2	443.381	0.141
14	门	m2	62.01	0.02
15	窗	m2	58.08	0.018

图11.24

【注意】

在查看云指标之前，可以对"工程量汇总规则"进行设置，也可以从"工程量汇总规则"表中查看数据的汇总归属设置情况。

（1）工程指标汇总表

工程量计算完成后，希望查看整个建设工程的钢筋、混凝土、模板、装修等指标数据，从而判断该工程的工程量计算结果是否合理。此时，可以单击"汇总表"分类下的"工程指标汇总表"，查看"1 m² 单位建筑面积指标"数据，帮助判断工程量的合理性，如图11.25所示。

（2）部位楼层指标表

工程量计算完成后，在查看建筑工程总体指标数据时，发现钢筋、混凝土、模板等指标数据不合理，希望能深入查看地上、地下部分各个楼层的钢筋、混凝土等指标值。此时，可以查看"钢筋/混凝土/模板"分类下的"部位楼层指标表"，进行指标数据分析。

总建筑面积（m2）：3155

	指标项	单位	清单工程量	1m2单位建筑面积指标
1	挖土方	m3	4210.245	1.334
2	混凝土	m3	1458.811	0.462
3	钢筋	kg	180999.977	57.369
4	模板	m2	7325.22	2.322
5	砌体	m3	571.427	0.181
6	防水	m2	969.592	0.307
7	墙体保温	m2	1452.801	0.46
8	外墙面抹灰	m2	1505.501	0.477
9	内墙面抹灰	m2	5988.653	1.898
10	踢脚面积	m2	165.826	0.053
11	楼地面	m2	2765.386	0.877
12	天棚抹灰	m2	1569.528	0.497
13	吊顶面积	m2	1282.661	0.407
14	门	m2	241.92	0.077
15	窗	m2	280.5	0.089

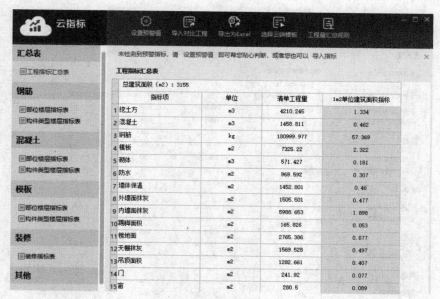

图 11.25

单击“钢筋”分类下“部位楼层指标表”，查看“单位建筑面积指标(kg/m²)”值，如图 11.26 所示。

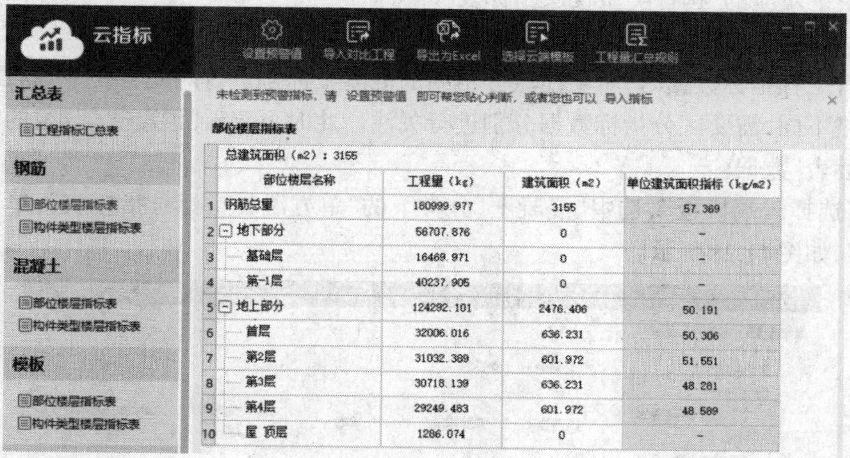

总建筑面积（m2）：3155

	部位楼层名称	工程量（kg）	建筑面积（m2）	单位建筑面积指标（kg/m2）
1	钢筋总量	180999.977	3155	57.369
2	地下部分	56707.876	0	-
3	基础层	16469.971	0	-
4	第-1层	40237.905	0	-
5	地上部分	124292.101	2476.406	50.191
6	首层	32006.016	636.231	50.306
7	第2层	31032.389	601.972	51.551
8	第3层	30718.139	636.231	48.281
9	第4层	29249.483	601.972	48.589
10	屋 顶层	1286.074	0	-

图 11.26

混凝土、模板查看部位楼层指标数据的方式与钢筋类似，分别位于“混凝土”“模板”分类下，表名称相同，均为“部位楼层指标表”。

(3)构件类型楼层指标表

工程量计算完成后，查看建设工程总体指标数据后，发现钢筋、混凝土、模板等指标数据中有些不合理，希望能进一步定位到具体不合理的构件类型，如具体确定柱、梁、墙等的哪个构件的指标数据不合理，具体在哪个楼层出现了不合理。此时可以查看“钢筋/混凝土/模板”下的“构件类型楼层指标表”，从该表数据中可依次查看“单位建筑面积指标(kg/m²)”，从而进行详细分析。

单击“钢筋”分类下“构件类型楼层指标表”，查看详细数据，如图 11.27 所示。

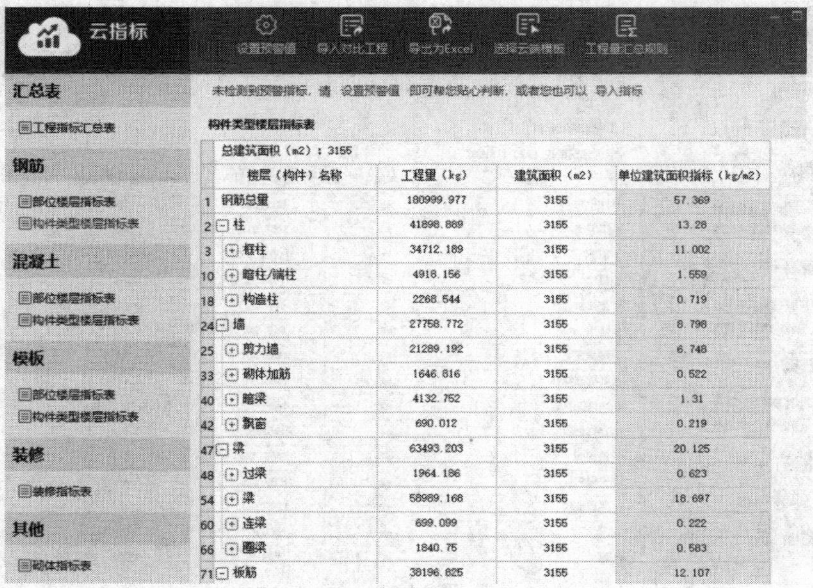

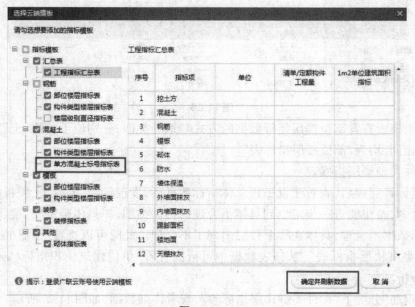

图11.27

混凝土、模板查看不同构件类型楼层指标数据的方式与钢筋相同，分别单击"混凝土""模板"分类下对应的"构件类型楼层指标表"即可。

（4）单方混凝土标号指标

在查看工程指标数据时，希望能区分不同的混凝土标号进行对比，由于不同强度等级的混凝土价格不同，需要区分指标数据分别进行关注。此时可查看"混凝土"分组的"单方混凝土标号指标表"数据。

单击"选择云端模板"，选中"混凝土"分类下的"单方混凝土标号指标表"，单击"确定并刷新数据"，如图11.28所示。

图11.28

云指标页面的对应表数据,如图11.29所示。

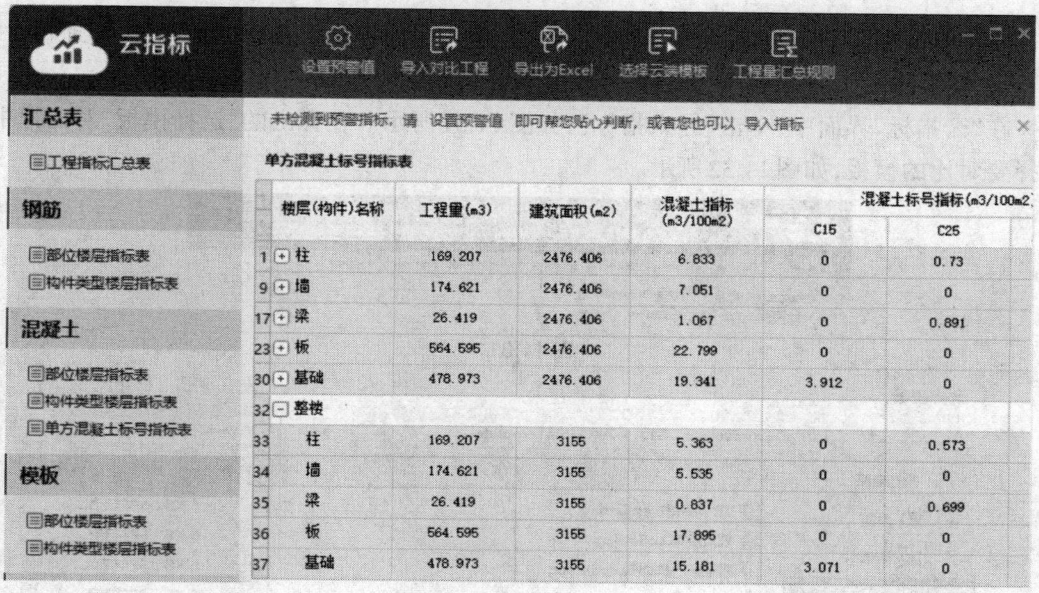

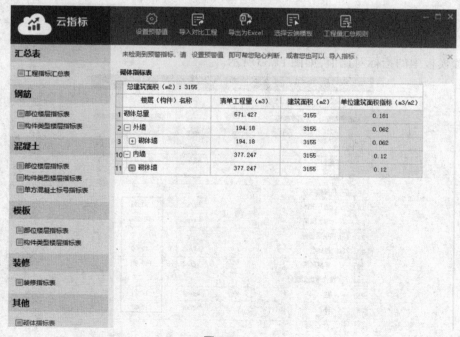

图 11.29

(5)砌体指标表

工程量计算完成后,查看完工程总体指标数据后,发现砌体指标数据不合理,希望能深入查看内外墙各个楼层的砌体指标值。此时可以查看"砌体指标表"中"单位建筑面积指标(m³/m²)"数据。

单击"砌体"分类下的"砌体指标表",如图11.30所示。

图 11.30

2)导入指标对比

在查看工程的指标数据时，不能直观地核对出指标数据是否合理，为了更快捷地核对指标数据，需要导入指标数据进行对比，直接查看对比结果。

在"云指标"界面中，单击"导入指标"，如图11.31所示。在弹出的"选择模板"对话框中，选择要对比的模板，如图11.32所示。

图11.31

图11.32

设置模板中的指标对比值，如图11.33所示。

图11.33

单击“确定”按钮后，可以看到当前工程指标的对比结果，其显示结果如图11.34所示。

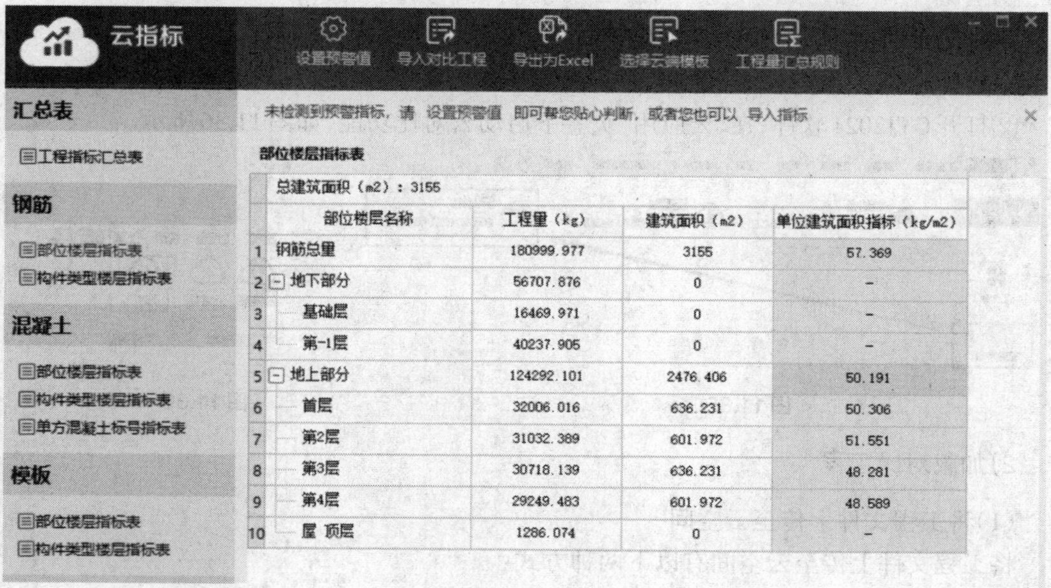

	部位楼层名称	工程量（kg）	建筑面积（m2）	单位建筑面积指标（kg/m2）
1	钢筋总量	180999.977	3155	57.369
2	地下部分	56707.876	0	-
3	基础层	16469.971	0	-
4	第-1层	40237.905	0	-
5	地上部分	124292.101	2476.406	50.191
6	首层	32006.016	636.231	50.306
7	第2层	31032.389	601.972	51.551
8	第3层	30718.139	636.231	48.281
9	第4层	29249.483	601.972	48.589
10	屋顶层	1286.074	0	-

图11.34

11.7 云对比

通过本节的学习，你将能够：
正确运用云对比的方法。

一、任务说明

当工程阶段完成或整体完成后汇总计算，为了确定工程量的准确性，可以通过“云对比”保证工程的准确性。

二、任务分析

本节任务是对所作完整工程进行云对比的查看，从而判断该工程的工程量计算结果是否合理及准确。

三、任务实施

在完成工程绘制，需要核对工程量的准确性时，学生以老师发的工程答案为准，核对自己绘制的工程出现的问题并找出错误原因，此时可以使用软件提供的“云对比”功能，快速、多维度地对比两个工程文件的工程量差异，并分析工程量差异的原因，帮助学生和老师依据图纸对比、分析，消除工程量差异，并快速、精准地确定最终工程量。

1)打开云对比软件

可以通过两种方式打开云对比软件：

①打开GTJ2021软件，在开始界面左侧的"应用中心"启动云对比功能，如图11.35所示。

②打开GTJ2021软件，在"云应用"页签下启动云对比功能，如图11.36所示。

图11.35   图11.36

2)加载对比工程

（1）将工程文件上传至云空间

将工程文件上传至云空间有以下两种方式：

①进入GTJ2021"开始"界面，选择"另存为"，在"另存为"对话框中选择要上传的文件，单击"云空间"（个人空间或企业空间），再单击"保存"按钮，如图11.37所示。

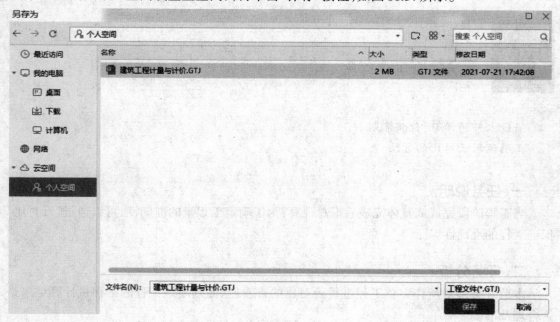

图11.37

②进入GTJ2021"开始"界面，选择"造价云管理平台"，单击"上传"→"上传文件"，选择需要上传的文件，如图11.38所示。

图 11.38

（2）选择主、送审工程

工程文件上传至云空间后，选择云空间中要对比的主审工程（答案工程）和送审工程文件（自己做的工程）。主、送审工程满足以下条件：工程版本、土建计算规则、钢筋计算规则、工程楼层范围均需一致；且仅支持1.0.23.0版本以后的单区域工程，如图11.39所示。

选择主审工程　　　　　　　　　　　选择送审工程

图 11.39

（3）选择对比范围

云对比支持单钢筋对比、单土建对比、土建钢筋对比3种模式。

（4）对比计算

当加载完主、送审工程时，选择完对比计算，单击"开始对比"，云端开始自动对比两个GTJ工程文件差异。

3）差异信息总览

云对比的主要功能如下：

（1）对比主、送审双方工程文件

对比内容包括建筑面积、楼层信息和清单定额规则，如图11.40所示。

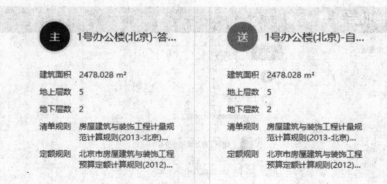

图 11.40

（2）直观查看主、送审双方工程设置差异（图 11.41）

①单击右侧工程设置差异项，调整扇形统计图的统计范围。

②单击扇形统计图中的"工程设置差异"项，链接到相应工程设置差异分析详情位置。

图 11.41

（3）直观查看主、送审双方工程量差异（图 11.42）

①从楼层、构件类型、工程量类别（钢筋、混凝土、模板、土方）等维度，以直方图形式展示工程量差异。

②单击直方图中的"工程量差异"项，链接到相应工程量差异分析详情位置。

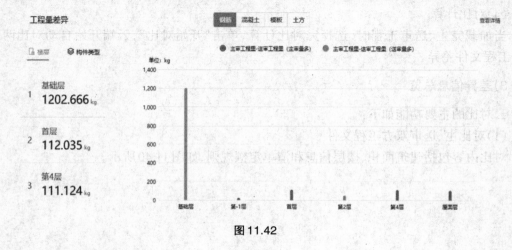

图 11.42

（4）直观查看主、送审双方工程量差异及原因（图11.43）

量差分析原因包括属性不一致、一方未绘制、绘制差异、平法表格不一致、截面编辑不一致。

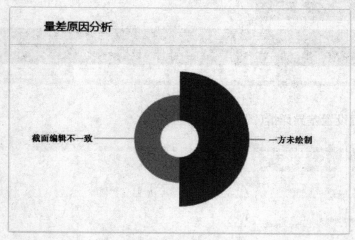

图11.43

（5）直观查看主、送审双方模型差异及原因（图11.44）

①模型差异包括绘制差异和一方未绘制。

②单击直方图模型差异项，链接到相应模型差异分析详情位置。

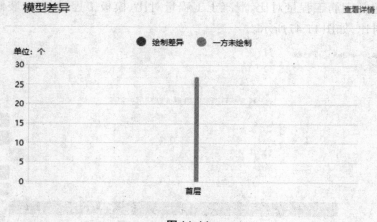

图11.44

4）工程设置差异（图11.45）

（1）对比范围

对比范围包括基础设置-工程信息、基础设置-楼层设置、土建设置-计算设置、土建设置-计算规则、钢筋设置-计算设置、钢筋设置-比重设置、钢筋设置-弯钩设置、钢筋设置-弯钩调整值设置、钢筋设置-损耗设置。

（2）主要功能

①以图表的形式，清晰对比两个GTJ工程文件全部工程设置的差异。

②单击直方图中的"工程设置差异"项，链接到工程设置差异详情。

工程设置差异

图 11.45

（3）查看工程设置差异详情（图 11.46）

图 11.46

5）工程量差异分析

（1）对比范围

对比范围包括钢筋工程量对比、混凝土工程量对比、模板工程量对比、装修工程量对比和土方工程量对比，如图 11.47 所示。

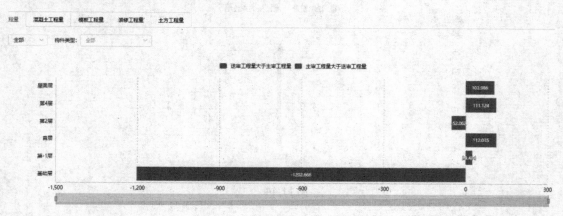

图 11.47

（2）主要功能

①楼层、构件类型筛选，过滤、排序辅助查找。

②以图表形式直观查看工程量差异。

③以表格形式，按照楼层、构件、图元分层级展开，定位工程量差异来源。

④以图元为单位，确定工程量差异原因，包括属性不一致、绘制差异、一方未绘制、平法表格不一致及截面编辑不一致。

⑤查看图元属性差异。

6)量差原因分析

（1）分析原因

分析原因包括属性不一致、绘制差异、一方未绘制、平法表格不一致、截面编辑不一致，如图11.48所示。

差异原因			✕
属性不一致	截面编辑不一致		
属性名称		主审工程	送审工程
∨ 基本信息			
名称		KZ-4	KZ-4
结构类别		框架柱	框架柱
定额类别		普通柱	普通柱
截面宽度(B边)(mm)		500	600
截面高度(H边)(mm)		500	600
截面编辑		详情	详情
全部纵筋			
角筋		4C25	4C25

图 11.48

（2）主要功能

①查看属性不一致：工程量差异分析→展开至图元差异→量差原因分析→属性不一致。

②查看绘制差异：模型差异，主、送审双方工程存在某些图元，双方绘制不一致；模型对比→模型差异详情→绘制差异。

③查看一方未绘制：模型差异，主、送审双方工程存在某些图元，仅一方进行了绘制；模型对比→模型差异详情"一方未绘制"，如图11.49所示。

④查看截面编辑不一致。

⑤查看平法表格不一致。

模型差异详情	
● 一方未绘制 (27)	∨
主审工程	送审工程
> 剪力墙 (1)	剪力墙 (1)
> 楼地面 (3)	楼地面 (3)
> 踢脚 (17)	踢脚 (17)
> 墙裙 (1)	墙裙 (1)
> 天棚 (4)	天棚 (4)
> 吊顶 (1)	吊顶 (1)

图 11.49

7)模型对比

①按楼层、构件类型对模型进行筛选，如图11.50所示。

②主送审GTJ工程模型在Web端轻量化展示，其中，紫色图元为一方未绘制，黄色图元为绘制差异，如图11.51所示。选择模型差异（紫色、黄色）图元，可以定位查看差异详情，如图11.52所示。

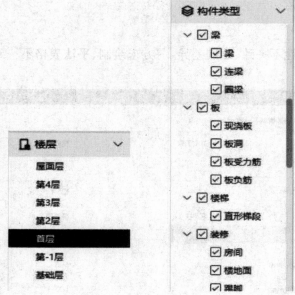

图 11.50

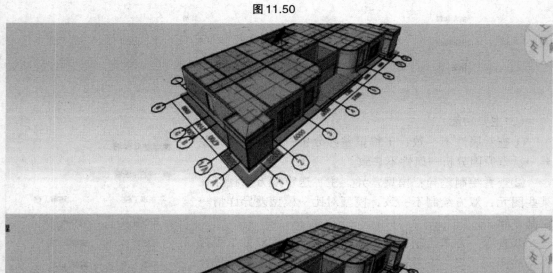

图 11.51

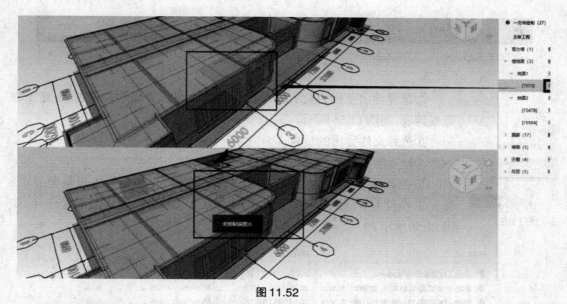

图 11.52

③查看模型差异详情,如图 11.53 所示。

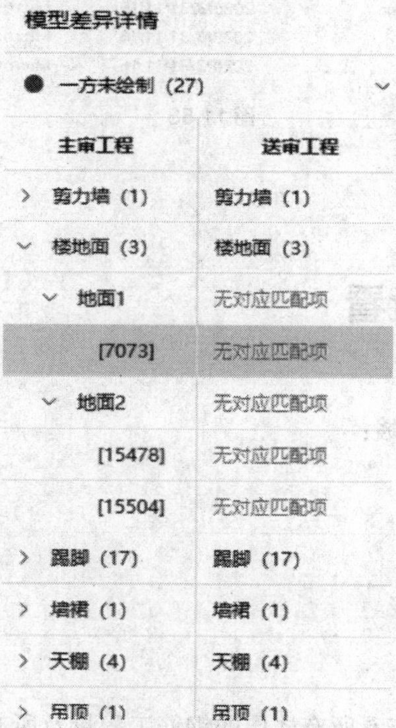

模型差异详情

● 一方未绘制 (27)

主审工程	送审工程
> 剪力墙 (1)	剪力墙 (1)
∨ 楼地面 (3)	楼地面 (3)
∨ 地面1	无对应匹配项
[7073]	无对应匹配项
∨ 地面2	无对应匹配项
[15478]	无对应匹配项
[15504]	无对应匹配项
> 踢脚 (17)	踢脚 (17)
> 墙裙 (1)	墙裙 (1)
> 天棚 (4)	天棚 (4)
> 吊顶 (1)	吊顶 (1)

图 11.53

8)导出 Excel

工程设置差异、工程量差异对比结果可以导出 Excel 文件,方便用户进行存档和线下详细分析。操作步骤如下:

①选择"导出报表",如图 11.54 所示。

图 11.54

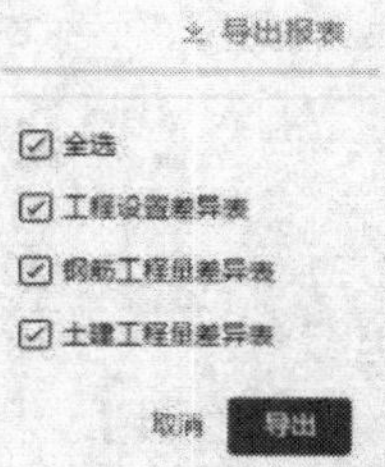

②选择导出范围，包括工程设置差异表、钢筋工程量差异表、土建工程量差异表，如图11.55所示。

③选择文件导出的位置。

④解压缩导出的文件夹。

⑤查看导出结果 Excel 文件，包括工程设置差异、钢筋工程量差异、混凝土工程量差异、模板工程量差异、土方工程量差异、装修工程量差异，如图11.56所示。

图 11.55

名称	修改日期	类型	大小
钢筋工程量差异结果.xlsx	2020/3/31 11:16	Microsoft Excel ...	9 KB
钢筋-计算设置-计算规则(差异数: 5).xlsx	2020/3/31 11:16	Microsoft Excel ...	6 KB
钢筋-计算设置-节点设置(差异数: 1).xlsx	2020/3/31 11:16	Microsoft Excel ...	4 KB
混凝土工程量差异结果.xlsx	2020/3/31 11:16	Microsoft Excel ...	9 KB
楼层设置(差异数: 22).xlsx	2020/3/31 11:16	Microsoft Excel ...	30 KB
模板工程量差异结果.xlsx	2020/3/31 11:16	Microsoft Excel ...	9 KB
装修工程量差异结果.xlsx	2020/3/31 11:16	Microsoft Excel ...	28 KB

图 11.56

11.8 报表结果查看

通过本节的学习，你将能够：
正确查看报表结果。

一、任务说明
本节任务是查看工程报表。

二、任务分析
在"查看报表"中还可以查看所有楼层的钢筋工程量及所有楼层构件的土建工程量。

三、任务实施
汇总计算完毕后，用户可以采用"查看报表"功能查看钢筋汇总结果和土建汇总结果。

1)查看钢筋报表

汇总计算整个工程楼层的计算结果后，还需要查看构件的钢筋汇总量时，可通过"查看报表"功能来实现。

①单击"工程量"选项卡中的"查看报表",切换到"报表"界面,如图11.57所示。

②单击"设置报表范围",进入如图11.58所示对话框设置报表范围。

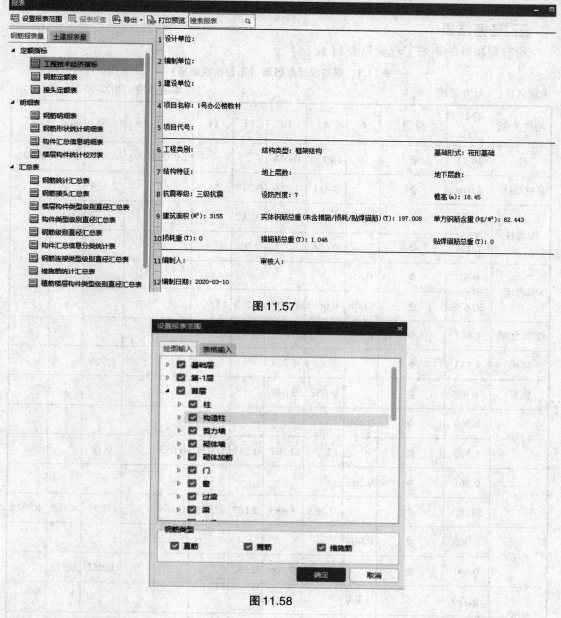

图 11.57

图 11.58

2)查看报表

汇总计算整个工程楼层的计算结果后,还需要查看构件的土建汇总量时,可通过"查看报表"功能来实现。单击"工程量"选项卡中的"查看报表",选择"土建报表量"即可查看土建工程量。

四、总结拓展

在查看报表部分，软件还提供了报表反查、报表分析、土建报表项目特征添加位置、显示费用项、分部整理等特有功能，具体介绍请参照软件内置的"文字帮助"。

五、任务结果

所有层构件的钢筋工程量见表11.1。

表 11.1　钢筋统计汇总表（不包含措施筋）

工程名称：1号办公楼　　　　　　　　　　　　　　　　　编制日期：2022-05-5　单位：t

构件类型	合计（t）	级别	6	8	10	12	14	16	18	20	22	25
柱	34.71	Φ		10.135	0.058			1.972	8.991	4.802	3.05	5.702
暗柱/端柱	4.919	Φ		0.411	1.866	0.213				2.429		
构造柱	0.333	φ	0.051			0.282						
	1.936	Φ		0.686		1.25						
剪力墙	0.61	φ	0.61									
	20.678	Φ	0.006	0.069	0.107	8.525	11.971					
砌体加筋	1.647	φ	1.647									
暗梁	4.133	Φ			1.204					2.929		
飘窗	0.69	Φ		0.053	0.637							
过梁	0.369	φ	0.369									
	1.595	Φ			0.197	0.242	0.921	0.055		0.18		
梁	0.365	φ	0.365									
	58.625	Φ		0.202	8.888	2.107	0.318	0.469		1.5	4.169	40.972
连梁	0.008	φ	0.008									
	0.691	Φ			0.106	0.162				0.051	0.372	
圈梁	0.399	φ	0.399									
	1.442	Φ				1.442						
现浇板	2.835	φ		2.835								
	35.361	Φ		1.039	23.612	10.71						
独立基础	6.173	Φ				1.771	4.402					

续表

构件类型	合计 (t)	级别	6	8	10	12	14	16	18	20	22	25
挑檐	2.039	Φ		0.062	1.977							
压顶	0.221	φ	0.221									
其他	0.086	φ						0.086				
	1.133	Φ		0.264	0.402	0.467						
合计(t)	6.786	φ	3.669	2.835		0.282						
	0.086	φ						0.086				
	174.126	Φ	0.006	12.92	39.054	26.89	17.613	2.496	8.991	11.891	7.591	46.674

所有层构件的土建工程量见计价部分。

12 CAD 识别做工程

通过本章的学习,你将能够:
(1)了解CAD识别的基本原理;
(2)了解CAD识别的构件范围;
(3)了解CAD识别的基本流程;
(4)掌握CAD识别的具体操作方法。

12.1 CAD 识别的原理

通过本节的学习,你将能够:
了解CAD识别的基本原理。

CAD识别是软件根据建筑工程制图规则,快速从AutoCAD的结果中拾取构件和图元,快速完成工程建模的方法。同使用手工画图的方法一样,需要先识别构件,然后再根据图纸上构件边线与标注的关系,建立构件与图元的联系。

GTJ2021软件提供了CAD识别功能,可以识别CAD图纸文件(.dwg),支持AutoCAD 2015/2013/2011/2010/2008/2007/2006/2005/2004/2000 及 AutoCAD R14 版生成的图形格式文件。

CAD识别是绘图建模的补充。CAD识别的效率,一方面取决于图纸的完整程度和标准化程度,如各类构件是否严格按照图层进行区分,各类尺寸或配筋信息是否按照图层进行区分,标准方式是否按照制图标准进行;另一方面取决于对广联达BIM土建计量软件的熟练程度。

12.2 CAD 识别的构件范围及流程

通过本节的学习,你将能够:
了解CAD识别的构件范围及流程。

1)GTJ2021软件CAD识别的构件范围

①表格类：楼层表、柱表、门窗表、装修表、独基表。

②构件类：轴网，柱、柱大样，梁，墙、门窗、墙洞，板钢筋（受力筋、跨板受力筋、负筋），独立基础，承台，桩，基础梁。

2)CAD识别做工程的流程

CAD识别做工程主要通过新建工程→图纸管理→符号转换→识别构件→构件校核的方式，将CAD图纸中的线条及文字标注转化成广联达BIM土建计量平台中的基本构件图元（如轴网、梁、柱等），从而快速地完成构件的建模操作，提高整体绘图效率。

CAD识别的大体方法如下：

①首先需要新建工程，导入图纸，识别楼层表，并进行相应的设置。

②与手动绘制相同，需要先识别轴网，再识别其他构件。

③识别构件按照绘图类似的顺序，先识别竖向构件，再识别水平构件。

在进行实际工程的CAD识别时，软件的基本操作流程如图12.1所示。

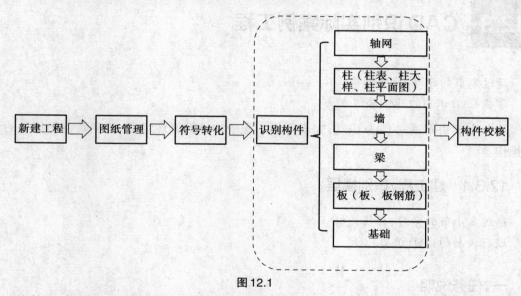

图12.1

软件的识别流程：添加图纸→分割图纸→提取构件→识别构件；识别顺序：楼层→轴网→柱→墙→梁→板钢筋→基础。

识别过程与绘制构件类似，先首层再其他层，识别完一层的构件后，通过同样的方法识别其他楼层的构件，或者复制构件到其他楼层，最后汇总计算。

通过以上流程，即可完成CAD识别做工程的过程。

3)图纸管理

软件还提供了完善的图纸管理功能，能够将原电子图进行有效管理，并随工程统一保存，提高做工程的效率。图纸管理在使用时，其流程如图12.2所示。

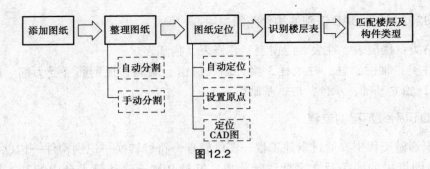

图 12.2

4）图层管理

针对添加的图纸，可以在图层管理中设置"已提取的 CAD 图层"和"CAD 原始图层"的显示和隐藏。

12.3 CAD 识别实际案例工程

通过本节的学习，你将能够：
掌握 CAD 识别的具体操作方法。

本节主要讲解通过 CAD 识别，完成案例工程中构件的属性定义、绘制及钢筋信息的录入操作。

12.3.1 建工程、识别楼层

通过本小节的学习，你将能够：
进行楼层的 CAD 识别。

一、任务说明
使用 CAD 识别中"识别楼层表"的功能，完成楼层的建立。

二、任务分析
需提前确定好楼层表所在的图纸。

三、任务实施
①建立工程后，单击"图纸管理"面板，选择"添加图纸"，在弹出的"添加图纸"对话框中选择有楼层表的图纸，如"1 号办公楼结构图"，如图 12.3 所示。

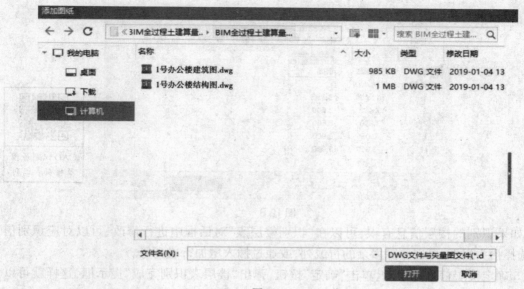

图12.3

②当导入的CAD图纸文件中有多个图纸时,需要通过"分割"功能将所需的图纸分割出来,如现将"一三层顶梁配筋图"分割出来。

单击"图纸管理"面板下的"分割"→"手动分割",鼠标左键拉框选择"一三层顶梁配筋图",单击右键确定,弹出"手动分割"对话框,如图12.4所示。

图12.4

【注意】

除了手动分割外,还可以采用自动分割。自动分割能够快速完成图纸分割,操作步骤如下:单击"图纸管理"→"分割"下拉选择"自动分割",如图12.5所示。

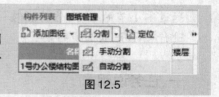

图12.5

软件会自动根据CAD图纸的图名定义图纸名称,也可手动输入图纸名称,单击"确定"按钮即可完成图纸分割。"图纸管理"面板下便会有"一三层顶梁配筋图",如图12.6所示。

双击"图纸管理"面板中的"一三层顶梁配筋图",绘图界面就会进入"一三层顶梁配筋图"。

③单击"识别楼层表"功能,如图12.7所示。

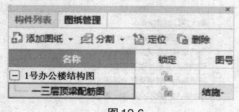

图12.6

图12.7

④用鼠标框选图纸中的楼层表,单击鼠标右键确定,弹出"识别楼层表"对话框,如图12.8所示。

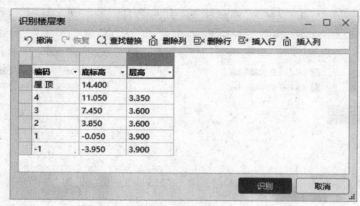

CAD识别原理
及楼层表识别

图12.8

如果识别的楼层信息有误，可以在"识别楼层表"对话框中进行修改，可以对应识别信息，选择抬头属性，可以删除多余的行或列，或通过插入增加行或列等。

⑤确定楼层信息无误后，单击"确定"按钮，弹出"楼层表识别完成"提示框，这样就可以通过CAD识别将楼层表导入软件中。

楼层设置的其他操作，与前面介绍的"建楼层"相同。

四、任务结果

导入楼层表后，其结果可参考2.3节的任务结果。

12.3.2　CAD识别选项

通过本小节的学习，你将能够：
进行CAD识别选项的设置。

一、任务说明

在"CAD识别选项"中完成柱、墙、门窗洞、梁和板钢筋的设置。

二、任务分析

在识别构件前，先进行"CAD识别选项"的设置。单击"建模"选项卡，选择"CAD操作"面板中的"CAD识别选项"，如图12.9所示，会弹出如图12.10所示对话框。

图12.9

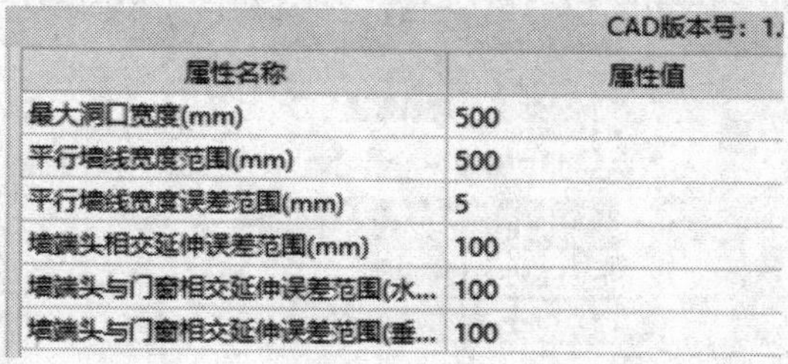

属性名称	属性值
最大洞口宽度(mm)	500
平行墙线宽度范围(mm)	500
平行墙线宽度误差范围(mm)	5
墙端头相交延伸误差范围(mm)	100
墙端头与门窗相交延伸误差范围(水...	100
墙端头与门窗相交延伸误差范围(垂...	100

CAD版本号：1.

图12.10

三、任务实施

在"CAD识别选项"对话框中,可以设置识别过程中的各个构件属性,每一列属性所表示的含义都在对话框左下角进行描述。

"CAD识别选项"设置的正确与否关系后期识别构件的准确率,需要准确进行设置。

12.3.3　识别轴网

通过本小节的学习,你将能够:
进行轴网的CAD识别。

一、任务说明

①完成图纸添加及图纸整理。
②完成轴网的识别。

二、任务分析

首先分析哪张图纸的轴网是最完整的,在此选择"柱墙结构平面图"进行轴网识别。

三、任务实施

完成图纸分割后,双击进入"柱墙结构平面图",进行CAD轴线识别。

1)选择导航栏构件

将目标构件定位至"轴网",如图12.11所示。

2)提取轴线

①单击"建模"选项卡→"识别轴网"→"提取轴线",如图12.12所示。

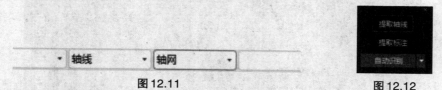

图12.11　　　　　　　　　　　　　图12.12

②利用"单图元选择""按图层选择"及"按颜色选择"的功能点选或框选需要提取的轴线CAD图元,如图12.13所示。

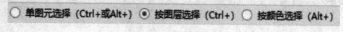

图12.13

"Ctrl+左键"代表按图层选择,"Alt+左键"代表按颜色选择。需要注意的是,不管在框中设置何种选择方式,都可以通过键盘来操作,优先实现选择同图层或同颜色的图元。

③单击鼠标右键确认选择,则选择的CAD图元将自动消失,并存放在"已提取的CAD图层"中,如图12.14所示。

图12.14

这样就完成了轴网的提取工作。

通过"按图层选择"选择所有轴线，被选中的轴线全部变成深蓝色。

3)提取标注

①单击"提取标注"，利用"单图元选择""按图层选择"及"按颜色选择"的功能点选或框选需要提取的轴网标注CAD图元，如图12.15所示。

②单击鼠标右键确认选择，则选择的CAD图元自动消失，并存放在"已提取的CAD图层"。其方法与提取轴线相同。

4)识别轴网

提取轴线及标注后，进行识别轴网的操作。识别轴网有3种方法可供选择，如图12.16所示。

图12.15

图12.16

①自动识别轴网：用于自动识别CAD图中的轴线。

②选择识别轴网：通过手动选择来识别CAD图中的轴线。

③识别辅助轴线：用于手动识别CAD图中的辅助轴线。

本工程采用"自动识别轴网"，快速地识别出CAD图中的轴网，如图12.17所示。

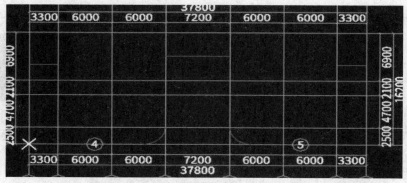
图12.17

识别轴网成功后，同样可利用"轴线"部分的功能对轴网进行编辑和完善。

四、总结拓展

导入CAD之后，如果图纸比例与实际不符，则需要重新设置比例，在"CAD操作"面板中单击"设置比例"，如图12.18所示。

根据提示，利用鼠标选择两点，软件会自动量取两点距离，并弹出如图12.19所示"设置比例"对话框。

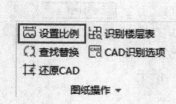

图12.18　　　　　　　　　　　　　　　　图12.19

如果量取的距离与实际不符,可在对话框中输入两点间的实际尺寸,单击"确定"按钮,软件即可自动调整比例。

12.3.4　识别柱

识别轴网

通过本小节的学习,你将能够:

进行柱的CAD识别。

一、任务说明

用CAD识别的方式完成框架柱的属性定义和绘制。

二、任务分析

通过"CAD识别柱"完成柱的属性定义的方法有两种:识别柱表生成柱构件和识别柱大样生成柱构件。生成柱构件后,通过"建模"选项卡中的"识别柱"功能:提取边线→提取标注→识别,完成柱的绘制。需要用到的图纸是"柱墙结构平面图"。

三、任务实施

分割完图纸后,双击进入"柱墙结构平面图",进行以下操作。

【注意】

　　当分割的"柱墙结构平面图"位置与前面所识别的轴网位置有出入时,可采用"定位"功能,将图纸定位到轴网正确的位置。单击"定位",选择图纸某一点,比如①轴与Ⓐ轴的交点,将其拖动到前面所识别轴网的①轴与Ⓐ轴交点处。

1)选择导航栏构件

将目标构件定位至"柱",如图12.20所示。

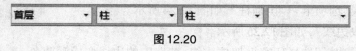

图12.20

2)识别柱表生成柱构件

①单击"建模"选项卡→"识别柱表",软件可以识别普通柱表和广东柱表,遇到有广东柱表的工程,即可采用"识别广东柱表"。本工程为普通柱表,则选择"识别柱表"功能,如图

12.21所示。左键拉框选择绘图区域柱表中的数据，框选的柱表范围被黄色线框所围，鼠标右键确认选择即可。

②弹出"识别柱表"对话框，使用对话框上方的"查找替换""删除行"等功能对柱表信息进行调整和修改。如表格中存在不符合的数据，单元格会以"红色"显示，便于查找和修改。调整后如图12.22所示。

图12.21

柱号	标高	b*h(圆...	角筋	b边一...	h边一...	肢数	箍筋
KZ1	基础顶~3...	500*500	4C22	3C18	3C18	1(4*4)	C8@100
	3.850~14...	500*500	4C22	3C16	3C16	1(4*4)	C8@100
KZ2	基础顶~3...	500*500	4C22	3C18	3C18	1(4*4)	C8@100/...
	3.850~14...	500*500	4C22	3C16	3C16	1(4*4)	C8@100/...
KZ3	基础顶~3...	500*500	4C25	3C18	3C18	1(4*4)	C8@100/...
	3.850~14...	500*500	4C22	3C18	3C18	1(4*4)	C8@100/...
KZ4	基础顶~3...	500*500	4C25	3C20	3C20	1(4*4)	C8@100/...
	3.850~14...	500*500	4C25	3C18	3C18	1(4*4)	C8@100/...
KZ5	基础顶~3...	600*500	4C25	4C20	3C20	1(5*4)	C8@100/...
	3.850~14...	600*500	4C25	4C18	3C18	1(5*4)	C8@100/...
KZ6	基础顶~3...	500*600	4C25	3C20	4C20	1(4*5)	C8@100/...
	3.850~14...	500*600	4C25	3C18	4C18	1(4*5)	C8@100/...

提示：请在第一行的空白行中单击鼠标从下拉框中选择对应列关系

识别   取消

图12.22

③确认信息准确无误后单击"识别"按钮即可，软件会根据对话框中调整和修改的柱表信息生成柱构件，如图12.23所示。

识别柱表

✔ 构件识别完成，共有36个构件被识别

确定

图12.23

3）识别柱

通过识别柱表定义柱属性后，可以通过柱的绘制功能，参照CAD图将柱绘制到图上，也可使用"CAD识别"提供的快速"识别柱"功能。

①单击"建模"选项卡→"识别柱"，如图12.24所示。

②单击"提取边线"，如图12.25所示。

图12.24

通过"按图层选择"选择所有框架柱边线，被选中的边线变成深蓝色。

单击鼠标右键确认选择，则选择的CAD图元将自动消失，并存放在"已提取的CAD图层"中，如图12.26所示。这样就完成了柱边线的提取工作，如图12.27所示。

图12.25　　　　　　　　　　图12.26

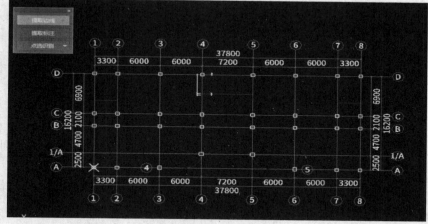

图12.27

③单击"提取标注",采用同样的方法选择所有柱的标志(包括标注及引线),单击鼠标右键确定,即可完成柱标志的提取工作,如图12.28所示。

④识别柱构件的操作有以下4种识别方式,如图12.29所示。

a.自动识别。软件将根据所识别的柱表、提取的边线和标注来自动识别整层柱,本工程采用"自动识别"。单击"自动识别",识别完成后,弹出识别柱构件的个数的提示。单击"确定"按钮,即可完成柱构件的识别,如图12.30所示。

图12.28　　　　图12.29　　　　　　图12.30

b.框选识别。当你需要识别某一区域的柱时,可使用此功能,根据鼠标框选的范围,软件会自动识别框选范围内的柱。

c.点选识别。点选识别即通过鼠标点选的方式逐一识别柱构件。单击"识别柱"→"点选识别",单击需要识别的柱标志CAD图元,则"识别柱"对话框会自动识别柱标志信息,如图12.31所示。

单击"确定"按钮,在图形中选择符合该柱标志的柱边线和柱标注,再单击鼠标右键确认选择,此时所选柱边线和柱标注被识别为柱构件,如图12.32所示。

d.按名称识别。比如图纸中有多个KZ6,通常只会对一个柱进行详细标注(截面尺寸、钢筋信息等),而其他柱只标注柱名称,此时就可以使用"按名称识别柱"进行柱识别操作。

图12.31

图12.32

单击绘图工具栏"识别柱"→"点选识别"→"按名称识别"，然后单击需要识别的柱标志CAD图元，则"识别柱"对话框会自动识别柱标志信息，如图12.33所示。

单击"确定"按钮，此时满足所选标志的所有柱边线会被自动识别为柱构件，并弹出识别成功的提示，如图12.34所示。

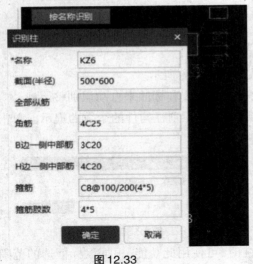

图12.33

图12.34

四、任务结果

任务结果参考3.1节的任务结果。

五、总结拓展

1)利用"CAD识别"来识别柱构件

首先需要"添加图纸"，通过"识别柱表"或"识别柱大样"先进行柱的定义，再利用"识别柱"的功能生成柱构件。其流程如下：添加图纸→识别柱表（柱大样）→识别柱。

通过以上流程，即可完成柱构件的识别。

2)识别柱大样生成构件

如果图纸中柱或暗柱采用柱大样的形式来作标记,则可单击"建模"选项卡→"识别柱"→"识别柱大样"的功能,如图12.35所示。

①提取柱大样边线及标志。参照前面的方法,单击"提取边线"和"提取标注"功能完成柱大样边线、标志的提取。

②提取钢筋线。单击"提取钢筋线"提取所有柱大样的钢筋线,单击鼠标右键确定,如图12.36所示。

③识别柱大样。提取完成后,单击"点选识别",有3种识别方式,如图12.37所示。

图12.35　　　　　图12.36　　　　　图12.37

点选识别:通过鼠标选择来识别柱大样。

自动识别:即软件自动识别柱大样。

框选识别:通过框选需要识别的柱大样来识别。

如果单击"点选识别",状态栏提示点取柱大样的边线,则用鼠标选择柱大样的一根边线,然后软件提示"请点取柱的标注或直接输入柱的属性",则点取对应的柱大样的名称,弹出如图12.38所示"点选识别柱大样"对话框。

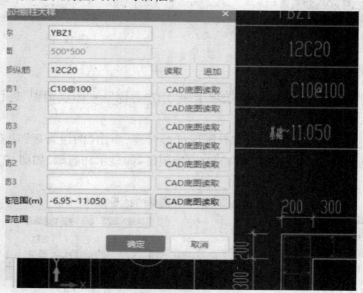

图12.38

在此对话框中,可以利用"CAD底图读取"功能,在CAD图中读取柱的信息,对柱的信息进行修改。在"全部纵筋"一行,软件支持"读取"和"追加"两种操作。

读取：从CAD中读取钢筋信息，对栏中的钢筋信息进行替换。

追加：如遇到纵筋信息分开标注的情况，可通过"追加"将多处标注的钢筋信息进行追加求和处理。

操作完成后，软件通过识别柱大样信息定义柱属性。

④识别柱。在识别柱大样完成之后，软件定义了柱属性，最后还需通过前面介绍的"提取边线""提取标注"和"自动识别"功能来生成柱构件，这里不再赘述。

3）墙柱共用边线的处理方法

某些剪力墙图纸中，墙线和柱线共用，柱没有封闭的图线，导致直接识别柱时选取不到封闭区域，识别柱不成功。在这种情况下，软件提供两种解决方法。

①使用"框选识别"。使用"提取边线""提取标注"功能完成柱信息的提取（将墙线提取到柱边线），使用提取柱边线拉框（反选），如图12.39所示区域，即可完成识别柱。

②使用"生成柱边线"功能进行处理。提取墙边线后，进入"识别柱"界面，单击"生成柱边线"，按照状态栏提示，在柱内部左键点取一点，或是通过"自动生成柱边线"让软件自动搜索，生成封闭的柱边线，如图12.40所示。利用此功能生成柱的边线后，再利用"自动识别"功能识别柱，即可解决墙、柱共用边线的情况。

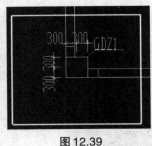

图12.39

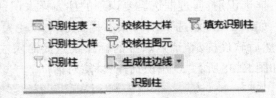

图12.40

4）图层管理

在识别构件菜单下，通过"视图"选项卡→"用户界面"→"图层管理"进行图层控制的相关操作，如图12.41所示。

①在提取过程中，如果需要对CAD图层进行管理，单击"图层管理"功能。通过此对话框，即可控制"已提取的CAD图层"和"CAD原始图层"的显示和隐藏，如图12.42所示。

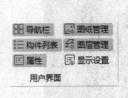

图12.41

图12.42

②显示指定的图层，可利用此功能将其他图层的图元隐藏。

③隐藏指定的图层，将选中的CAD图元所在的图层进行隐藏，其他图层显示。

识别柱

12.3.5　识别梁

通过本小节的学习,你将能够:
进行梁的CAD识别。

一、任务说明
用CAD识别的方式完成梁的属性定义和绘制。

二、任务分析
在梁的支座柱、剪力墙等识别完成后,进行梁的识别操作。需要用到的图纸是"一三层顶梁配筋图"。

三、任务实施
双击进入"一三层顶梁配筋图",进行以下操作。

1)选择导航栏构件

将目标构件定位至"梁",如图12.43所示。

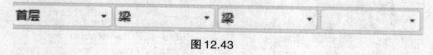

图12.43

2)识别梁

①单击"建模"选项卡→"识别梁",如图12.44所示。

②单击"提取边线",完成梁边线的提取,具体操作方法参考"识别柱"功能,如图12.45所示。

③单击"自动提取标注",提取梁标注包含3个功能:自动提取标注、提取集中标注和提取原位标注。

a."自动提取标注"可一次提取CAD图中全部的梁标注,软件会自动区别梁原位标注与集中标注,一般集中标注与原位标注在同一图层时使用。

单击"自动提取标注",选中图中所有同图层的梁标注,如果集中标注与原位标注在同一图层,就会被选择到,单击鼠标右键确定,如图12.46所示。弹出"标注提取完成"的提示。

图12.44

图12.45

图12.46

GTJ2021在做了优化后,软件会自动区分集中标注和原位标注。完成提取后,集中标注以黄色显示，原位标注以粉色显示，如图12.47所示。

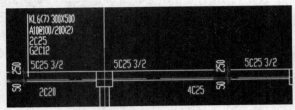

图12.47

b.如果集中标注与原位标注分别在两个图层，则采用"提取集中标注"和"提取原位标注"分开提取，方法与自动提取标注类似。

④接着进行识别梁构件的操作。识别梁有自动识别梁、框选识别梁、点选识别梁3种方法。

a.自动识别梁。软件根据提取的梁边线和梁集中标注自动对图中所有梁一次性全部识别。

单击识别面板"点选识别梁"的倒三角，在下拉菜单中单击"自动识别梁"，软件弹出"识别梁选项"对话框，如图12.48所示。

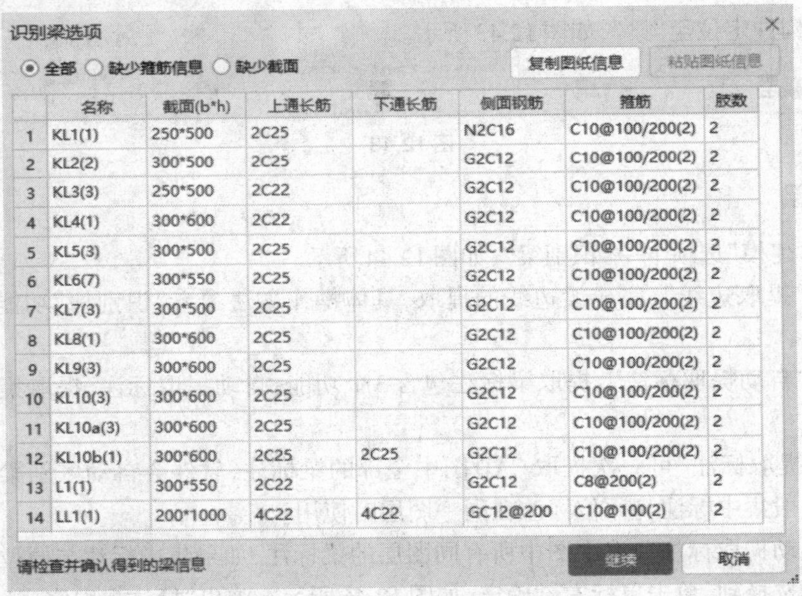

识别梁选项

○全部　○缺少箍筋信息　○缺少截面　　　　　　　　　复制图纸信息　　粘贴图纸信息

	名称	截面(b*h)	上通长筋	下通长筋	侧面钢筋	箍筋	肢数
1	KL1(1)	250*500	2C25		N2C16	C10@100/200(2)	2
2	KL2(2)	300*500	2C25		G2C12	C10@100/200(2)	2
3	KL3(3)	250*500	2C22		G2C12	C10@100/200(2)	2
4	KL4(1)	300*600	2C22		G2C12	C10@100/200(2)	2
5	KL5(3)	300*500	2C25		G2C12	C10@100/200(2)	2
6	KL6(7)	300*550	2C25		G2C12	C10@100/200(2)	2
7	KL7(3)	300*500	2C25		G2C12	C10@100/200(2)	2
8	KL8(1)	300*600	2C25		G2C12	C10@100/200(2)	2
9	KL9(3)	300*600	2C25		G2C12	C10@100/200(2)	2
10	KL10(3)	300*600	2C25		G2C12	C10@100/200(2)	2
11	KL10a(3)	300*600	2C25		G2C12	C10@100/200(2)	2
12	KL10b(1)	300*600	2C25	2C25	G2C12	C10@100/200(2)	2
13	L1(1)	300*550	2C22		G2C12	C8@200(2)	2
14	LL1(1)	200*1000	4C22	4C22	GC12@200	C10@100(2)	2

请检查并确认得到的梁信息　　　　　　　　继续　　　取消

图12.48

【说明】

①在"识别梁选项"对话框可以查看、修改、补充梁集中标注信息，以提高梁识别的准确性。

②识别梁之前，应先完成柱、墙等图元的模型创建，这样识别出来的梁会自动延伸到现有的柱、墙、梁中，计算结果更准确。

单击"继续"按钮，则按照提取的梁边线和梁集中标注信息自动生成梁图元。

识别梁完成后，软件自动启用"校核梁图元"功能，如识别的梁跨与标注的梁跨数量不符,则弹出提示,并且梁会以红色显示,如图12.49所示。此时需要检查并进行修改。

　　b.点选识别梁。"点选识别梁"功能可以通过选择梁边线和梁集中标注的方法进行梁识别操作。

　　单击识别梁面板"点选识别梁",则弹出"点选识别梁"对话框,如图12.50所示。

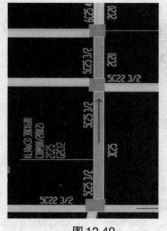
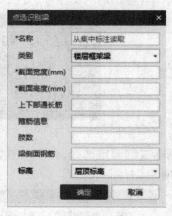

图12.49　　　　　　　　　　　　　　　　　　图12.50

　　单击需要识别的梁集中标注,则"点选识别梁"对话框自动识别梁集中标注信息,如图12.51所示。

　　单击"确定"按钮,在图形中选择符合该梁集中标注的梁边线,被选择的梁边线以高亮显示,如图12.52所示。

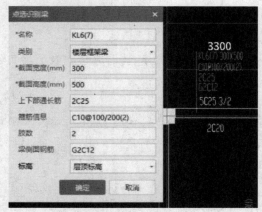
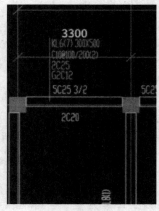

图12.51　　　　　　　　　　　　　　　　　　图12.52

　　单击鼠标右键确认选择,此时所选梁边线则被识别为梁图元,如图12.53所示。

图12.53

c.框选识别梁。“框选识别梁”可满足分区域识别的需求，对于一张图纸中存在多个楼层平面的情况，可选中当前层识别，也可框选一道梁的部分梁线完成整道梁的识别。

单击识别面板“点选识别梁”的倒三角，下拉选择“框选识别梁”。状态栏提示：左键拉框选择集中标注。

拉框选择需要识别的梁集中标注，如图12.54所示。

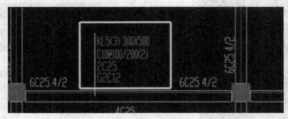

图12.54

单击鼠标右键确定选择，弹出“识别梁选项”对话框，再单击“继续”按钮，即可完成识别，如图12.55所示。

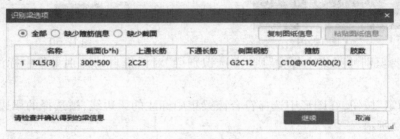

图12.55

【说明】

①识别梁完成后，与集中标注中跨数一致的梁用粉色显示，与标注不一致的梁用红色显示，方便用户检查。

②梁识别的准确率与“计算设置”有关。

a.在“钢筋设置”中的“计算设置”→“框架梁”部分，第3项如图12.56所示。此项设置可修改，并会影响后面的梁识别，注意应准确设置。

3	截面小的框架梁是否以截面大的框架梁为支座	是

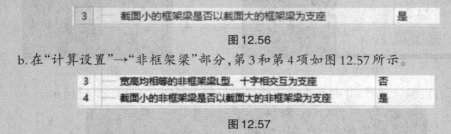

图12.56

b.在“计算设置”→“非框架梁”部分，第3和第4项如图12.57所示。

3	宽高均相等的非框架梁L型、十字相交互为支座	否
4	截面小的非框架梁是否以截面大的非框架梁为支座	是

图12.57

这两项需要根据实际工程情况准确设置。

③梁跨校核。当识别梁完成之后，软件提供“梁跨校核”功能进行智能检查。梁跨校核是自动提取梁跨，然后将提取到的跨数与标注中的跨数进行对比，二者不同时弹出提示。

a.软件识别梁之后，会自动对梁图元进行梁跨校核，或单击“校核梁图元”命令，如图

12.58 所示。

　　b.如存在跨数不符的梁,则会弹出提示,如图12.59所示。

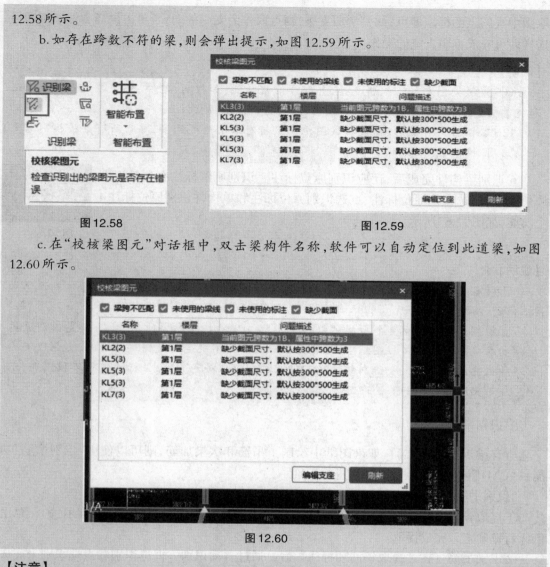

图 12.58　　　　　　　　　　　　　　　　　　图 12.59

　　c.在"校核梁图元"对话框中,双击梁构件名称,软件可以自动定位到此道梁,如图12.60所示。

图 12.60

【注意】

　　梁跨校核只针对有跨信息的梁,手动绘制的无跨信息的粉色梁不会进行校核。

　　⑤当"校核梁图元"完成后,如果存在梁跨数与集中标注中不符的情况,则可使用"编辑支座"功能进行支座的增加、删除以调整梁跨,如图12.61和图12.62所示。

图 12.61

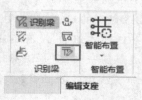

图 12.62

　　"编辑支座"是对以前"设置支座"和"删除支座"两个功能的优化,如要删除支座,直接点取图中支座点的标志即可；如要增加支座，则点取作为支座的图元，单击鼠标右键确定即可。这样即可完成编辑支座的操作。

【说明】
　　①"校核梁图元"与"编辑支座"并配合修改功能（如打断、延伸、合并等）使用，来修改和完善梁图元，保证梁图元和跨数正确，然后再识别原位标注。
　　②识别梁时，自动启动"校核梁图元"，只针对本次生成的梁，要对所有梁校核则需要手动启用"校核梁图元"。

　　⑥识别梁构件完成后，还应识别原位标注。识别原位标注有自动识别原位标注、框选识别原位标注、点选识别原位标注和单构件识别原位标注4个功能，如图12.63所示。

图12.63

【说明】
　　①所有原位标注识别成功后，其颜色都会变为深蓝色，而未识别成功的原位标注仍保持粉色，方便查找和修改。
　　②识别原位标注的4个功能可以按照实际工程的特点结合使用，从而提高识别原位标注的准确率。实际工程图纸中，可能存在一些画图不规范或是错误的情况，会导致实际识别原位标注并不能完全识别的情况，此时只需找到"粉色"的原位标注进行单独识别，或是直接对梁进行"原位标注"即可。

3）识别吊筋

所有梁识别完成之后，如果图纸中绘制了吊筋和次梁加筋，则可以使用"识别吊筋"功能，对CAD图中的吊筋、次梁加筋进行识别。

"识别吊筋"的操作步骤如下：
①提取钢筋和标注：选中吊筋和次梁加筋的钢筋线及标注（如无标注则不选），单击鼠标右键确定，完成提取。
②识别吊筋：在"提取钢筋和标注"后，通过自动识别、框选识别和点选识别来完成吊筋的识别。

【说明】
　　①在CAD图中，若存在吊筋和次梁加筋标注，软件会自动提取；若不存在，则需要手动输入。
　　②所有的识别吊筋功能都需要在主次梁已经变成绿色后，才能识别吊筋和加筋。
　　③识别后，已经识别的CAD图线变为蓝色，未识别的CAD图线保持原来的颜色。
　　④图上有钢筋线的才识别，没有钢筋线的不会自动生成。
　　⑤与自动生成吊筋一样，重复识别时会覆盖上次识别的内容。
　　⑥吊筋线和加筋线比较短且乱，必须有误差限制，因此，如果CAD图绘制得不规范，则可能会影响识别率。

四、任务结果

任务结果同3.3节的任务结果。

五、总结拓展

1)识别梁的流程

CAD识别梁可以按照以下基本流程来操作:添加图纸→分割图纸、标注→识别梁构件→识别梁原位标注→识别吊筋、次梁加筋。

识别梁

①在识别梁的过程中,软件会对提取标注、识别梁、识别标注、识别吊筋等进行验收的区分。

②CAD识别梁构件、梁原位标注、吊筋时,因为CAD图纸的不规范可能会对识别的准确率造成影响,所以需要结合梁构件的其他功能进行修改完善。

2)定位图纸

"定位"功能可用于不同图纸之间构件的重新定位。例如,先导入柱图并将柱构件识别完成后,这时需要识别梁,然而导入梁图后,就会发现梁图与已经识别的图元不重合,此时就可以使用"定位"功能。

在"添加图纸"后,单击"定位",在CAD图纸上选中定位基准点,再选择定位目标点,快速完成所有图纸中构件的对应位置关系,如图12.64所示。

图12.64

若创建好了轴网,对整个图纸使用"移动"命令也可以实现图纸定位的目的。

12.3.6　识别板及板钢筋

通过本小节的学习,你将能够:
进行板及板钢筋的CAD识别。

一、任务说明

①完成首层板的识别。
②完成首层板受力筋的识别。
③完成首层板负筋的识别。

二、任务分析

在梁识别完成后,接着识别板。识别板钢筋之前,首先需要在图中绘制板。绘制板的方法参见前面介绍的"现浇板的属性定义和绘制"。另外,也可通过"识别板"功能将板创建出来。

三、任务实施

双击进入"一三层板配筋图"，进行以下操作。

1)识别板

①选择导航栏构件，将目标构件定位至"板"，如图12.65所示。

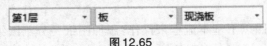

图12.65

②单击"建模"选项卡→"识别板"，如图12.66所示。

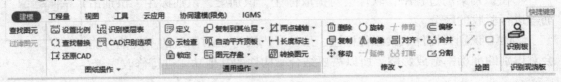

图12.66

识别板有以下3个步骤：提取板标识→提取板洞线→自动识别板。

a.单击识别面板上"提取板标识"（图12.67），利用"单图元选择""按图层选择"或"按颜色选择"的功能选中需要提取的CAD板标识，选中后变成蓝色。此过程也可以点选或框选需要提取的CAD板标识。

按照软件下方的提示，单击鼠标右键确认选择，则选择的标识自动消失，并存放在"已提取的CAD图层"中。

b.单击识别面板上的"提取板洞线"，利用"单图元选择""按图层选择"或"按颜色选择"的功能选中需要提取的CAD板洞线，选中后变成蓝色。

按照软件下方的提示，单击鼠标右键确认选择，则选择的板洞线自动消失，并存放在"已提取的CAD图层"中。

【注意】
　　若板洞图层不对，或板洞较少时，也可跳过该步骤，后期直接补画板洞即可。

c.单击识别面板上的"自动识别板"，弹出"识别板选项"对话框，选择板支座的图元范围，单击"确定"按钮进行识别，如图12.68所示。

图12.67

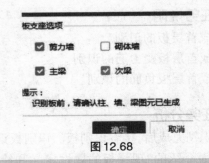

图12.68

【注意】
　　①识别板前，请确认柱、墙、梁等图元已绘制完成。
　　②通过复选框可以选择板支座的图元范围，从而调整板图元生成的大小。

2)识别板受力筋

①选择导航栏构件,将目标构件定位至"板受力筋",如图12.69所示。

图12.69

②单击"建模"选项卡→"识别板受力筋"→"识别受力筋",如图12.70所示。

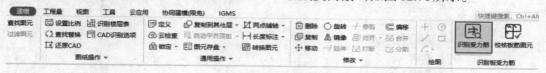

图12.70

识别受力筋有以下3个步骤:提取板筋线→提取板筋标注→识别受力筋(点选识别受力筋或自动识别板筋)。

3)识别板负筋

①选择导航栏构件,将目标构件定位至"板负筋",如图12.71所示。

图12.71

②单击"建模"选项卡→"识别板负筋"→"识别负筋",如图12.72所示。

图12.72

识别负筋有以下3个步骤:提取板筋线→提取板标注→识别负筋(点选识别负筋或自动识别板筋)。

四、任务结果

任务结果同3.4节的任务结果。

五、总结扩展

识别板筋(包含板和筏板基础)的操作流程如下:添加图纸→分割图纸→定位钢筋构件→提取板钢筋线→提取板钢筋标注→识别板筋。

识别板、板钢筋

【注意】

　　使用"自动识别板筋"之前,需要对"CAD识别选项"中"板筋"选项进行设置,如图12.73所示。

　　在"自动识别板筋"之后,如果遇到有未识别成功的板筋,可灵活应用"点选识别受力筋""点选识别负筋"的相关功能进行识别,然后再使用板受力筋和负筋的绘图功能进行修改,这样可以提高对板钢筋建模的效率。

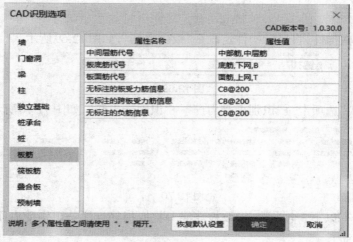

图 12.73

12.3.7　识别砌体墙

通过本小节的学习，你将能够：
进行砌体墙的 CAD 识别。

一、任务说明

用 CAD 识别的方式完成砌体墙的属性定义和绘制。

二、任务分析

本工程首层为框架结构，首层墙为砌体墙，需要使用的图纸是含完整砌体墙的"一层建筑平面图"。

三、任务实施

分割完图纸后，双击进入"一层建筑平面图"，进行以下操作。

1)选择导航栏构件

将目标构件定位至"砌体墙"，如图 12.74 所示。

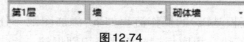

图 12.74

2)识别砌体墙

在砌体墙构件下，选择"建模"选项卡→"识别砌体墙"→"识别砌体墙"，如图 12.75 所示。

图 12.75

"识别砌体墙"有4个步骤:提取砌体墙边线→提取墙标识→提取门窗线→识别砌体墙(自动识别、框选识别和点选识别),如图12.76所示。

【说明】

①当建筑平面图中无砌体墙标识时,需要先新建砌体墙,定义好砌体墙的属性。

②对于砌体墙,用"提取砌体墙边线"功能来提取;对于剪力墙,需要在剪力墙构件中选择"提取混凝土墙边线",这样识别出来的墙才能分开材质类别。

③识别墙中的"剪力墙"操作和"砌体墙"操作一样。

图12.76

四、任务结果

任务结果同3.5节的任务结果。

五、知识扩展

①"识别墙"可识别剪力墙和砌体墙,因为墙构件存在附属构件,所以在识别时需要注意此类构件。对墙构件的识别,其流程如下:添加图纸→提取墙线→提取门窗线→识别墙→识别暗柱(存在时)→识别连梁(存在时)。

识别墙

通过以上流程,即可完成对整个墙构件的识别。

②识别暗柱。"识别暗柱"的方法与识别柱相同,可参照"识别柱"部分的内容。

③识别连梁表。有些图纸是按16G101—1规定的连梁表形式设计的,此时就可以使用软件提供的"识别连梁表"功能,对CAD图纸中的连梁表进行识别。

④识别连梁。识别连梁的方法与"识别梁"完全一致,可参照"识别梁"部分的内容。

12.3.8　识别门窗

通过本小节的学习,你将能够:

进行门窗的CAD识别。

一、任务说明

通过CAD识别门窗表和门窗洞,完成首层门窗的属性定义和绘制。

二、任务分析

在墙、柱等识别完成后,进行识别门窗的操作。通过"添加图纸"功能导入CAD图,添加"建筑设计说明"建施-01(含门窗表),完成门窗表的识别;添加"首层平面图",进行门窗洞的识别。

三、任务实施

1)识别门窗表

分割完图纸后,双击进入"建筑设计总说明",进入以下操作。

（1）选择导航栏构件

将目标构件定位至"门""窗"，如图12.77所示。

（2）识别门窗表生成门窗构件

①单击"建模"选项卡→"识别门"→"识别门窗表"，如图12.78所示，拉框选择门窗表中的数据，黄色线框为框选的门窗范围，单击鼠标右键确认选择。

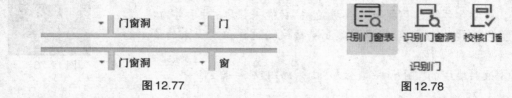

图12.77   图12.78

②在"识别门窗表"对话框中，选择对应行或列，使用"删除行"或"删除列"功能删除无用的行或列，调整后的表格可参考图12.79。

③单击"识别"按钮，即可完成门窗表的识别，如图12.80所示。

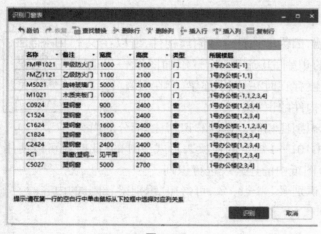

图12.79

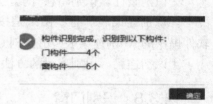

图12.80

2）识别门窗洞

通过识别门窗表完成门窗的属性定义后，再通过识别门窗洞完成门窗的绘制。

双击进入"一层平面图"进行以下操作：

（1）选择导航栏构件

将目标构件定位至"门""窗"，方法同上。

（2）识别门窗洞

单击"建模"选项卡→"识别门"→"识别门窗洞"，如图12.81所示。

识别门窗洞有以下3个步骤：提取门窗线→提取门窗洞标识→识别（自动识别、框选识别和点选识别）。

图12.81

四、任务结果

任务结果同3.6节的任务结果。

五、总结拓展

①在识别门窗之前一定要确认已经绘制完墙并建立门窗构件（可通过识别门窗表创建），以便提高识别率；

②若未创建构件，软件可以对固定格式进行门窗尺寸解析，如M0921，自动反建为900 mm×2100 mm的门构件。

识别门窗

12.3.9　识别基础

通过本小节的学习，你将能够：

进行基础的CAD识别。

一、任务说明

用CAD识别方式完成独立基础的识别。

二、任务分析

软件提供识别独立基础、识别桩承台、识别桩的功能，本工程采用的是独立基础。下面以识别独立基础为例，介绍识别基础的过程。

三、任务实施

双击进入"基础结构平面图"，进行以下操作。

1）选择导航栏构件

将目标构件定位至"独立基础"，如图12.82所示。

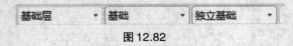

图12.82

2）识别独基表生成独立基础构件

单击"建模"选项卡→"识别独立基础"→"识别独基表"，如图12.83所示。

图12.83

"识别独立基表"的操作方法同"识别柱表"，请参考"识别柱表"部分的内容。本工程无"独基表"，可先定义独立基础构件。

3）识别独立基础

单击"建模"选项卡→"识别独立基础"。识别独立基础有以下3个步骤：提取独基边线→提取独基标识→识别（自动识别、框选识别、点选识别）。

四、任务结果

任务结果同第7章的任务结果。

五、知识扩展

①上面介绍的方法为识别独立基础，在识别完成之后，需要进入独立
基础的属性定义界面，对基础的配筋信息等属性进行修改，以保证识别的
准确性。

②独立基础还可先定义，再进行CAD图的识别。这样识别完成之后，
不需要再进行修改属性的操作。

识别基础

12.3.10　识别装修

通过本小节的学习,你将能够:
进行装修的CAD识别。

一、任务说明

用CAD识别的方式完成装修的识别。

二、任务分析

在做实际工程时,CAD图上通常会有房间做法明细表,表中注明了房间的名称、位置以
及房间内各种地面、墙面、踢脚、天棚、吊顶、墙裙的一系列做法名称。例如,在1号办公楼图
纸中,建筑设计说明中就有"室内装修做法表",如图12.84所示。

	房间名称	楼面/地面	踢脚/墙裙	窗台板	内墙面	顶棚	备注
地下一层	排烟机房	地面4	踢脚1		内墙面1	天棚1	
	楼梯间	地面2	踢脚1		内墙面1	天棚1	
	走廊	地面3	踢脚2		内墙面1	吊顶1(高3200)	
	办公室	地面1	踢脚1	有	内墙面1	吊顶1(高3300)	
	都厅	地面1	踢脚3		内墙面1	吊顶1(高3300)	
	卫生间	地面2		有	内墙面2	吊顶2(高3300)	
一层	大堂	楼面3	墙裙1高1200		内墙面1	吊顶1(高3200)	一、关于吊顶高度的说明 这里的吊顶高度指的是 掌层的结构标高到吊顶底的 高度。 二、关于窗台板的说明 窗台板材质为大理石 卫生间窗台板尺寸为 洞口(长)×650(宽) 其他窗台板尺寸为 洞口(长)×200(宽)
	楼梯间	楼面2	踢脚1		内墙面1	天棚1	
	走廊	楼面3	踢脚2		内墙面1	吊顶1(高3200)	
	办公室1	楼面1	踢脚1		内墙面1	吊顶1(高3300)	
	办公室2(含阳台)	楼面4	踢脚1	有	内墙面1	吊顶1(高3300)	
	卫生间	楼面2		有	内墙面2	吊顶2(高3300)	
二至三层	楼梯间	楼面2	踢脚1		内墙面1	天棚1	
	公共休息大厅	楼面3	踢脚2		内墙面1	吊顶1(高2900)	
	走廊	楼面3	踢脚2		内墙面1	吊顶1(高2900)	
	办公室1	楼面1	踢脚1	有	内墙面1	天棚1	
	办公室2(含阳台)	楼面4	踢脚3		内墙面1	天棚1	
	卫生间	楼面2		有	内墙面2	吊顶2(高2900)	
四层	楼梯间	楼面2	踢脚1		内墙面1	天棚1	
	公共休息大厅	楼面3	踢脚2		内墙面1	天棚1	
	走廊	楼面3	踢脚2		内墙面1	天棚1	
	办公室1	楼面1	踢脚1		内墙面1	天棚1	
	办公室2(含阳台)	楼面4	踢脚3		内墙面1	天棚1	
	卫生间	楼面2		有	内墙面2	天棚1	

图12.84

如果通过识别表的功能能够快速地建立房间及房间内各种细部装修的构件,那么就可
以极大地提高绘图效率。

三、任务实施

识别房间装修表有按房间识别装修表和按构件识别装修表两种方式。

1)按房间识别装修表

图纸中明确了装修构件与房间的关系,这时可以使用"按房间识别装修表"的功能,操作如下:

①在图纸管理界面"添加图纸",添加一张带有装修做法表的图纸。

②在"建模"选项卡中,"识别房间"分栏选择"按房间识别装修表"功能,如图12.85所示。

③左键拉框选择装修表,单击鼠标右键确认。

④在"按房间识别装修表"对话框中,在第一行的空白行处单击鼠标左键,从下拉框中选择对应列关系,单击"识别"按钮,如图12.86所示。

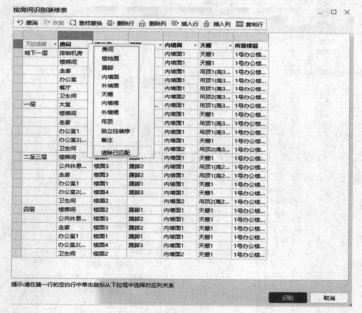

图12.86

【说明】

①对构件类型识别错误的行,可以调整"类型"列中的构件类型;

②可利用表格的一些功能对表格内容进行核对和调整,删除无用的部分;

③需要对应装修表的信息,在第一行的空白行处单击鼠标右键,从下拉框中选择对应列关系,如第一列识别出来的抬头是空,对应第一行,应选择"房间"。

④需要将每种门窗所属楼层进行正确匹配,单击所属楼层下的 ⋯ 符号,进入"所属楼层"对话框,如图12.87所示,将所属楼层进行勾选。

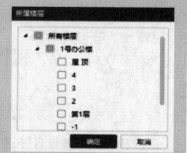

图12.87

调整后的表格如图12.88所示。

⑤识别成功后，软件会提示识别到的构件个数，如图12.89所示。

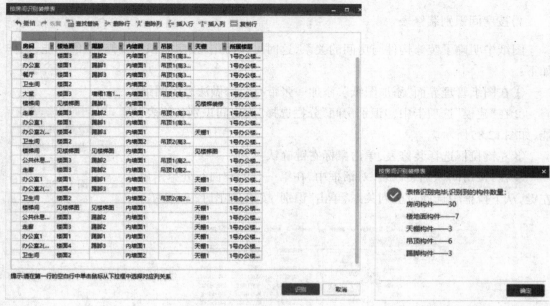

图12.88   图12.89

【说明】

房间装修表识别成功后，软件会按照图纸上房间与各装修构件的关系自动建立房间并自动依附装修构件，如图12.90所示。

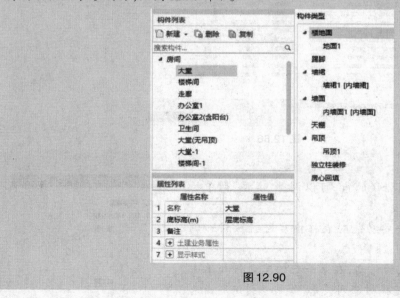

图12.90

2)按构件识别装修表(拓展)

图纸中没有体现房间与房间内各装修之间的对应关系，在此，假设装修如图12.91所示。

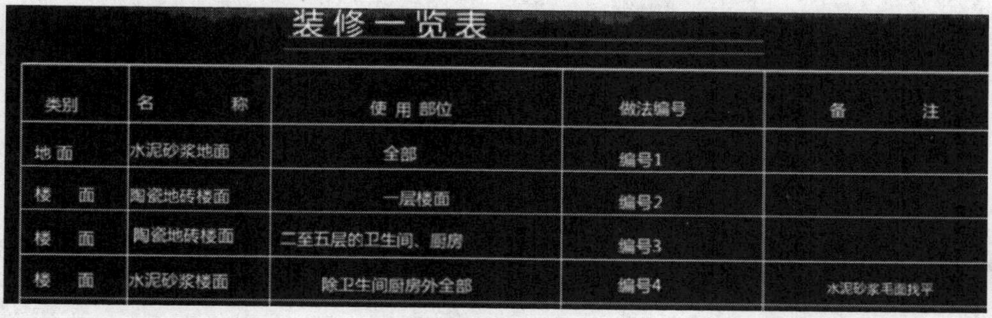

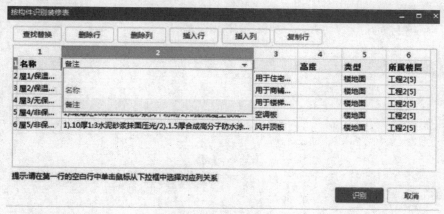

装修一览表

类 别	名　　称	使 用 部 位	做法编号	备　　注
地 面	水泥砂浆地面	全部	编号1	
楼 面	陶瓷地砖楼面	一层楼面	编号2	
楼 面	陶瓷地砖楼面	二至五层的卫生间、厨房	编号3	
楼 面	水泥砂浆楼面	除卫生间厨房外全部	编号4	水泥砂浆毛面找平

图12.91

①在图纸管理界面"添加图纸",添加一张带有装修做法表的图纸。

②在"建模"选项卡中"识别房间"分栏选择"按构件识别装修表"功能。

③左键拉框选择装修表,单击鼠标右键确认。

④在"按构件识别装修表"对话框中,在第一行的空白行处单击鼠标左键,从下拉框中选择对应列关系,单击"识别"按钮,如图12.92所示。

图12.92

⑤识别完成后软件会提示识别到的构件个数,共10个构件。

【说明】

这种情况下需要在识别完装修构件后,再建立房间构件,然后把识别好的装修构件依附到房间里,最后画房间即可。

识别装修

下篇
建筑工程计价

13　编制招标控制价要求

通过本章的学习,你将能够:

(1)了解工程概况及招标范围;

(2)了解招标控制价的编制依据;

(3)了解造价的编制要求;

(4)掌握工程量清单样表。

1)工程概况及招标范围

①工程概况:本建筑物用地概貌属于平缓场地,为二类多层办公建筑,合理使用年限为50年,抗震设防烈度为7度,结构类型为框架结构体系,总建筑面积为3155.18 m²,建筑层数为地上4层,地下1层,檐口距地高度为14.850 m。

②工程地点:××市区。

③招标范围:第一标段结构施工图及第二标段建筑施工图的全部内容。

④本工程计划工期为180天,经计算定额工期210天,合同约定开工日期为2022年6月1日。

⑤建筑类型:公共建筑。

2)招标控制价编制依据

该工程的招标控制价依据《建设工程工程量清单计价规范》(GB 50500—2013)、2018版《安徽省建设工程工程量清单计价办法》、《安徽省建设工程费用定额》、《安徽省建筑工程计价定额(共用册)》、《安徽省建筑工程计价定额》、《安徽省装饰装修工程计价定额》、《安徽省安装工程计价定额》、"合造价〔2018〕13号"文件、"合造价〔2019〕1号"文件、"合造价〔2021〕5号"文件、"合造价〔2021〕8号"文件规定;人工工日按175.4元/工日;执行2022年4月份《合肥建设工程市场价格信息》,以及配套解释和相关文件,结合工程设计及相关资料、施工现场情况、工程特点及合理的施工方法,以及建设工程项目的相关标准、规范、技术资料编制。

3)造价编制要求

(1)价格约定

①除暂估材料及甲供材料外,材料价格按"合肥市2022年4月工程造价信息"及市场价计取。

②综合人工参照2022年一季度合肥市建设工程人工价格信息:175.4元/工日。

③计税方式按一般计税法,纳税地区为市区,增值税为9%。

④安全文明施工费、规费按规定计取。

⑤暂列金额为100万元。

⑥幕墙工程(含预埋件)为专业工程暂估价80万元。

（2）其他要求

①原始地貌暂按室外地坪考虑，土壤类别按三类土考虑开挖设计底标高暂按垫层底标高，放坡宽度暂按300 mm计算，放坡坡度按0.25计算，按挖土考虑，外运距离10 km。

②所有混凝土采用商品混凝土计算。

③旋转玻璃门M5021材料单价按5000元/樘计算。

④本工程大型机械进出场费用，暂按塔吊1台、挖机1台计算。

⑤本工程设计的砂浆都为非现拌砂浆，为干混商品砂浆计算。

⑥不考虑总承包服务费及施工配合费。

4）甲供材料一览表（表13.1）

表13.1 甲供材料一览表

序号	名称	规格型号	单位	单价（元）
1	C15商品混凝土	最大粒径40 mm	m³	580
2	C25商品混凝土	最大粒径40 mm	m³	640
3	C30商品混凝土	最大粒径40 mm	m³	660
4	C30 P6商品混凝土	最大粒径40 mm	m³	675
5	C15细石商品混凝土	最大粒径40 mm	m³	632.82

5）材料暂估单价表（表13.2）

表13.2 材料暂估单价表

序号	名称	规格型号	单位	单价（元）
1	外墙面砖	200 mm×300 mm	m²	60
2	内墙面砖	200 mm×300 mm	m²	80
3	高级地砖	800 mm×800 mm	m²	100
4	2.5厚石塑防滑地砖	10 mm厚400 mm×400 mm	m²	80
5	石材	800 mm×800 mm	m²	200
6	石材板（综合）	200 mm×300 mm	m²	240

6）计日工表（表13.3）

表13.3 计日工表

序号	名称	工程量	单位	单价（元）	备注
1	人工				
	木工	10	工日	250	
	瓦工	10	工日	300	
	钢筋工	10	工日	280	
2	材料				

续表

序号	名称	工程量	单位	单价（元）	备注
2	砂子（中粗）	5	m³	200	
	水泥	5	m³	500	
3	施工机械				
	载重汽车	1	台班	1 000	

7)评分办法(表13.4)

表13.4　评分办法

序号	评标内容	分值范围	说明
1	工程造价	70	不可竞争费单列
2	工程工期	5	招标文件要求工期进行评定
3	工程质量	5	招标文件要求质量进行评定
4	施工组织设计	20	招标工程的施工要求、性质等进行评定

8)报价单(表13.5)

表13.5　报价单

工程名称	第　　标段　　（项目名称）	
工程控制价		
其中	安全文明施工措施费(万元)	
	税金(万元)	
	规费(万元)	
除不可竞争费外工程造价(万元)		
措施项目费用合计(不含安全文明施工措施费)(万元)		

9)工程量清单样表

工程量清单样表参见《建设工程工程量清单计价规范》(GB 50500—2013)，具体内容可在软件报表中查看，详见附表。

14 编制招标控制价

通过本章的学习,你将能够:
(1)掌握招标控制价的编制过程和编制方法;
(2)熟悉招标控制价的组成内容。

14.1 新建招标项目结构

通过本节的学习,你将能够:
(1)建立建设项目;
(2)建立单项工程;
(3)建立单位工程;
(4)按标段多级管理工程项目;
(5)修改工程属性。

一、任务说明
在计价软件中完成招标项目的建立。

二、任务分析
①招标项目的单项工程和单位工程分别是什么?
②单位工程的造价构成是什么?各构成所包括的内容分别又是什么?

三、任务实施
①新建项目。双击软件启动,进入软件,如图14.1所示。

图14.1

②选择"新建预算"，并单击"招标项目"进入项目信息编辑界面，如图14.2所示。

图14.2

本项目的基本信息：

项目名称：1号办公大厦项目。

项目编码：001。

地区标准：安徽18清单计价规范-建标〔2021〕42号新。

定额标准：安徽2018序列定额。

价格文件：2022年4月份合肥市信息价，如图14.3所示。

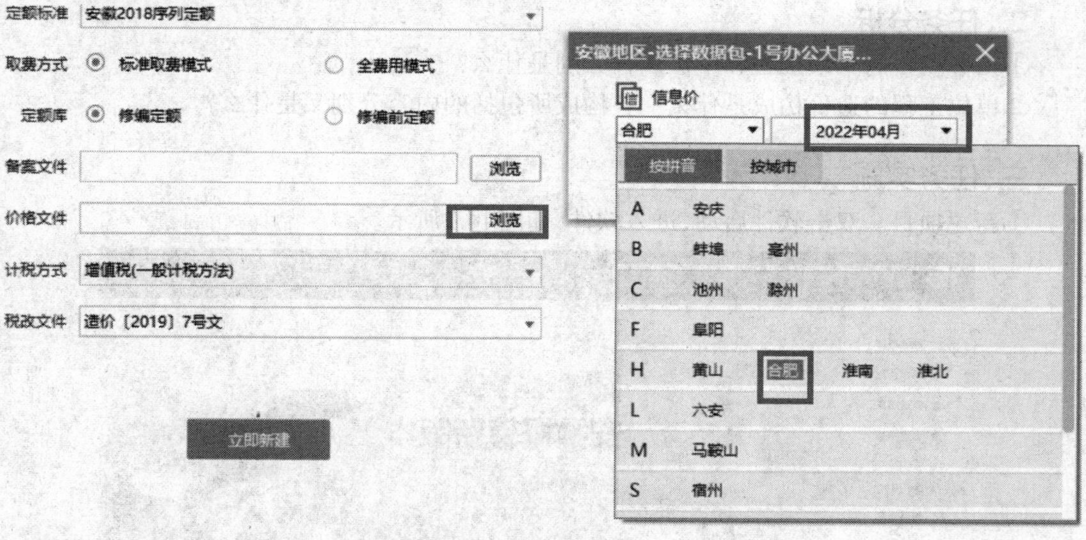

图14.3

编辑项目信息如图 14.4 所示。修改完成后,单击"立即新建"按钮。

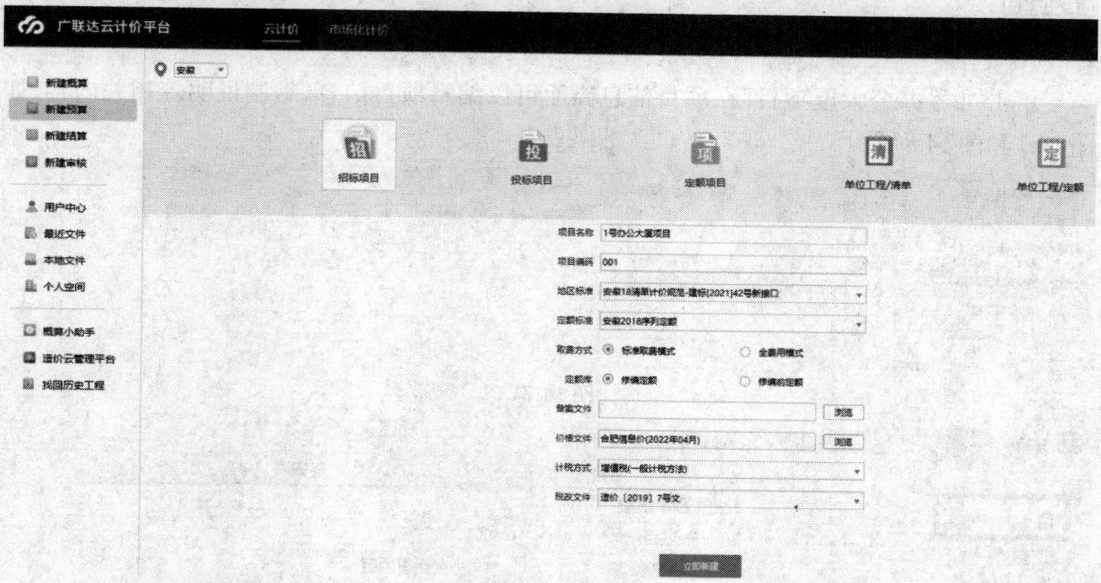

图 14.4

③新建单项工程。在"1 号办公大厦项目"单击鼠标右键,选择"新建单项工程",修改单项工程名称为"1 号办公楼",如图 14.5 所示。

图 14.5

在"1 号办公楼"单击鼠标右键,选择"快速新建单项工程"→"建筑工程"→"装饰装修"工程,完成"1 号办公楼"工程的新建,如图 14.6 所示。

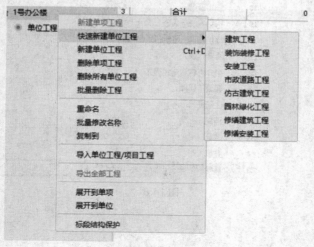

图 14.6

【注意】

在建设项目下，可以新建单项工程；在单项工程下，可以新建单位工程。

单击"1号办公大厦项目"在项目信息界面可以编辑项目信息、编制说明等相关内容，如图14.7和图14.8所示。

图14.7

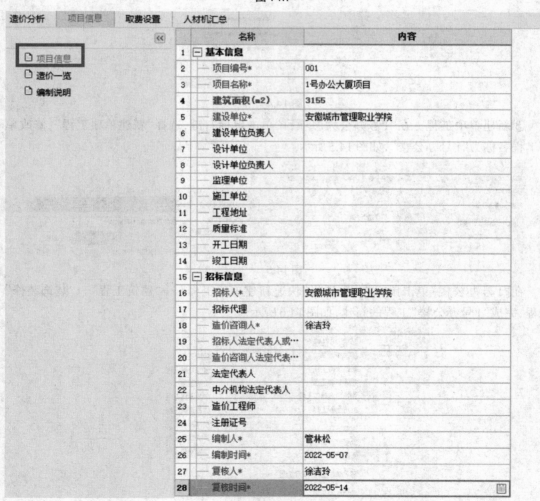

	名称	内容
1	⊟ 基本信息	
2	项目编号*	001
3	项目名称*	1号办公大厦项目
4	建筑面积（m2）	3155
5	建设单位*	安徽城市管理职业学院
6	建设单位负责人	
7	设计单位	
8	设计单位负责人	
9	监理单位	
10	施工单位	
11	工程地址	
12	质量标准	
13	开工日期	
14	竣工日期	
15	⊟ 招标信息	
16	招标人*	安徽城市管理职业学院
17	招标代理	
18	造价咨询人*	徐洁玲
19	招标人法定代表人或…	
20	造价咨询人法定代表…	
21	法定代表人	
22	中介机构法定代表人	
23	造价工程师	
24	注册证号	
25	编制人*	管林松
26	编制时间*	2022-05-07
27	复核人*	徐洁玲
28	复核时间*	2022-05-14

图14.8

四、任务结果

任务结果参考图14.7和图14.8。

五、总结拓展

1)标段结构保护

项目结构建立完成后,为防止误操作而更改项目结构内容,用鼠标右键单击项目名称,选择"标段结构保护"对项目结构进行保护,如图14.9所示。

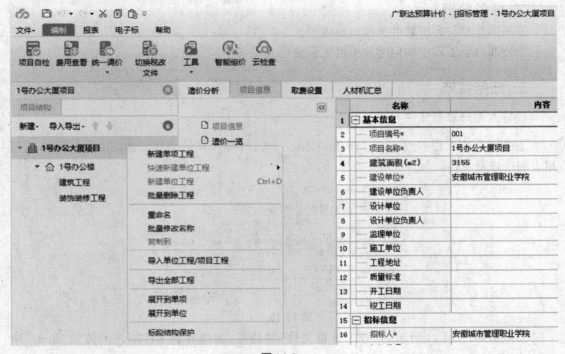

图14.9

2)编辑

①在项目结构中,进入单位工程编辑时,可直接用鼠标右键双击项目结构中的单位工程名称或者选中需要编辑的单位工程,单击鼠标右键选择"编辑"即可。

②也可以直接用鼠标左键双击"1号办公楼"及单位工程进入。

新建招标项目结构

14.2 导入GTJ算量工程文件

通过本节的学习,你将能够:

(1)导入图形算量文件;

(2)整理清单项;

(3)项目特征描述;

(4)增加补充清单项。

一、任务说明

①导入图形算量工程文件。

②添加钢筋工程清单和定额，以及相应的钢筋工程量。

③补充其他清单项。

二、任务分析

①图形算量与计价软件的接口在哪里？

②分部分项工程中如何增加钢筋工程量？

三、任务实施

1)导入图形算量文件

①进入单位工程界面，单击"量价一体化"，选择"导入算量文件"，如图14.10所示，选择相应图形算量文件。

图14.10

②弹出如图14.11所示的"导入算量文件"对话框，选择算量文件所在的位置，单击"导入"按钮即可。

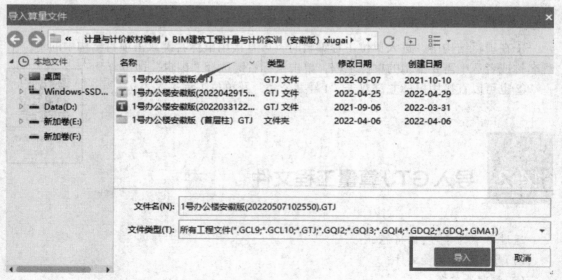

图14.11

然后再检查列是否对应，无误后单击"导入"按钮即可完成算量工程文件的导入，如图14.12所示。

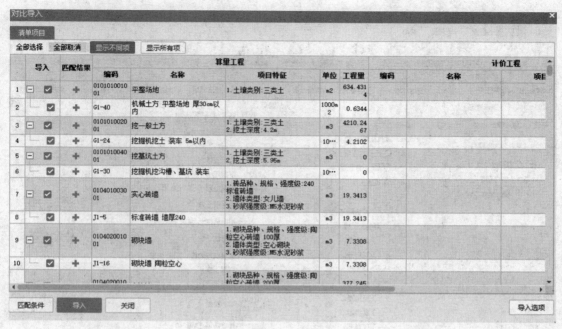

图14.12

2)整理清单

在分部分项界面进行分部分项整理清单。

①单击"整理清单",选择"分部整理",如图14.13所示。

②弹出如图14.14所示的"分部整理"对话框,选择按专业、章、节整理后,单击"确定"按钮。

图14.13

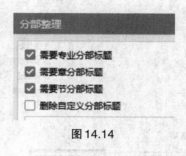

图14.14

③清单项整理完成后,如图14.15所示。

3)项目特征描述

项目特征描述主要有以下3种方法:

①图形算量中已包含项目特征描述的,可以在"特征及内容"界面下选择"应用规则到全部清单",如图14.16所示。

②选择清单项,可以在"特征及内容"界面进行添加或修改来完善项目特征,如图14.17所示。

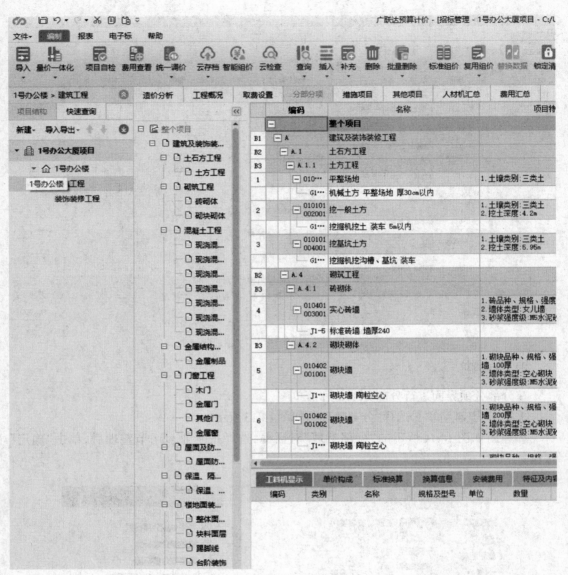

图14.15

③直接单击清单项中的"项目特征"对话框，进行修改或添加，如图14.18所示。

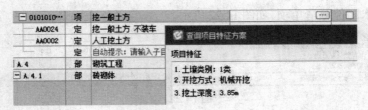

图14.18

4)补充清单项

完善分部分项清单,将项目特征补充完整,方法如下:

①单击"插入"按钮,选择"插入清单"和"插入子目",如图14.19所示。

②单击鼠标右键选择"插入清单"和"插入子目",如图14.20所示。

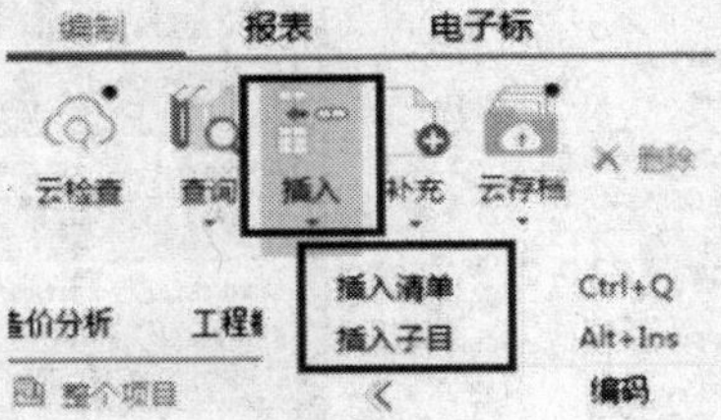

图14.19

图14.20

该工程需补充的清单子目如下(仅供参考):

①增加钢筋清单项,如图14.21所示。

35	010515001001	现浇构件钢筋	1.钢筋种类、规格:HPB300	t		6.786		
	J2-187	现浇构件钢筋 圆钢HPB300 φ10以内		t	0.9584439	6.504	5903.93	38
	J2-188	现浇构件钢筋 圆钢HPB300 φ10以上		t	0.0415561	0.282	4275.36	1
36	010515001005	现浇构件钢筋	1.钢筋种类、规格:HRB300	t		0.086		
	J2-190	现浇构件钢筋 带肋钢筋HRB335 φ16以内		t	1	0.086	4340.43	
37	010515001002	现浇构件钢筋	1.钢筋种类、规格:HRB400 φ10以内	t		51.98		
	J2-193	现浇构件钢筋 带肋钢筋HRB400 φ10以内		t	1	51.98	5919.52	307
38	010515001003	现浇构件钢筋	1.钢筋种类、规格:HRB400 φ20以内	t		67.881		
	J2-195	现浇构件钢筋 带肋钢筋HRB400 φ20以内		t	1	67.881	5307.84	360
39	010515001004	现浇构件钢筋	1.钢筋种类、规格:HRB400 φ20以上	t		54.26		
	J2-196	现浇构件钢筋 带肋钢筋HRB400 φ20以上		t	1	54.26	5238.82	284

图14.21

②补充雨水配件等清单项，如图14.22所示。

	010902004001	屋面排水管			m		59.4
	A10-1-256	给排水管道 室外 塑料排水管(电熔连接) 外径(mm以内) 110			10m	0.1	5.94
	Z1725A47B01BY	塑料排水管			m	9.93	58.9842
	Z1809A61B01BF	塑料排水管电熔直接	...		个	2.58	15.3252

图 14.22

四、检查与整理

1) 整体检查

①对分部分项的清单与定额的套用做法进行检查，确认是否有误。
②查看整个分部分项中是否有空格，如有，则删除。
③按清单项目特征描述校核套用定额的一致性，并进行修改。
④查看清单工程量与定额工程量的数据的差别是否正确。

2) 整体进行分部整理

对于分部整理完成后出现的"补充分部"清单项，可以调整专业章节位置至应该归类的分部，具体操作如下：

①鼠标右键单击清单项编辑界面，选择"页面显示列设置"，在弹出的"页面显示列设置"对话框中勾选"指定专业章节位置"，如图14.23和图14.24所示。

②单击清单项的"指定专业章节位置"，弹出"指定专业章节"对话框，选择相应的分部，调整完后再进行分部整理。

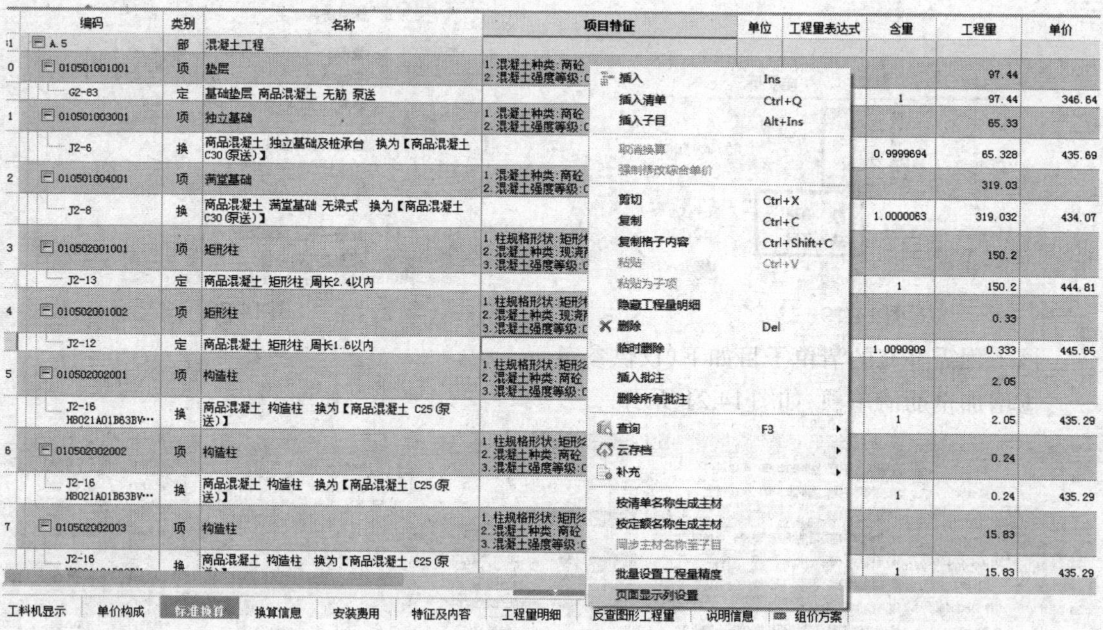

图 14.23

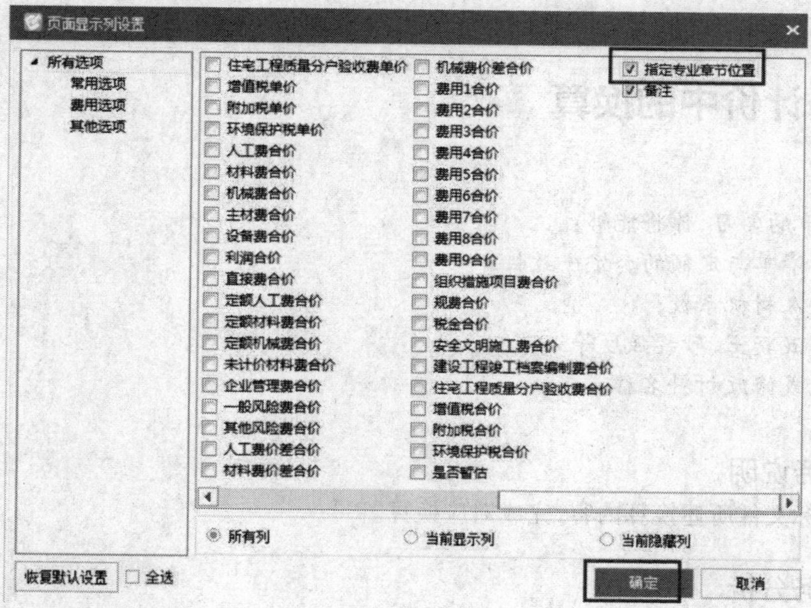

图 14.24

五、单价构成

①在工具栏中单击"取费设置",如图14.25所示。选择对应专业取费。

图 14.25

②取费方式设置,单击取费方式选择"标准取费模式"或"全费用模式",如图14.26所示。

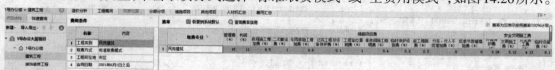

图 14.26

六、任务结果

详见报表实例。

导入GTJ算量工程文件

14.3 计价中的换算

通过本节的学习，你将能够：
(1)了解清单与定额的套定一致性；
(2)调整人材机系数；
(3)换算混凝土、砂浆强度等级；
(4)补充或修改材料名称。

一、任务说明
根据招标文件所述换算内容，完成对应换算。

二、任务分析
①GTJ算量与计价软件的接口在哪里？
②分部分项工程中如何换算混凝土、砂浆？
③清单描述与定额子目材料名称不同时，应如何进行修改？

三、任务实施

1)替换子目
根据清单项目特征描述校核套用定额的一致性，如果套用子目不合适，可单击"查询"，选择相应子目进行"替换"，如图14.27所示。

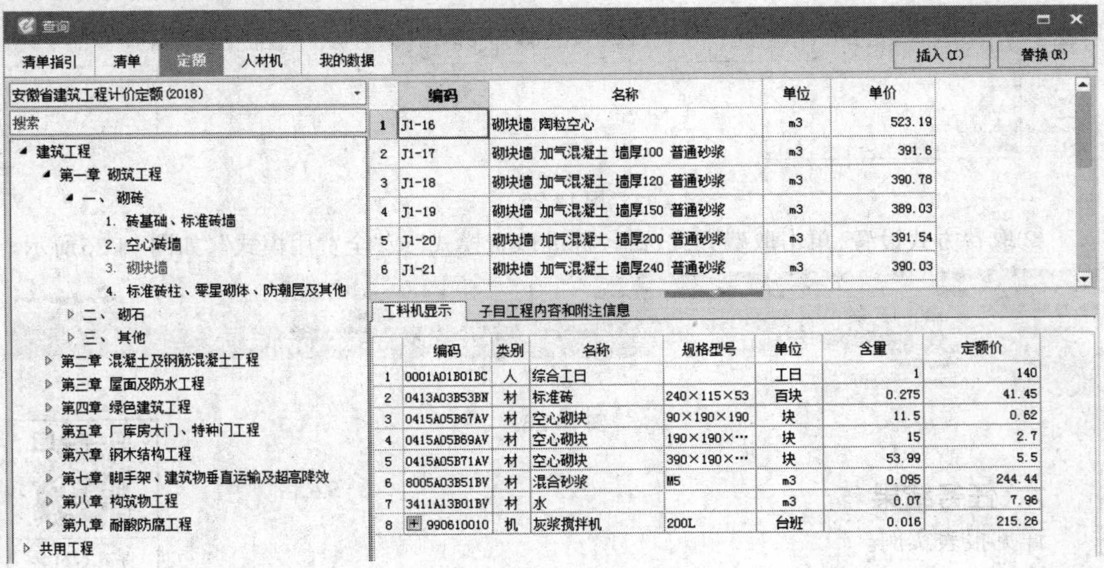

图14.27

2)子目换算

按清单描述进行子目换算时，主要包括以下3个方面的换算。

①调整人材机系数。以砌块墙为例，介绍调整人材机系数的操作方法。定额中说明“定额中的墙体砌筑高度是按3.6 m进行编制的，如超过3.6 m时，其超过部分工程量的定额人工乘以系数1.3”，按相应项目人工乘以系数1.30，其他不变，如图14.28所示。

	编码	类别	名称	工程量表达式	含量	工程量	单价	合价	综合单价
	G1-9	定	人工土方 就地回填 松填	QDL	1	1	5.18	5.18	6.53
5	WB010101011001	项	人工清底	1		1			9.52
	G1-12	定	人工土方 人工清底	QDL	1	1	7.56	7.56	9.52
6	WB010101013001	项	机械运土方	1		1			23.74
	G1-38 D10	定	自卸汽车运土方 运距 5km以内 实际运距(km):10	QDL	0.001	0.001	13490.06	13.49	16997.48
	G1-39 *5	换	自卸汽车运土方 运距 20km以内每增加1km	KJGCL	0.001	0.001	5362.8	5.36	6757.13
B1	A.4	部	砌筑工程						
7	010401003001	项	实心砖墙	20.9319		20.93			616.13
	J1-2	定	标准砖墙 墙厚115 240×115×53	20.9319	1.0000908	20.9319	570.87	11949.39	616.07
8	010402001001	项	砌块墙	174.7622		174.76			1229.58
	J1-16 R*1.3	换	砌块墙 陶粒空心 墙体砌筑层高超过3.6m时，其超过部分工程量 人工*1.3	QDL	1	174.76	593.03	103637.92	641.25
	J1-16	定	砌块墙 陶粒空心	QDL	1	174.76	551.03	96298	588.33
9	010402001002	项	砌块墙	376.6098		376.61			588.33

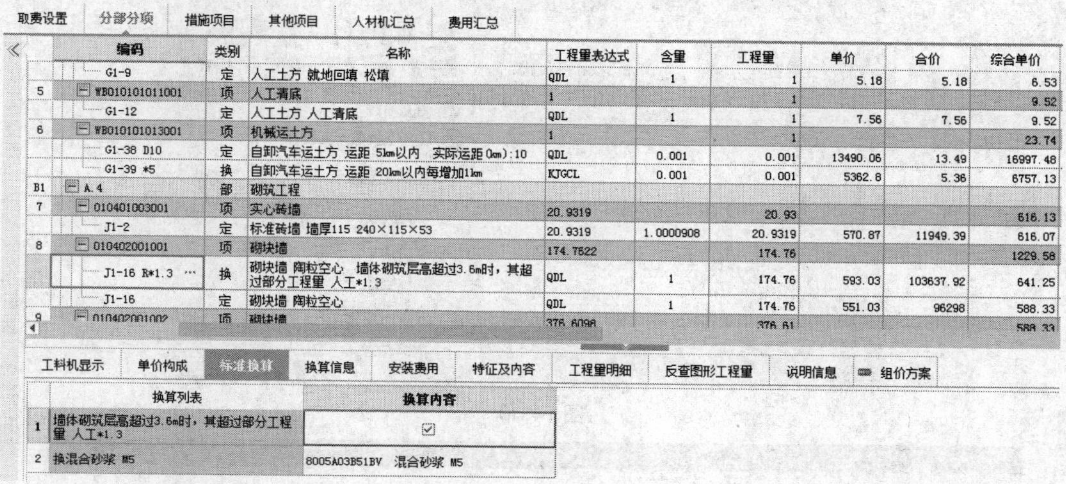

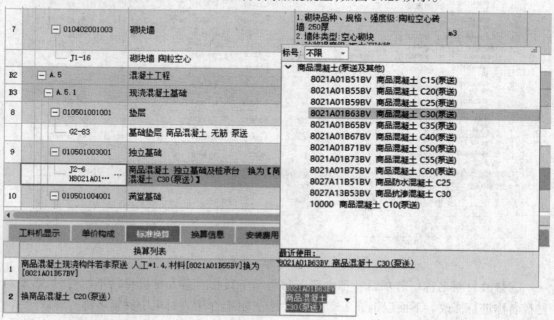

图14.28

②换算混凝土、砂浆强度等级时，方法如下：

a. 标准换算。选择需要换算混凝土强度等级的定额子目，在“标准换算”界面下选择相应的混凝土强度等级，本项目选用的全部为商品混凝土，如图14.29所示。

图14.29

b. 批量系数换算。若清单中的材料进行换算的系数相同时，可选中所有换算内容相同的清单项,单击常用功能中的"其他",选择"批量换算",如图14.30所示。在弹出的"批量换算"对话框中对材料进行换算,如图14.31所示。

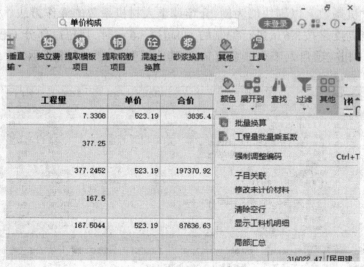

图14.30

图14.31

③修改材料名称。若项目特征中要求材料与子目相对应人材机材料不相符时,需要对材料名称进行修改。下面以钢筋工程按直径划分为例,介绍人材机中材料名称的修改。

选择需要修改的定额子目,在"工料机显示"界面下的"规格及型号"一栏备注上直径,如图14.32所示。

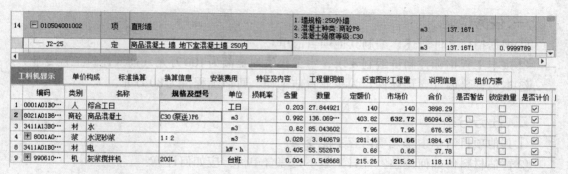

14	010504001002	项	直形墙			1.墙规格:250外墙 2.混凝土种类:商砼P6 3.混凝土强度等级:C30		m3	137.1671	
	J2-25	定	商品混凝土 墙 地下室混凝土墙 250内					m3	137.1671	0.9999789

	工料机显示	单价构成	标准换算	换算信息	安装费用	特征及内容	工程量明细	反查图形工程量	说明信息	组价方案	
	编码	类别	名称	规格及型号	单位	损耗率	含量	数量	定额价	市场价	合价	是否暂估	锁定数量	是否计价
1	0001A01B0···	人	综合工日		工日		0.203	27.844921	140	140	3898.29			☑
2	8021A01B6···	商砼	商品混凝土	C30(泵送)P6	m3	0.992	136.069···		403.82	632.72	86094.06	☐	☐	☑
3	3411A13B0···	材	水		m3		0.62	85.043602	7.96	7.96	676.95			☑
4	8001A01···	浆	水泥砂浆	1:2	m3		0.028	3.840679	281.46	490.66	1884.47	☐	☐	☑
8	3411A01B0···	材	电		kW·h		0.405	55.552676	0.68	0.68	37.78			☑
9	990610···	机	灰浆搅拌机	200L	台班		0.004	0.548668	215.26	215.26	118.11		☐	☑

图 14.32

四、任务结果

详见报表实例。

五、总结拓展

锁定清单

在所有清单项补充完整之后,可运用"锁定清单"对所有清单项进行锁定,锁定之后的清单项将不能再进行添加和删除等操作。若要进行修改,需先对清单项进行解锁,如图 14.33 所示。

计价中的换算

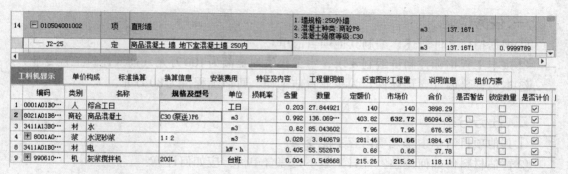

	编码	类别	名称	项目特征	主要清单	单位	工程量表达式	含量
B4	A.5.4		现浇混凝土墙		☐			
1	010504001001	项	直形墙	[项目特征] 1.混凝土种类:商品砼 2.混凝土强度等级:C30	☐	m3	25.0258	
	AE0049	定	直形墙 厚度200mm以内 商品砼			10m3	3.59818 * 10	0.143755
2	010504004001	项	挡土墙	[项目特征] 1.混凝土种类:商品砼 2.混凝土强度等级:C30P6	☐	m3	173.3909	
	AE0065	定	混凝土挡墙 块石砼 商品砼			10m3	17.33909 * 10	0.100001

图 14.33

14.4 其他项目清单

通过本节的学习,你将能够:

(1)编制暂列金额;

(2)编制专业工程暂估价;

(3)编制计日工表。

一、任务说明

①根据招标文件所述，编制其他项目清单。

②按本工程招标控制价编制要求，本工程暂列金额为100万元（列入建筑工程专业）。

③本工程幕墙（含预埋件）为专业暂估工程，暂估工程价为80万元。

二、任务分析

①其他项目清单中哪几项内容不能变动？

②暂估材料价如何调整？计日工是不是综合单价？应如何计算？

三、任务实施

1)添加暂列金额

单击"其他项目"，如图14.34所示。

图14.34

单击"暂列金额"，按招标文件要求暂列金额为1000000元，在名称中输入"暂估工程价"，在金额中输入"1000000"，如图14.35所示。

序号	名称	计量单位	暂定金额	备注
1	暂估工程价	项	1000000	

图14.35

2)添加专业工程暂估价

选择"其他项目"→"专业工程暂估价"，按招标文件内容，幕墙工程（含预埋件）为专业暂估工程，在工程名称中输入"玻璃幕墙工程"，在金额中输入"800000"，如图14.36所示。

图14.36

3)添加计日工

选择"其他项目"→"计日工费用",按招标文件要求,本项目有计日工费用,需要添加计日工,如图14.37所示。

添加材料时,如需增加费用行,可用鼠标右键单击操作界面,选择"插入费用行"进行添加即可,如图14.38所示。

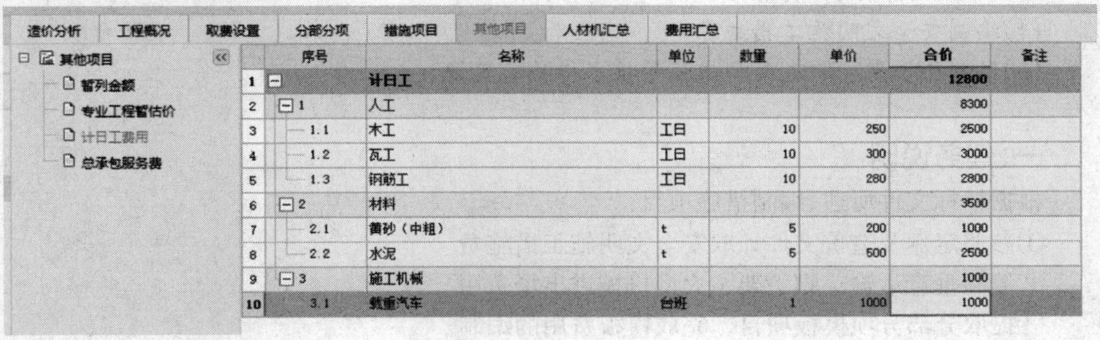

| 造价分析 | 工程概况 | 取费设置 | 分部分项 | 措施项目 | 其他项目 | 人材机汇总 | 费用汇总 |

序号	名称	单位	数量	单价	合价	备注
1	计日工				12800	
2	1 人工				8300	
3	1.1 木工	工日	10	250	2500	
4	1.2 瓦工	工日	10	300	3000	
5	1.3 钢筋工	工日	10	280	2800	
6	2 材料				3500	
7	2.1 黄砂（中粗）	t	5	200	1000	
8	2.2 水泥	t	5	500	2500	
9	3 施工机械				1000	
10	3.1 载重汽车	台班	1	1000	1000	

图14.37

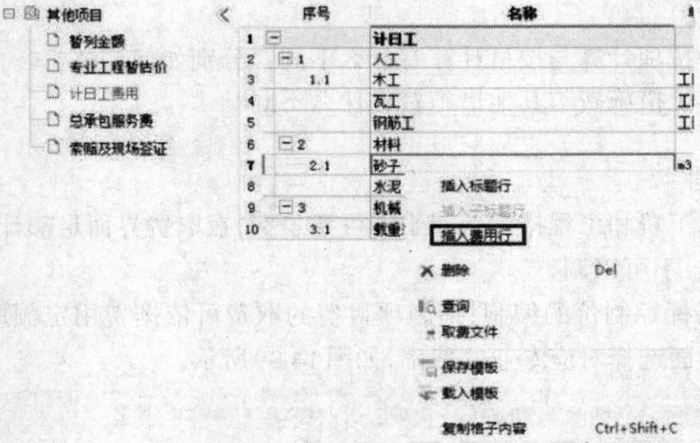

图14.38

四、任务结果
详见报表实例。

五、总结拓展

总承包服务费

在工程建设施工阶段实行施工总承包时,当招标人在法律、法规允许的范围内对工程进行分包和自行采购供应部分设备、材料时,要总承包人提供相关服务(如分包人使用总包人脚手架、水电接剥等)和施工现场管理等所需的费用。

其他项目清单

14.5 编制措施项目

通过本节的学习，你将能够：
（1）编制安全文明施工措施费；
（2）编制脚手架、模板、大型机械等技术措施项目费。

一、任务说明

根据招标文件所述，编制措施项目：
①参照定额及造价文件计取安全文明施工措施费。
②编制垂直运输、脚手架、大型机械进出场费用。
③提取分部分项模板项目，完成模板费用的编制。

二、任务分析

①措施项目中按项计算与按量计算有什么不同？分别如何调整？
②安全文明施工措施费与其他措施费有什么不同？

三、任务实施

①安全文明施工费和工程排污费属于不可竞争费，在取费界面足额计取，费率按安徽18费率定额规定计取，不可以调整。

②本项目为招标控制价的编制，措施项目费的取费可依据费用定额取费。根据专业不同可在取费设置界面选择对应专业的费率，如图14.39所示。

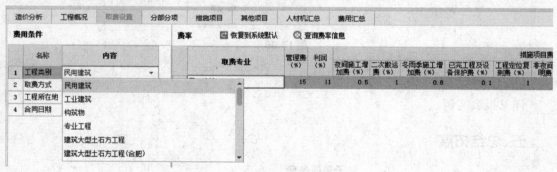

图14.39

③根据安徽2018版计价依据，单价措施项目子目应在分部分项界面记取，如图14.40和图14.41所示，提取模板项目，正确选择对应模板项目以及需要计算超高的项目。

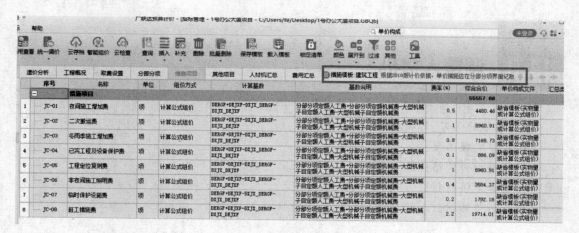

图 14.40

图 14.41

④完成垂直运输、大型机械进出场和脚手架的编制,如图 14.42 所示。

图 14.42

四、任务结果

详见报表实例。

措施项目编制
及人材机调整

14.6 调整人材机

通过本节的学习，你将能够：

(1)调整定额工日；

(2)调整材料价格；

(3)增加甲供材料；

(4)添加暂估材料。

一、任务说明

根据招标文件所述导入信息价，按招标要求修正人材机价格：

①按照招标文件规定，计取相应的人工费。

②材料价格按"合肥市2022年4月工程造价信息"及市场价调整。

③根据招标文件，编制甲供材料及暂估材料。

二、任务分析

①有效信息价是如何导入的？哪些类型的价格需要调整？

②甲供材料价格如何调整？

③暂估材料价格如何调整？

三、任务实施

①在"人材机汇总"界面下，按照招标文件要求的"合肥市2022年4月工程造价信息"对材料"市场价"进行调整。若新建项目时已加载市场价格信息，此处可以自动加载价格，只需核对即可，如图14.43所示。

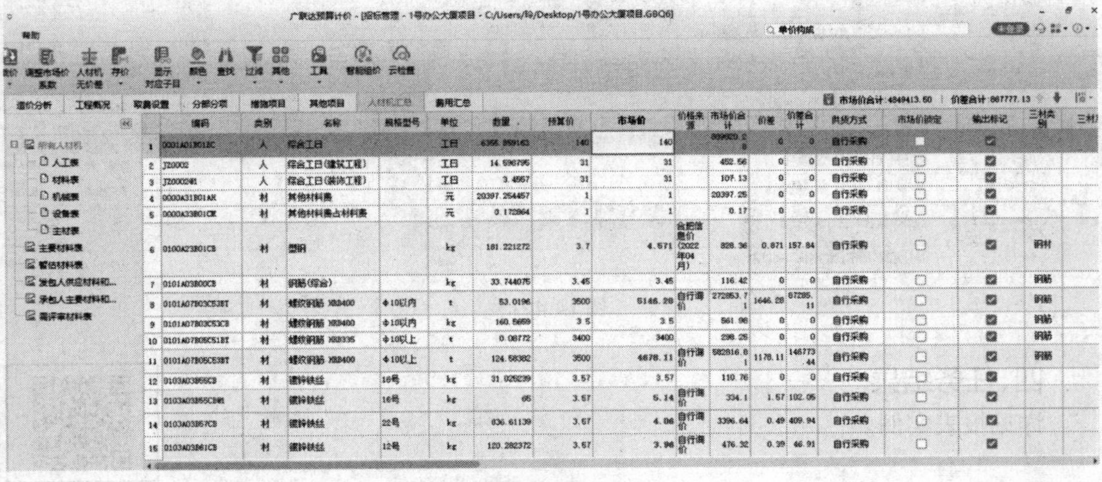

图14.43

②按照招标文件的要求，对于甲供材料可以在供货方式处选择"甲供材料"，如图14.44

所示。

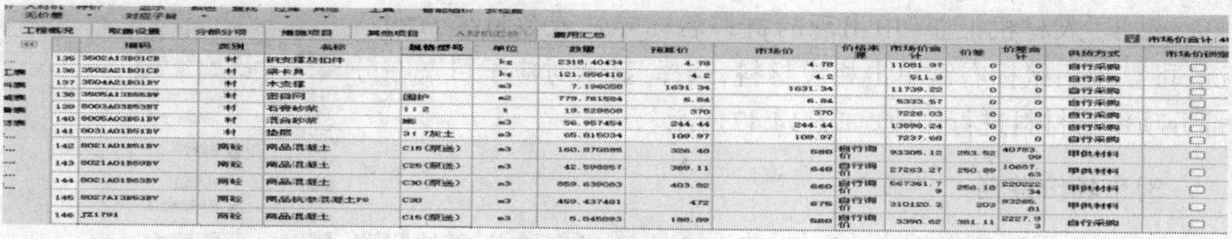

图 14.44

③按照招标文件要求，对于暂估材料表中要求的暂估材料，可以在“人材机汇总”中将暂估材料选中并勾选为暂估材料，如图 14.45 所示。

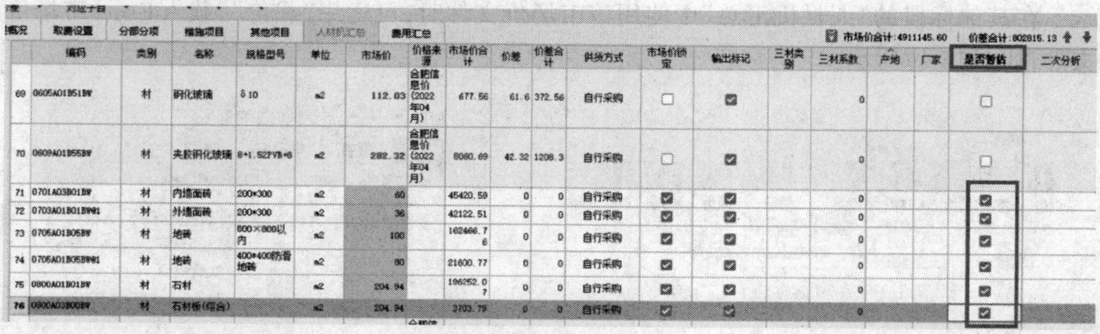

	编码	类别	名称	规格型号	单位	市场价	价格来源	市场价合计	价差	价差合计	供货方式	市场价锁定	输出标记	三材类别	三材系数	产地	厂家	是否暂估	二次分析
69	0605A01B51BW	材	钢化玻璃	δ10	m2	112.83	合肥信息价(2022年04月)	677.56	61.6	372.56	自行采购	☐	☑		0			☐	
70	0609A01B55BW	材	夹胶钢化玻璃	8+1.52PVB+6	m2	282.32	合肥信息价(2022年04月)	8060.69	42.32	1208.3	自行采购	☐	☑		0			☐	
71	0701A03B01BW	材	内墙面砖	200*300	m2	60		45420.59	0	0	自行采购	☑	☑		0			☑	
72	0703A01B01BW@1	材	外墙面砖	200*300	m2	36		42122.51	0	0	自行采购	☑	☑		0			☑	
73	0705A01B05BW	材	地砖	800×800以内	m2	100		162466.76	0	0	自行采购	☑	☑		0			☑	
74	0705A01B05BW@1	材	地砖	400*400防滑地砖	m2	80		21600.77	0	0	自行采购	☑	☑		0			☑	
75	0800A01B01BW	材	石材		m2	204.94		196252.07	0	0	自行采购	☑	☑		0			☑	
76	0800A03B00BW	材	石材板(综合)		m2	204.94		3703.79	0	0	自行采购	☑	☑		0			☑	

图 14.45

四、任务结果

详见报表实例。

五、总结拓展

1)市场价锁定

对于招标文件要求的内容，如甲供材料表、暂估材料表中涉及的材料价格是不能进行调整的，为了避免在调整其他材料价格时出现操作失误，可使用“市场价锁定”对修改后的材料价格进行锁定，如图 14.46 所示。

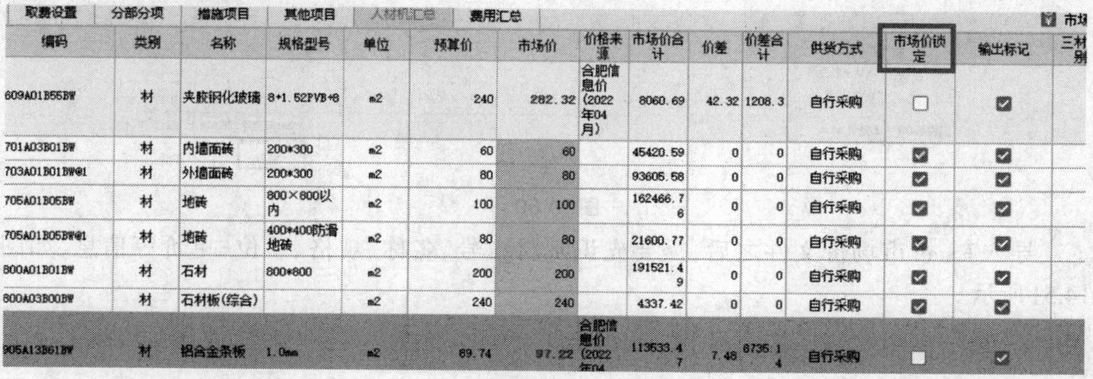

编码	类别	名称	规格型号	单位	预算价	市场价	价格来源	市场价合计	价差	价差合计	供货方式	市场价锁定	输出标记
609A01B55BW	材	夹胶钢化玻璃	8+1.52PVB+6	m2	240	282.32	合肥信息价(2022年04月)	8060.69	42.32	1208.3	自行采购	☐	☑
701A03B01BW	材	内墙面砖	200*300	m2	60	60		45420.59	0	0	自行采购	☑	☑
703A01B01BW@1	材	外墙面砖	200*300	m2	80	80		93605.58	0	0	自行采购	☑	☑
705A01B05BW	材	地砖	800×800以内	m2	100	100		162466.76	0	0	自行采购	☑	☑
705A01B05BW@1	材	地砖	400*400防滑地砖	m2	80	80		21600.77	0	0	自行采购	☑	☑
800A01B01BW	材	石材	800*800	m2	200	200		191521.49	0	0	自行采购	☑	☑
800A03B00BW	材	石材板(综合)		m2	240	240		4337.42	0	0	自行采购	☑	☑

图 14.46

2）显示对应子目

对于"人材机汇总"中出现的材料名称异常或数量异常的情况，可直接用鼠标右键单击相应材料，选择"显示对应子目"，在分部分项中对材料进行修改，如图14.47所示。

3）市场价存档

对于同一个项目的多个标段，发包方会要求所有标段的材料价保持一致，在调整好一个标段的材料价后，可运用"存价"将此材料价运用到其他标段，如图14.48所示。

图14.47

在其他标段的"人材机汇总"中使用该市场价文件时，可运用"载价"，载入Excel市场价文件，如图14.49所示。

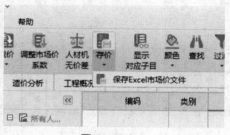

图14.48

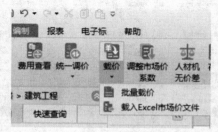

图14.49

在导入Excel市场价文件时，按如图14.50所示顺序进行操作。

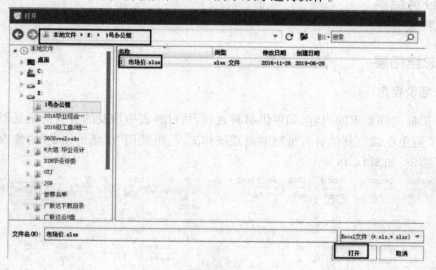

图14.50

导入Excel市场价文件之后，需要先识别材料号、名称、规格、单位、单价等信息，如图14.51所示。

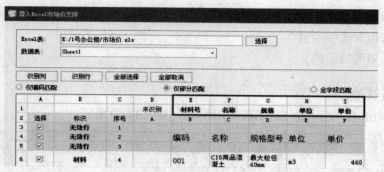

图 14.51

识别完需要的信息后,需要选择匹配选项,然后单击"导入"按钮即可,如图14.52所示。

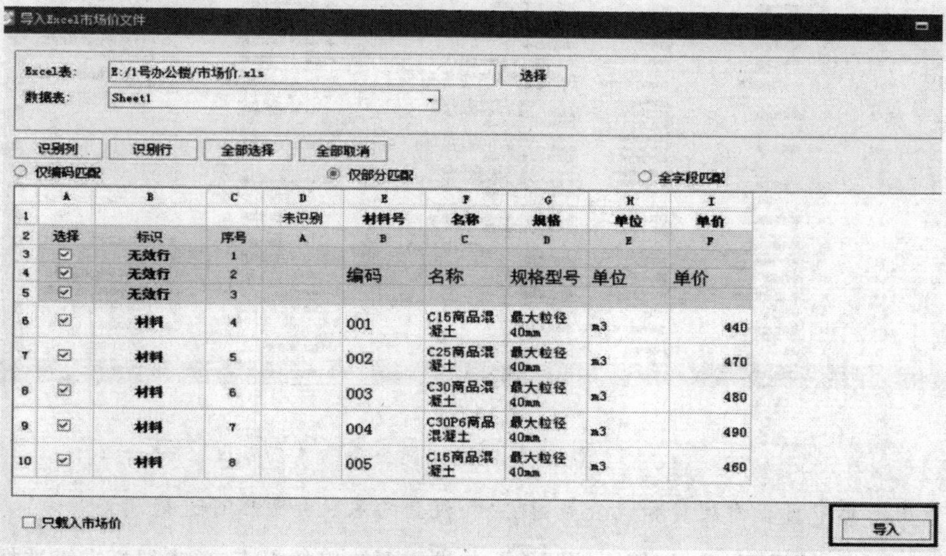

图 14.52

14.7　计取规费和税金

通过本节的学习,你将能够:
(1)查看费用汇总;
(2)修改报表样式;
(3)调整规费、税金。

一、任务说明

在预览报表状态下对报表格式及相关内容进行调整和修改,根据招标文件所述内容和定额规定计取规费和税金。

二、任务分析

①规费都包含哪些项目？

②税金是如何确定的？

三、任务实施

①在"费用汇总"界面，查看"工程费用构成"，如图14.53所示。

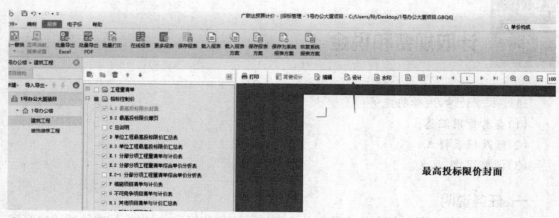

序号	费用代号	名称	计算基数	基数说明	费率(%)	金额	费用类别	备注	输出
1	一	A	分部分项工程费	FBFXKJ	分部分项合计		5,480,422.19	分部分项工程费	Σ【分部分项工程费×（人工费+材料费+机械费+综合费）】	☑
2	1.1	A1	定额人工费	DERGF	分部分项定额人工费		889,241.93	定额人工费	Σ（分部分项工程费×定额人工消耗量×定额人工单价）	☑
3	1.2	A2	定额机械费	DEJXF	分部分项定额机械费		150,855.60	定额机械费	Σ（分部分项工程费×定额机械消耗量×定额机械单价）	☑
4	1.3	A3	综合费	GLF+LR	分部分项管理费+分部分项利润		270,366.98	综合费	(1.1+1.2)×综合费费率	☑
5	二	B	措施项目费	CSXMKJ	措施项目合计		60,588.83	措施项目费	(1.1+1.2)	☑
6	三	C	不可竞争费	C1+C2	安全文明施工费+环境保护税		201,604.46	不可竞争费	3.1+3.2	☑
7	3.1	C1	安全文明施工费	C11+C12+C13+C14	安全文明施工费+文明施工费+安全施工费+临时设施费		201,604.46	安全文明施工费	(1.1+1.2)×安全文明施工费定额费率	☑
8	3.1.1	C11	环境保护费	DERGF+DEJXF+DXJX_DERGF+DXJX_DEJXF	环境保护费×分部分项定额机械费+大型机械×自定额人工费+大型机械×自定额机械费	3.26	32,063.45	环境保护费		☑
9	3.1.2	C12	文明施工费	DERGF+DEJXF+DXJX_DERGF+DXJX_DEJXF	文明施工费×分部分项定额机械费+大型机械×自定额人工费+大型机械×自定额机械费	5.12	50,034.65	文明施工费		☑
10	3.1.3	C13	安全施工费	DERGF+DEJXF+DXJX_DERGF+DXJX_DEJXF	安全施工费×分部分项定额机械费+大型机械×自定额人工费+大型机械×自定额机械费	4.13	40,359.98	安全施工费		☑
11	3.1.4	C14	临时设施费	DERGF+DEJXF+DXJX_DERGF+DXJX_DEJXF	临时设施费×分部分项定额机械费+大型机械×自定额人工费+大型机械×自定额机械费	8.1	79,156.38	临时设施费		☑
12	3.2	C2	环境保护税		环境保护税			环境保护税	按工程实际情况计列	☑
13	四	D	其他项目费	QTXMKJ	其他项目合计		1,012,800.00	其他项目费	4.1+4.2+4.3+4.4	☑
14	4.1	D1	暂列金额	暂列金额	暂列金额		1,000,000.00		按工程清单中列出的金额填写	☑
15	4.2	D2	专业工程暂估价	专业工程暂估价	专业工程暂估价		800,000.00		按工程清单中列出的金额填写	☑
16	4.3	D3	计日工	计日工	计日工		12,800.00		计日工单价×计日工数量	☑
17	4.4	D4	总承包服务费	总承包服务费	总承包服务费		0.00		按工程实际情况计列	☑
18	五	E	税金	A+B+C+D	分部分项工程费+措施项目费+不可竞争费+其他项目费-不可竞争费		680,527.39	税金	(一+二+三+四)×税率	☑
19	六	F	工程造价	A+B+C+D+E	分部分项工程费+措施项目费+不可竞争费+其他项目费-税金		8,241,942.87	工程造价	一+二+三+四+五	☑

图14.53

【注意】

费用汇总中可查看规费和税金等，规费和税金的基数和费率可进行调整。

②进入"报表"界面，选择"招标控制价"，勾选需要输出的报表，单击鼠标右键选择"报表设计"，如图14.54所示；或直接单击"报表设计器"，进入"报表设计器"界面调整列宽及行距，如图14.55所示。

图14.54

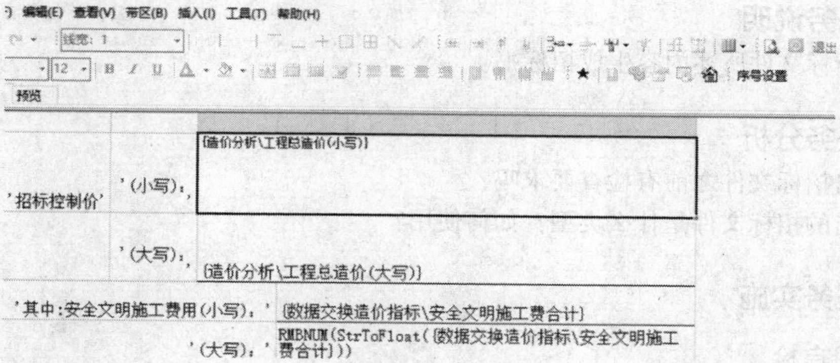

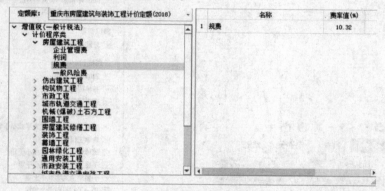

图 14.55

③单击文件,选择"报表设计预览",如需修改,关闭预览,重新调整。

四、任务结果

详见报表实例。

五、总结拓展

调整规费

如果招标文件对规费有特别要求的,可在规费的费率一栏中进行调整,如图 14.56 所示。本项目没有特别要求,按软件默认设置即可。

图 14.56

14.8 生成电子招标文件

费用汇总及
标书生成

通过本节的学习,你将能够:
(1)使用"项目自检"功能进行检查并对检查结果进行修改;
(2)运用软件生成招标书。

一、任务说明
根据招标文件所述内容生成招标书。

二、任务分析
①输出招标文件之前有检查要求吗？
②输出的招标文件是什么类型？如何使用？

三、任务实施

1)项目自检

①在"编制"页签下，单击"项目自检"，如图14.57所示。
②在"项目自检"对话框中，选择需要检查的项目名称，可以设置检查范围和检查内容，如图14.58所示。

图14.57

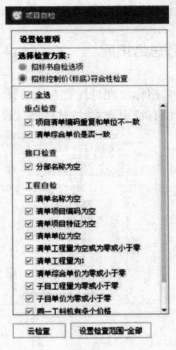

图14.58

③根据生成的"检查结果"对单位工程中的内容进行修改，检查报告如图14.59所示。

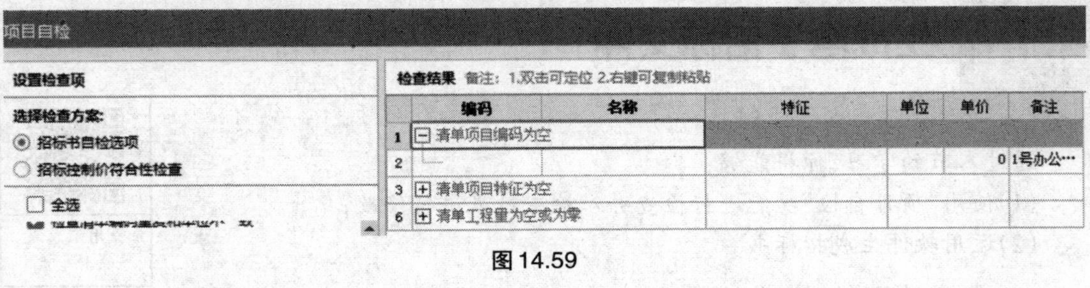

图14.59

④还可通过"云检查",判断工程造价计算的合理性,如图14.60所示。

有偏差项	综合单价检查	共0项
	错套、漏套检查	共0项
无偏差项	综合单价检查	共0项
	错套、漏套检查	共0项
未匹配项	综合单价检查	共29项
	错套、漏套检查	共0项

图14.60

2)生成招标书

①在"电子标"页签下,单击"生成招标书",如图14.61所示。

②在"导出标书"对话框中,选择导出位置以及需要导出的标书类型,单击"确定"按钮即可,如图14.62所示。

图14.61

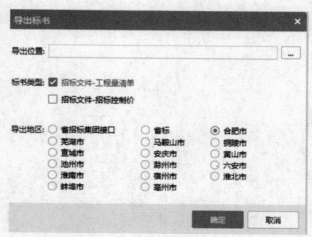

图14.62

四、任务结果

详见报表实例。

五、总结拓展

在生成招标书之前，软件会进行友情提醒："生成标书之前，最好进行自检"，以免出现不必要的错误！假如未进行项目自检，则可单击"是"，进入"项目自检"界面；假如已进行项目自检，则可单击"否"，如图 14.63 所示。

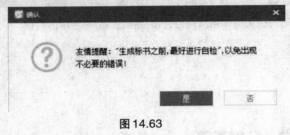

图 14.63

15 报表实例

通过本章的学习,你将能够:
熟悉编制招标控制价时需要打印的表格。

一、任务说明
按照招标文件的要求,打印相应的报表,并装订成册。

二、任务分析
①招标文件的内容和格式是如何规定的?
②如何检查打印前的报表是否符合要求?

三、任务实施
①检查报表样式。
②设定需要打印的报表。

四、任务结果
工程量清单招标控制价实例(由于篇幅限制,本书仅提供报表的部分内容,全部内容详见电子版)。

最高投标限价封面

1号办公大厦项目　工程

最高投标限价

招　标　人：＿＿＿安徽城市管理职业学院＿＿＿

（单位盖章）

造价咨询人：＿＿＿＿＿＿徐洁玲＿＿＿＿＿＿

（单位盖章）

2022年05月14日

安徽省建设工程造价计价软件测评合格编号:2018-JS-12

最高投标限价扉页

1号办公大厦项目　　**工程**

最高投标限价

最高投标限价(小写):＿＿＿＿＿＿＿8241942.87＿＿＿＿＿＿＿

　　　　(大写):＿＿＿＿捌佰贰拾肆万壹仟玖佰肆拾贰元捌角柒分＿＿＿＿

招　标　人:＿安徽城市管理职业学院＿　　　造价咨询人:＿＿＿＿＿＿＿＿
　　　　(单位盖章)　　　　　　　　　　　　　　(单位资质专用章)

法定代表人　　　　　　　　　　　　　　　法定代表人
或其授权人:＿＿＿＿＿＿＿＿＿　　　　或其授权人:＿＿＿＿＿＿＿＿＿
　　　　(签字或盖章)　　　　　　　　　　　　(签字或盖章)

编　制　人:＿＿＿＿＿＿＿＿＿　　　　复　核　人:＿＿＿＿＿＿＿＿＿
　　　(造价人员签字盖专用章)　　　　　　　(造价工程师签字盖专用章)

编制时间:2022年05月07日　　　　　　复核时间:2022年05月14日

安徽省建设工程造价计价软件测评合格编号:2018-JS-12

建设项目最高投标限价汇总表

工程名称：1号办公大厦项目   第 1 页 共 1 页

序号	单项工程名称	金额(元)	其中：	
			暂估价(元)	不可竞争费(元)
1	1号办公楼	8241942.87	1318952.61	201604.46
合计		8241942.87	1318952.61	201604.46

说明：本表适用于建设项目最高投标限价或投标报价的汇总。暂估价包括分部分项工程中的材料、设备暂估价和专业工程暂估价。

安徽省建设工程造价计价软件测评合格编号：2018-JS-12

单项工程最高投标限价汇总表

工程名称:1号办公楼　　　　标段:1号办公大厦项目　　　第 1 页 共 1 页

序号	单位工程名称	金额(元)	其中:	
			暂估价(元)	不可竞争费(元)
1	建筑工程	8241942.87	1318952.61	201604.46
合计		8241942.87	1318952.61	201604.46

说明:本表适用于单项工程最高投标限价或投标报价的汇总。暂估价包括分部分项工程中的材料、设备暂估价和专业工程暂估价。

安徽省建设工程造价计价软件测评合格编号:2018-JS-12

单位工程最高投标限价汇总表

工程名称：建筑工程　　　　　　　标段：1号办公大厦项目　　　　　　第 1 页共 1 页

序号	汇总内容	金额(元)	其中：材料、设备暂估价(元)
1	分部分项工程费	5486422.19	518952.61
1.1	定额人工费	889241.93	
1.2	定额机械费	150855.69	
1.3	综合费	270386.98	
2	措施项目费	60588.83	
3	不可竞争费	201604.46	
3.1	安全文明施工费	201604.46	
3.2	环境保护税		
4	其他项目费	1812800	
4.1	暂列金额	1000000	
4.2	专业工程暂估价	800000	
4.3	计日工	12800	
4.4	总承包服务费		
5	税金	680527.39	
	工程造价=1+2+3+4+5	8241942.87	518952.61

说明：本表适用于单位工程最高投标限价或投标报价的汇总，如无单位工程划分，单项工程也使用本表汇总。

工程名称：建筑工程

分部分项工程量清单计价表

标段：1号办公大厦项目

序号	项目编码	项目名称	项目特征描述	计量单位	工程量	综合单价	合价	金额（元） 其中 定额人工费	定额机械费	暂估价
	A	建筑及装饰装修工程					5486422.19	889241.93	150855.69	518952.61
	A.1	土石方工程					86689.68	9249.8	57591.75	
	A.1.1	土方工程					86689.68	9249.8	57591.75	
1	010101001001	平整场地	土壤类别:三类土	m²	634.43	0.79	501.2	50.75	336.25	
2	010101002001	挖一般土方	(1)土壤类别:三类土 (2)挖土深度:4.2 m	m³	4210.25	2.85	11999.21	1010.46	8336.3	
3	010101004001	挖基坑土方	(1)土壤类别:三类土 (2)挖土深度:5.95 m	m³	20	4.64	92.8	7.8	64.2	
4	010101001002	平整场地	土壤类别:三类土	m²	634.43					
5	WB010101011001	人工清底	土壤类别:三类土	m²	940	11.43	10744.2	7106.4		
6	WB010101013001	机械运土方	(1)运距:10 km	m³	2471.95	23.81	58857.13	692.15	45904.11	
7	010103001001	回填方	(1)密实度要求:回填土应分层夯实,压实系数0.95 (2)填方材料品种:需符合设计要求 (3)填方粒径要求:需符合设计要求	m³	1528.96	2.94	4495.14	382.24	2950.89	
	A.4	砌筑工程					339335.7	80435.07	2057.36	
	A.4.1	砖砌体					10354.64	3143.72	158.2	

安徽省建设工程造价计价软件测评合格编号：2018-JS-12

分部分项工程量清单计价表

工程名称：建筑工程　标段：1号办公大厦项目　

序号	项目编码	项目名称	项目特征描述	计量单位	工程量	综合单价	合价	金额（元） 其中		
								定额人工费	定额机械费	暂估价
8	010401003001	实心砖墙	(1)砖品种、规格、强度等级:240 mm标准砖墙 (2)墙体类型:女儿墙 (3)砂浆强度等级:M5水泥砂浆	m³	19.34	535.4	10354.64	3143.72	158.2	
	A.4.2	砌块砌体					328981.06	77291.35	1899.16	
9	010402001001	砌块墙	(1)砌块品种、规格、强度等级:陶粒空心砖墙100 mm厚 (2)墙体类型:空心砌块 (3)砂浆强度等级:M5水泥砂浆	m³	7.33	595.95	4368.31	1026.35	25.22	
10	010402001002	砌块墙	(1)砌块品种、规格、强度等级:陶粒空心砖墙200 mm厚 (2)墙体类型:空心砌块 (3)砂浆强度等级:M5水泥砂浆	m³	377.25	595.89	224799.5	52815	1297.74	
11	010402001003	砌块墙	(1)砌块品种、规格、强度等级:陶粒空心砖墙250 mm厚 (2)墙体类型:空心砌块 (3)砂浆强度等级:M5水泥砂浆	m³	167.5	595.9	99813.25	23450	576.2	
	A.5	混凝土工程					2128880.31	141220.61	10476.61	
	A.5.1	现浇混凝土基础					338330.79	11907.03		
12	010501001001	垫层	(1)混凝土种类:商品混凝土 (2)混凝土强度等级:C15	m³	96.89	634.3	61457.33	2902.82		

安徽省建设工程造价计价软件测评合格编号:2018-JS-12　　专用C6024工程量清单计价软件

分部分项工程量清单计价表

标段:1号办公大厦项目

工程名称:建筑工程

序号	项目编码	项目名称	项目特征描述	计量单位	工程量	综合单价	合价	金额(元) 其中 定额人工费	金额(元) 其中 定额机械费	暂估价
13	010501003001	独立基础	(1)混凝土种类:商品混凝土 (2)混凝土强度等级:C30	m³	65.33	717.69	46886.69	1820.09		
14	010501004001	满堂基础	(1)混凝土种类:商品混凝土 (2)混凝土强度等级:C30 P6	m³	316.76	726.06	229986.77	7184.12		
	A.5.2	现浇混凝土柱					125924.39	8297.83	145.51	
15	010502001001	矩形柱	(1)柱规格形状:矩形柱 周长2.4 m以内 (2)混凝土种类:现浇商品混凝土 (3)混凝土强度等级:C30	m³	150.77	735.94	110957.67	6353.45	129.66	
16	010502001002	矩形柱	(1)柱规格形状:矩形柱 周长1.6 m以内 (2)混凝土种类:现浇商品混凝土 (3)混凝土强度等级:C30	m³	0.33	744.54	245.7	14.45	0.29	
17	010502002001	构造柱	(1)柱规格形状:矩形 240 mm×240 mm (2)混凝土种类:商品混凝土 (3)混凝土强度等级:C25	m³	2.03	718.02	1457.58	88.1	1.75	
18	010502002002	构造柱	(1)柱规格形状:矩形 240 mm×490 mm (2)混凝土种类:商品混凝土 (3)混凝土强度等级:C25	m³	0.23	842.94	193.88	26.92	0.2	
19	010502002003	构造柱	(1)柱规格形状:矩形 250 mm×250 mm (2)混凝土种类:商品混凝土 (3)混凝土强度等级:C25	m³	15.83	825.62	13069.56	1814.91	13.61	

安徽省建设工程造价计价软件测评合格编号:2018-JS-12

分部分项工程量清单计价表

工程名称：建筑工程　　　　标段：1号办公大厦项目

序号	项目编码	项目名称	项目特征描述	计量单位	工程量	综合单价	合价	金额（元）其中 定额人工费	金额（元）其中 定额机械费	暂估价
	A.5.3	现浇混凝土梁					16833.45	1497.21		
20	010503001001	基础梁	(1)混凝土种类:商品混凝土 (2)混凝土强度等级:C30	m³	0.08	697.43	55.79	2.17		
21	010503004001	圈梁	(1)混凝土种类:商品混凝土 (2)混凝土强度等级:C25	m³	15.57	753.43	11730.91	994.14		
22	010503005001	过梁	(1)混凝土种类:商品混凝土 (2)混凝土强度等级:C25	m³	6.48	778.82	5046.75	500.9		
	A.5.4	现浇混凝土墙					128585.04	5705.34	150.05	
23	010504001001	直形墙	(1)墙规格:300 mm 外墙 (2)混凝土种类:商品混凝土 P6 (3)混凝土强度等级:C30	m³	129.74	738.71	95840.24	4177.63	111.58	
24	010504001002	直形墙	(1)墙规格:250 mm 外墙 (2)混凝土种类:商品混凝土 (3)混凝土强度等级:C30	m³	1.53	725.38	1109.83	49.97	1.32	
25	010504002001	弧形混凝土墙	(1)墙规格:300 mm 外墙 (2)混凝土种类:商品混凝土 P6 (3)混凝土强度等级:C30	m³	7.71	740.62	5710.18	255.74	6.63	
26	WB010504003001	电梯井墙(暗柱)	(1)混凝土种类:商品混凝土 (2)混凝土强度等级:C30	m³	0.6	730.56	438.34	20.66	0.52	
27	WB010504003002	电梯井墙	(1)混凝土种类:商品混凝土 (2)混凝土强度等级:C30	m³	33.87	730.65	24747.12	1166.48	29.13	

分部分项工程量清单计价表

工程名称:建筑工程

标段:1号办公大厦项目

序号	项目编码	项目名称	项目特征描述	计量单位	工程量	综合单价	合价	金额(元)其中		暂估价
								定额人工费	定额机械费	
28	WB010504003003	电梯井壁(连梁)	(1)混凝土种类:商品混凝土 (2)混凝土强度等级:C30	m³	1.01	732.01	739.33	34.86	0.87	
	A.5.5	现浇混凝土板					420642.4	17601.1		
29	010505001001	有梁板	(1)混凝土种类:商品混凝土 (2)混凝土强度等级:C30	m³	544.66	724.53	394622.51	16165.51		
30	010505001002	有梁板	(1)混凝土种类:商品混凝土 (2)混凝土强度等级:C30 (3)阳合板	m³	12.54	724.53	9085.61	372.19		
31	010505001003	有梁板	(1)混凝土种类:商品混凝土 (2)混凝土强度等级:C30	m³	4.27	725.15	3096.39	126.86		
32	010505007001	天沟、挑檐板	(1)混凝土种类:商品混凝土 (2)混凝土强度等级:C30	m³	18.08	765.37	13837.89	936.54		
	A.5.6	现浇混凝土楼梯					10936.09	484.61		
33	010506001001	直形楼梯	(1)混凝土种类:商品混凝土 (2)混凝土强度等级:C30	m²	58.67	186.4	10936.09	484.61		
	A.5.7	现浇混凝土其他构件					1087628.15	95727.49	10181.05	
34	010507001001	散水、坡道	(1)60 mm 厚 C15 细石混凝土面层 (2)150 mm厚 3:7灰土宽出面层 300 mm (3)素土夯实,向外坡 4%	m²	100.03	98.63	9865.96	1628.49	35.01	

安徽省建设工程造价计价软件测评合格编号:2018-JS-12

分部分项工程量清单计价表

工程名称：建筑工程　　标段：1号办公大厦项目

序号	项目编码	项目名称	项目特征描述	计量单位	工程量	综合单价	合价	金额（元）其中		暂估价
								定额人工费	定额机械费	
35	010507005001	扶手、压顶	(1)断面尺寸:300 mm×60 mm (2)混凝土种类:商品混凝土 (3)混凝土强度等级:C25	m³	2.13	769.17	1638.33	132.46		
36	010515001001	现浇构件钢筋	钢筋种类、规格:HPB300	t	6.786	6156.96	41781.13	3226.4	649.69	
37	010515001005	现浇构件钢筋	钢筋种类、规格:HRB300	t	0.086	7477	643.02	65.41	4.28	
38	010515001002	现浇构件钢筋	钢筋种类、规格:HRB400φ10以内	t	51.98	6209.65	322777.61	26576.33	5582.65	
39	010515001003	现浇构件钢筋	钢筋种类、规格:HRB400φ20以内	t	67.881	5552.89	376935.73	31361.02	2118.57	
40	010515001004	现浇构件钢筋	钢筋种类、规格:HRB400φ20以上	t	54.26	5470.25	296815.77	23852.7	1246.89	
41	010516003001	钢筋连接	(1)连接方式 (2)螺纹套筒种类 (3)规格	个	3022	12.3	37170.6	8884.68	543.96	
	A.6	金属结构工程					13438.93	1476.92	23.01	
	A.6.7	金属制品					13438.93	1476.92	23.01	
42	010607003001	成品雨篷	(1)材料品种、规格:玻璃钢雨篷，面层玻璃钢,底层为玻璃钢网架 (2)雨篷宽度:3.85 m	m²	27.72	484.81	13438.93	1476.92	23.01	
	A.8	门窗工程					329389.55	13769.91	583.27	
	A.8.1	木门					116991.88	5142.06	213.7	

分部分项工程量清单计价表

工程名称：建筑工程

标段：1号办公大厦项目

序号	项目编码	项目名称	项目特征描述	计量单位	工程量	综合单价	合价	金额（元） 其中 定额人工费	定额机械费	暂估价
43	010801001001	木质门	(1)成品木质夹板门M1021 (2)其他未尽事宜详见图纸、答疑及相关规范要求	m²	222.6	525.57	11691.88	5142.06	213.7	
	A.8.2	金属门					5735.38	279.07	4.58	
44	010802003001	钢质防火门	(1)门代号及洞口尺寸:成品乙级防火门FM乙1121 (2)其他未尽事宜详见图纸、答疑及相关规范要求	m²	4.62	650.27	3004.25	146.18	2.4	
45	010802003002	钢质防火门	(1)门代号及洞口尺寸:成品甲级防火门FM甲1021 (2)成品安装:其他未尽事宜详见图纸、答疑及相关规范要求	m²	4.2	650.27	2731.13	132.89	2.18	
	A.8.5	其他门					31966.44	1232		
46	010805002001	旋转门	(1)成品旋转玻璃门M5021 (2)其他未尽事宜详见图纸、答疑及相关规范要求	樘	1	31966.44	31966.44	1232		
	A.8.6	金属窗					174695.85	7116.78	364.99	
47	010807001001	金属窗	(1)窗代号及洞口尺寸:C0924 (2)窗材质:塑钢窗 (3)玻璃品种,厚度:中空玻璃	m²	8.64	523.05	4519.15	186.28	8.38	

安徽省建设工程造价计价软件测评合格编号：2018-JS-12

分部分项工程量清单计价表

标段：1号办公大厦项目

工程名称：建筑工程

序号	项目编码	项目名称	项目特征描述	计量单位	工程量	综合单价	合价	金额（元）定额人工费	其中 定额机械费	暂估价
48	010807001002	金属窗	(1) 窗代号及洞口尺寸:C1824 (2) 窗材质质:塑钢窗 (3) 玻璃品种、厚度:中空玻璃	m²	17.28	523.05	9038.3	372.56	16.76	
49	010807001003	金属窗	(1) 窗代号及洞口尺寸:C1624 (2) 窗材质质:塑钢窗 (3) 玻璃品种、厚度:中空玻璃	m²	15.36	523.05	8034.05	331.16	14.9	
50	010807001004	金属窗	(1) 窗代号及洞口尺寸:C1524 (2) 窗材质质:塑钢窗 (3) 玻璃品种、厚度:中空玻璃	m²	7.2	523.05	3765.96	155.23	6.98	
51	010807001005	金属窗	(1) 窗代号及洞口尺寸:C2424 (2) 窗材质质:塑钢窗 (3) 玻璃品种、厚度:中空玻璃	m²	17.28	523.05	9038.3	372.56	16.76	
52	010807006001	金属（塑钢、断桥）橱窗	(1) 窗代号:ZJC1 (2) 窗材质质:塑钢窗 (3) 玻璃品种、厚度:中空玻璃	m²	216.43	538.71	116593.01	4806.91	216.43	
53	010807007001	金属（塑钢、断桥）飘（凸）窗	(1) 窗材质质:塑钢窗 (2) 玻璃品种、厚度:中空玻璃	m²	54	439.02	23707.08	892.08	84.78	
	A.9	屋面及防水工程					67493.16	7251.83	550.67	
	A.9.2	屋面防水及其他					67493.16	7251.83	550.67	

分部分项工程量清单计价表

标段：1号办公大厦项目

工程名称：建筑工程

序号	项目编码	项目名称	项目特征描述	计量单位	工程量	综合单价	合价	金额（元）其中 定额人工费	定额机械费	暂估价
54	010902001001	屋面卷材防水	卷材品种、规格、厚度:3 mm+3 mm 厚 SBS 改性沥青防水卷材	m²	619.81	84.79	52553.69	3557.71		
55	010902003001	屋面水泥砂浆找平	刚性层厚度:20 mm 厚水泥砂浆	m²	585.55	22.24	13022.63	3331.78	532.85	
56	010902004001	屋面排水管	排水管品种、规格:UPVC De110	m	59.4	32.27	1916.84	362.34	17.82	
	A.10	保温、隔热、防腐工程					182560.56	37919.66		
	A.10.1	保温、隔热					182560.56	37919.66		
57	011001001001	保温隔热屋面	(1)保温隔热材料品种、规格、厚度 (2)黏结材料种类、做法	m²	585.65					
58	011001003001	保温隔热墙面	50 mm 厚聚苯保温板保温层	m²	1560.48	116.99	182560.56	37919.66		346979.46
	A.11	楼地面装饰工程					819203.17	96156.92	6014.54	
	A.11.1	整体面层及找平层					55655.89	5786.33	662.53	
59	011101001001	水泥砂浆楼地面（楼面4）	(1)20 mm厚1:2.5水泥砂浆压实赶光 (2)50 mm厚CL7.5轻集料混凝土 钢筋混凝土楼板	m²	259.25	47.14	12221.05	2872.49	502.95	
60	011101001002	水泥砂浆楼地面-地面2	(1)20mm厚1:2.5水泥砂浆抹面压实赶光 (2)素水泥浆一道（内掺建筑胶） (3)50 mm厚C10混凝土 (4)150 mm厚5～32卵石灌 M2.5 混合砂浆、平板振捣器振捣密实 素土夯实，压实系数0.95	m²	38.64	1124.09	43434.84	2913.84	159.58	

安徽省建设工程造价计价软件测评合格编号:2018-JS-12

分部分项工程量清单计价表

工程名称：建筑工程　　标段：1号办公大厦项目

序号	项目编码	项目名称	项目特征描述	计量单位	工程量	综合单价	合价	定额人工费	定额机械费	暂估价
	A.11.2	块料面层					709838	80141.99	5102.25	322470.32
61	011102001001	石材楼地面（楼面3）	(1)铺20 mm厚大理石板，稀水泥擦缝 (2)撒素水泥面(洒适量清水) (3)30 mm厚1:3干硬性水泥砂浆黏结层 (4)40 mm厚1:1.6水泥粗砂焦渣垫层	m²	406.86	670.73	272893.21	21705.98	553.33	82998.42
62	011102001002	石材楼地面（地面1）	(1)铺20 mm厚大理石板，稀水泥擦缝 (2)撒素水泥面(撒适量清水) (3)30 mm厚1:3干硬性水泥砂浆黏结层 (4)100 mm厚C10素混凝土 (5)150 mm厚3:7灰土夯实 素土夯实	m²	327.29	358.95	117480.75	15120.8	533.48	66767.16
63	011102003001	块料楼地面（楼面1）	(1)10 mm厚高级地砖，稀水泥浆擦缝 (2)6 mm厚建筑胶水泥砂浆黏结层 (3)素水泥浆一道(内掺建筑胶) (4)20 mm厚1:3水泥砂浆找平层 (5)素水泥浆一道(内掺建筑胶) (6)钢筋混凝土楼板	m²	1293.64	167.4	216555.34	29999.51	2742.52	132597.9

安徽省建设工程造价计价软件测评合格编号：2018-JS-12

分部分项工程量清单计价表

工程名称：建筑工程

标段：1号办公大厦项目

序号	项目编码	项目名称	项目特征描述	计量单位	工程量	金额（元）				
						综合单价	合价	定额人工费	定额机械费	暂估价
									其中	
64	011102003002	块料楼地面（楼面2）	（1）10 mm厚防滑地砖 400 mm×400 mm，稀水泥浆擦缝 （2）撒素水泥面（洒适量清水） （3）20 mm厚 1:2 干硬性水泥砂浆黏结层 （4）1.5 mm厚聚氨酯涂膜防水层靠墙处卷边150 mm （5）20 mm厚 1:3 水泥砂浆找平层，四周及竖管根部位抹小八字角 （6）素水泥浆一道 （7）平均35 mm厚 C15 细石混凝土从门口向地漏找1%坡 现浇混凝土楼板	m²	263.42	260.5	68620.91	9008.96	877.19	21600.77
65	011102003003	块料楼地面（地面3）	（1）10 mm厚高级地砖，建筑胶黏剂粘铺，稀水泥浆碱擦缝 （2）20 mm厚 1:2 干硬性水泥砂浆黏结层 （3）素水泥结合层一道 （4）50 mm厚 C10混凝土 （5）150 mm厚 5～32 卵石灌 M2.5 混合砂浆，平板振捣器捣密实 （6）素土夯实，压实系数0.95	m²	116.17	198.45	23053.94	2795.05	249.77	11907.12

安徽省建设工程造价计价软件测评合格编号：2018-JS-12

分部分项工程量清单计价表

标段：1号办公大厦项目

工程名称：建筑工程

序号	项目编码	项目名称	项目特征描述	计量单位	工程量	综合单价	合价	定额人工费	定额机械费	暂估价
66	011102003004	块料楼地面(地面2)	(1)2.5 mm厚石塑防滑地砖，建筑胶黏剂粘铺，稀水泥浆 (2)素水泥浆一道（内掺建筑胶） (3)30 mm厚C15细石混凝土随抹打随 (4)3 mm厚高聚物改性沥青涂膜防水层，四周往上卷150 mm高 (5)平均35 mm厚C15细石混凝土找坡层 (6)150 mm厚3：7灰土夯实 素土夯实，压实系数0.95	m²	64.3	174.71	11233.85	1511.69	145.96	6598.95
67	011105001001	A.11.5 踢脚线 水泥砂浆踢脚线－踢脚3	(1)6 mm厚1:2.5水泥砂浆罩面压实赶光(高100 mm) (2)素水泥浆一道 (3)6 mm厚1:3水泥砂浆打底扫毛或划出纹道	m	289.52	5.83	1687.9	932.25	5.79	
							33911.7	7623.35	213.13	20171.72
68	011105002001	石材踢脚线－踢脚2	(1)15 mm厚大理石踢脚板（800 mm×100 mm深色大理石高100 mm），稀水泥浆擦缝 (2)10 mm厚1:2水泥砂浆（内掺建筑胶）黏结层 (3)界面剂一道甩毛（甩前先将墙面用水湿润）	m	385.51	31.81	12263.07	1923.69	84.81	8808.92

安徽省建设工程造价计价软件测评合格编号：2018-JS-12

分部分项工程量清单计价表

工程名称:建筑工程

标段:1号办公大厦项目

序号	项目编码	项目名称	项目特征描述	计量单位	工程量	金额(元)					
						综合单价	合价	定额人工费	其中		暂估价
									定额机械费		
69	011105003001	块料踢脚线-踢脚1	(1)10 mm厚防滑地砖踢脚(400 mm×100 mm深色地砖,高100 mm),稀水泥浆擦缝 (2)8 mm厚1:2水泥砂浆(内掺建筑胶)黏结层 (3)5 mm厚1:3水泥砂浆打底扫毛或划出纹道	m	1113.88	17.92	19960.73	4767.41	122.53		11362.8
A.11.7		台阶装饰					19797.58	2605.25	36.63		4337.42
70	011107001001	石材台阶	(1)20 mm厚花岗岩板铺面正、背面及四周边满涂防污剂,稀水泥浆擦缝 (2)撒素水泥面(酒适量清水) (3)30 mm厚1:4硬性水泥砂浆黏结层 (4)素水泥浆一道(内掺建筑胶) (5)100 mm厚C15混凝土,台阶面向外坡1% (6)300 mm厚3:7灰土垫层分两步夯实 (7)素土夯实	m²	11.52	1718.54	19797.58	2605.25	36.63		4337.42
A.12		墙、柱面装饰与隔断、幕墙工程					562374.06	177752.36	7811.92		171973.15
A.12.1		墙面抹灰					203404.58	87876.16	5002.69		

安徽省建设工程造价计价软件测评合格编号:2018-JS-12

分部分项工程量清单计价表

标段：1号办公大厦项目

工程名称：建筑工程

序号	项目编码	项目名称	项目特征描述	计量单位	工程量	综合单价	合价	金额（元）其中		暂估价
								定额人工费	定额机械费	
71	011201001001	墙面一般抹灰(内墙面1)	(1)底层厚度，砂浆配合比：素水泥浆一道甩毛（内掺建筑胶）(2)中层厚度，砂浆配合比:9 mm厚1:3水泥砂浆打底扫毛 (3)面层厚度，砂浆配合比:5 mm厚1:2.5水泥砂浆找平	m²	5251.47	38.63	202864.29	87647.03	4988.9	
72	011201001002	墙面一般抹灰(墙裙1)	(1)底层厚度，砂浆配合比:8 mm厚1:3水泥砂浆打底扫毛划出纹道 (2)面层厚度，砂浆配合比:6 mm厚1:0.5:2.5水泥石灰膏砂浆罩面	m²	14.52	37.21	540.29	229.13	13.79	
	A.12.2	柱(梁)面抹灰					2151.2	929.32	52.7	
73	011202001001	柱、梁面一般抹灰(独立柱装修)	(1)底层厚度，砂浆配合比：素水泥浆一道甩毛（内掺建筑胶）(2)中层厚度，砂浆配合比:9 mm厚1:3水泥砂浆打底扫毛 (3)面层厚度，砂浆配合比:5 mm厚1:2.5水泥砂浆找平	m²	53.78	40	2151.2	929.32	52.7	
	A.12.4	墙面块料面层					356818.28	8946.88	2756.53	171973.15

安徽省建设工程造价计价软件测评合格证编号:2018-JS-12

分部分项工程量清单计价表

工程名称:建筑工程

标段:1号办公大厦项目

序号	项目编码	项目名称	项目特征描述	计量单位	工程量	金额(元)		其中		
						综合单价	合价	定额人工费	定额机械费	暂估价
74	011204001001	石材墙面(墙裙1)	(1)安装方式:黏贴 (2)面层材料品种、规格、品牌、颜色:10 mm厚大理石板、正、背面及四周边满刷防污剂 (3)结合层材料种类:水泥砂浆 (4)缝宽、嵌缝材料种类:稀水泥浆擦缝 (5)防护材料种类:正、背面及四周边满刷防污剂	m²	14.75	272.07	4013.03	539.7	8.26	3023.34
75	011204001002	石材墙面(外墙面2)	(1)干挂石材墙面 (2)竖向龙骨同整个墙面用聚合物砂浆粘贴35 mm厚聚苯保温板,聚苯板与角钢竖向龙骨交接处严贴不得有缝隙,黏结面积20% 聚苯离墙10 mm形成10 mm厚空气层聚苯保温板容重≥18 kg/m (3)墙面	m²	145.97	341.93	49911.52	7343.75	375.14	29923.65
76	011204003001	块料墙面(外墙面1)	(1)10 mm厚面砖,在砖粘贴面上随粘随刷一遍YJ-302混凝土界面处理剂,1:1水泥砂浆勾缝 (2)6 mm厚1:0.2:2.5 水泥石灰膏砂浆(内掺建筑胶) (3)刷素水泥浆一道(内掺水重5%的建筑胶) (4)50 mm厚聚苯保温板保温层 (5)刷一道YJ-302型混凝土界面处理剂	m²	1222.9	162.53	198757.94	53563.02	1345.19	93605.58

分部分项工程量清单计价表

标段：1号办公大厦项目

工程名称：建筑工程

序号	项目编码	项目名称	项目特征描述	计量单位	工程量	综合单价	合价	定额人工费	定额机械费	暂估价
									其中	
								金额（元）		
77	011204003002	块料墙面(内墙面2)	(1)白水泥擦缝 (2)5 mm厚釉面面砖面层(200 mm×300 mm高级面砖) (3)5 mm厚1:2建筑水泥砂浆黏结层 (4)素水泥浆一道 (5)9 mm厚1:3水泥砂浆打底压实抹平，素水泥浆一道甩毛	m²	566.71	142.99	81033.86	21393.3	799.06	35362.7
78	011204003003	块料墙面(内墙面2)	(1)白水泥擦缝 (2)5 mm厚釉面砖面层(200 mm×300 mm高级面砖) (3)5 mm厚1:2建筑水泥砂浆黏结层 (4)素水泥浆一道 (5)9 mm厚1:3水泥砂浆打底压实抹平素水泥浆一道甩毛	m²	161.18	143.33	23101.93	6107.11	228.88	10057.88
	A.13	天棚工程					259444.37	51134.42	2066.96	
	A.13.1	天棚抹灰					44731.32	16684	517.94	
79	011301001001	天棚抹灰(天棚1)	(1)3 mm厚1:2.5水泥砂浆找平 (2)5 mm厚1:3水泥砂浆打底扫毛或划出纹道 (3)素水泥浆一道甩毛(内掺建筑胶)	m²	1515.9	28.5	43203.15	16114.02	500.25	

安徽省建设工程造价计价软件测评评合格编号：2018-JS-12

分部分项工程量清单计价表

工程名称:建筑工程　　　　标段:1号办公大厦项目　　　　　　　　　　　　　第 17 页 共 22 页

序号	项目编码	项目名称	项目特征描述	计量单位	工程量	综合单价	合价	定额人工费	定额机械费	暂估价
									其中	
80	011301001002	天棚抹灰(天棚1)	(1)3 mm厚1:2.5水泥砂浆找平 (2)5 mm厚13水泥砂浆打底扫毛或刮出纹道 素水泥浆一道甩毛(内掺建筑胶)	m²	53.62	28.5	1528.17	569.98	17.69	
	A.13.2	天棚吊顶					214713.05	34450.42	1549.02	
81	011302001001	吊顶天棚(吊顶1)	(1)1.0 mm厚铝合金条板,离缝安装带插缝板 (2)U形轻钢次龙骨 LB45×48,中距≤1500 mm (3)U形轻钢主龙骨 LB38×12,中距≤1500 mm与钢筋吊杆固定 (4)φ6钢筋吊杆,中距横向≤1500 mm,纵向≤1200 mm (5)现浇混凝土板底预留φ10钢筋吊环,双向中距≤1500 mm	m²	1112.19	179.98	200171.96	31675.17	1456.97	
82	011302001002	吊顶天棚(吊顶2)	(1)12 mm厚岩棉吸声板面层,规格 592 mm×592 mm (2)T形轻钢次龙骨 TB24×28,中距 600 mm (3)T形轻钢主龙骨 TB24×38,中距 600 mm,找平后与钢筋吊杆固定 (4)φ8钢筋吊杆,双向中距≤1200 mm,现浇混凝土板底预留φ10钢筋吊环,双向中距≤1200 mm	m²	170.47	85.3	14541.09	2775.25	92.05	

安徽省建设工程造价计价软件测评合格编号:2018-JS-12

分部分项工程量清单计价表

工程名称：建筑工程　　标段：1号办公大厦项目

序号	项目编码	项目名称	项目特征描述	计量单位	工程量	综合单价	合价	定额人工费	定额机械费	暂估价
	A.14	油漆、涂料、裱糊工程					46303.25	12446.84	197.11	
	A.14.5	抹灰面油漆					4146.44	1757.85	98.53	
83	011406001001	抹灰面油漆（独立柱装修）	(1)喷刷涂料部位:墙面 (2)涂料品种、喷刷遍数:喷水性耐擦洗涂料两遍	m²	53.78	5.43	292.03	68.84		
84	WB011406004001	外墙装饰砂浆	(1)6 mm厚1:2.5水泥砂浆罩面 (2)12 mm厚1:3水泥砂浆打底扫毛或划出纹道	m²	108.27	35.6	3854.41	1689.01	98.53	
	A.14.6	喷刷涂料					42156.81	10688.99	98.58	
85	011407001001	墙面喷刷涂料-外墙面3	(1)喷HJ80-1型无机建筑涂料 (2)6 mm厚1:2.5水泥砂浆找平 (3)12 mm厚1:3水泥砂浆打底扫毛或划出纹道	m²	27.71	46.34	1284.08	469.96	23.55	
86	011407001002	墙面喷刷涂料(内墙面1)	(1)喷刷涂料部位:墙面 (2)涂料品种、喷刷遍数:喷水性耐擦洗涂料两遍	m²	4013.23	5.43	21791.84	5136.93		
87	011407001003	墙面喷刷涂料-外墙面3	(1)喷HJ80-1型无机建筑涂料 (2)6 mm厚1:2.5水泥砂浆找平 (3)12 mm厚1:3水泥砂浆打底扫毛或划出纹道 (4)刷素水泥浆一道(内掺水重5%的建筑胶) (5)50 mm厚聚苯保温板保温层 (6)刷一道YJ-302型混凝土界面处理剂	m²	87.24	50.03	4364.62	1613.07	75.03	

安徽省建设工程造价计价软件测评合格编号:2018-JS-12

分部分项工程量清单计价表

工程名称：建筑工程　　标段：1号办公大厦项目

序号	项目编码	项目名称	项目特征描述	计量单位	工程量	综合单价	合价	定额人工费	定额机械费	暂估价
								金额(元)	其中	
88	011407001004	墙面喷刷涂料(内墙面1)	(1)喷刷涂料部位:墙面 (2)涂料品种、喷刷遍数:喷水性耐擦洗涂料两遍	m²	1140.66	5.43	6193.78	1460.04		
89	011407002001	天棚喷刷涂料(天棚1)	(1)喷刷涂料部位:天棚 (2)涂料品种、喷刷遍数:水性耐擦洗涂料	m²	1569.52	5.43	8522.49	2008.99		
	A.15	其他装饰工程					52468.64	9768.56	1703.56	
	A.15.3	扶手、栏杆、栏板装饰					52468.64	9768.56	1703.56	
90	011503001001	金属扶手、栏杆、栏板(护窗栏杆)	(1)材质:不锈钢 (2)规格:900 mm高 (3)防腐刷油材质、工艺要求	m	149.7	278.26	41655.52	7712.54	1507.48	
91	011503001002	金属扶手、栏杆、栏板(楼梯栏杆)	(1)材质:铁艺 (2)规格:900 mm高 (3)防腐刷油材质、工艺要求	m	37.91	227.32	8617.7	1634.68	103.49	
92	011503001003	金属扶手、栏杆、栏板(走廊玻璃栏板)	(1)材质:不锈钢 (2)规格:900 mm高 (3)防腐刷油材质、工艺要求	m	7.2	304.92	2195.42	421.34	92.59	
	A.17	措施项目					598840.81	250659.03	61778.93	
	A.17.2	混凝土模板及支架(撑)					432132.26	201898.5	9547.25	
93	011702001001	基础(模板)	基础类型:独立基础	m²	78.64	51.18	4024.8	2031.27	100.66	
94	011702001002	基础(模板)	基础类型:垫层	m²	47.38	48.4	2293.19	1203.93	57.33	

安徽省建设工程造价计价软件测评合格编号:2018-JS-12

333

分部分项工程量清单计价表

标段:1号办公大厦项目

工程名称:建筑工程

序号	项目编码	项目名称	项目特征描述	计量单位	工程量	综合单价	金额（元）			暂估价
							合价	其中		
								定额人工费	定额机械费	
95	011702001003	基础（模板）	筏板基础	m²	48.23	50.88	2453.94	1246.26	55.46	
96	011702002001	矩形柱（模板）	柱截面尺寸:矩形柱 周长2.4 m以内	m²	1045.17	54.18	56627.31	27477.52	1442.33	
97	011702002002	矩形柱（模板）	柱截面尺寸:周长1.6 m以内	m²	5.04	54.97	277.05	135.12	6.96	
98	011702003001	构造柱	柱截面尺寸:矩形 240 mm×240 mm	m²	19.34	55.65	1076.27	558.15	21.47	
99	011702003002	构造柱	柱截面尺寸:矩形 240 mm×490 mm	m²	2.02	55.53	112.17	58.18	2.24	
100	011702003003	构造柱	柱截面尺寸:矩形 250 mm×250 mm	m²	194.03	55.66	10799.71	5601.65	215.37	
101	011702005001	基础梁	(1)梁截面尺寸:300 mm×500 mm (2)梁截面形状:矩形	m²	0.61	51.4	31.35	15.03	0.76	
102	011702006001	矩形梁	支撑高度:3.6 m以内	m²	1.13	56.87	64.26	29.01	2.08	
103	011702008001	圈梁（模板）	梁截面形状:250 mm×180 mm	m²	132.12	57	7530.84	3814.3	136.08	
104	011702009001	过梁（模板）	(1)梁截面形状:详见设计图纸 (2)模板类型:木模板 (3)施工及材料应符合招标文件、设计、图集及相关规范、标准要求	m²	99.94	58.93	5889.46	2931.24	133.92	
105	011702010001	弧形、拱形梁	支撑高度:3.6 m以内	m²	48.46	91.32	4425.37	2084.26	104.19	
106	011702010002	弧形、拱形梁	支撑高度:3.9 m	m²	15.26	91.29	1393.09	656.18	32.81	
107	011702011001	直形墙	墙类型:混凝土外墙	m²	876.08	78.67	68921.21	27228.57	1016.25	
108	011702012001	弧形墙	墙类型:混凝土外墙	m²	51.41	72.73	3739.05	1526.88	66.83	

安徽省建设工程造价计价软件测评合格编号:2018-JS-12

分部分项工程量清单计价表

工程名称：建筑工程　　　标段：1号办公大厦项目

序号	项目编码	项目名称	项目特征描述	计量单位	工程量	综合单价	合价	金额（元）其中		暂估价
								定额人工费	定额机械费	
109	011702013001	短肢剪力墙、电梯井壁（暗柱模板）	墙类型:暗柱模板	m²	6.15	59.52	366.05	180.81	6.21	
110	011702013002	短肢剪力墙、电梯井壁	墙类型:剪力墙	m²	278.88	59.5	16593.36	8199.07	281.67	
111	011702013003	短肢剪力墙、电梯井壁（连梁）	墙类型:连梁模板	m²	11.88	59.52	707.1	349.27	12	
112	011702013004	短肢剪力墙、电梯井壁（模板）	墙类型:剪力墙	m²	61.87	59.53	3683.12	1818.98	62.49	
113	011702014001	有梁板（模板）	支撑高度:3.6 m以内	m²	3535.98	55.24	195327.54	92819.48	4596.77	
114	011702014002	有梁板（模板）	(1)支撑高度:3.6 m以内 (2)阳台板	m²	73.81	55.24	4077.26	1937.51	95.95	
115	011702014003	有梁板（模板）	支撑高度:3.9 m	m²	283.39	55.25	15657.3	7438.99	371.24	
116	011702022001	天沟、挑檐	构件类型:飘窗顶板、底板	m²	200.74	28.22	5664.88	2989.02	172.64	
117	011702024001	楼梯模板	类型:直形楼梯	m²	58.67	137.01	8038.38	3956.7	367.27	
118	011702027001	台阶（模板）	台阶踏步宽:300 mm	m²	11.52	62.45	719.42	347.1	5.3	
119	011702029001	散水（模板）		m²	100.03	103.07	10310.09	4586.38	144.04	
120	WB011702039001	压顶（模板）	构件规格类型:300 mm×60 mm	m²	21.98	60.45	1328.69	677.64	36.93	
	A.17.3	垂直运输					166708.55	48760.53	52231.68	

安徽省建设工程造价计价软件测评合格编号:2018-JS-12

分部分项工程量清单计价表

标段：1号办公大厦项目

工程名称：建筑工程

序号	项目编码	项目名称	项目特征描述	计量单位	工程量	金额（元）				
						综合单价	合价	其中		
								定额人工费	定额机械费	暂估价
121	011703001001	建筑垂直运输	(1)建筑物建筑类型及结构形式:框架结构 (2)建筑物檐口高度、层数:14.85 m，地上4层，地下1层	m²	636.23	25.12	15982.1	229.04	12406.49	
122	011701002001	外脚手架	(1)搭设高度:15.3 m (2)脚手架材质:钢管	m²	1975.08	32.85	64881.38	24451.49	1046.79	
123	011705001001	大型机械设备进出场及安拆	(1)机械设备名称:塔式起重机 (2)机械设备规格型号:自升式	台次	1	79420.44	79420.44	22400	35803.38	
124	011705001002	大型机械设备进出场及安拆	(1)机械设备名称:履带式挖掘机 (2)机械设备规格型号:履带式挖掘机 1 m³以内	台次	1	6424.63	6424.63	1680	2975.02	

安徽省建设工程造价计价软件测评合格编号：2018-JS-12

分部分项工程量清单综合单价分析表（由于篇幅有限只展示部分）

工程名称：建筑工程

标段：1号办公大厦项目

项目编码	010501003001	项目名称	独立基础	计量单位	m³	工程量	65.33

清单综合单价组成明细

定额编码	定额项目名称	定额单位	数量	单价(元)				合价(元)			
				人工费	材料费	机械费	综合费	人工费	材料费	机械费	综合费
J2-6换	商品混凝土 独立基础及桩承台 换为【商品混凝土 C30(泵送)】	m³	1	34.9	675.57	0	7.24	34.9	675.55	0	7.24
人工单价			小计					34.9	675.55	0	7.24
175.4元/工日			未计价材料费						0		
清单项目综合单价(元)								717.69			

材料费明细	主要材料名称、规格、型号	单位	数量	单价(元)	合价(元)	暂估单价(元)	暂估合价(元)
	商品混凝土 C30(泵送)	m³	1.02	660	673.2	—	
	其他材料费			—	2.37	—	0
	材料费小计			—	675.57	—	0

措施项目清单与计价表

工程名称：建筑工程　　　　标段：1号办公大厦项目　　　　第 1 页 共 1 页

序号	项目编码	项目名称	计算基础	费率(%)	金额(元)
1	JC-01	夜间施工增加费	977239.22	0.5	4886.2
2	JC-02	二次搬运费	977239.22	1	9772.39
3	JC-03	冬雨季施工增加费	977239.22	0.8	7817.91
4	JC-04	已完工程及设备保护费	977239.22	0.1	977.24
5	JC-05	工程定位复测费	977239.22	1	9772.39
6	JC-06	非夜间施工照明费	977239.22	0.4	3908.96
7	JC-07	临时保护设施费	977239.22	0.2	1954.48
8	JC-08	赶工措施费	977239.22	2.2	21499.26
	合计				60588.83

安徽省建设工程造价计价软件测评合格编号：2018-JS-12

不可竞争项目清单与计价表

工程名称：建筑工程　　　　　　标段：1号办公大厦项目　　　　　　第1页 共1页

序号	项目编码	项目名称	计算基础	费率(%)	金额(元)
1	JF-01	环境保护费	977239.22	3.28	32053.45
2	JF-02	文明施工费	977239.22	5.12	50034.65
3	JF-03	安全施工费	977239.22	4.13	40359.98
4	JF-04	临时设施费	977239.22	8.1	79156.38
5	JF-05	环境保护税			
	合计				201604.46

安徽省建设工程造价计价软件测评合格编号：2018-JS-12

其他项目清单与计价汇总表

工程名称：建筑工程　　　　　标段：1号办公大厦项目　　　　第 1 页 共 1 页

序号	项目名称	金额（元）
1	暂列金额	1000000
2	专业工程暂估价	800000
3	计日工	12800
4	总承包服务费	
	合计	1812800

安徽省建设工程造价计价软件测评合格编号：2018-JS-12

暂列金额明细表

工程名称:建筑工程　　　　　　　　标段:1号办公大厦项目　　　　　第 1 页 共 1 页

序号	项目名称	计量单位	暂定金额(元)	备注
1	暂估工程价	项	1000000	
合计			1000000	—

说明:此表由招标人填写,如不能详列,也可只列暂列金额总额,投标人应将上述暂列金额计入投标总价中。

安徽省建设工程造价计价软件测评合格编号:2018-JS-12

专业工程暂估价计价表

工程名称:建筑工程　　　　　标段:1号办公大厦项目　　　　　第 1 页 共 1 页

序号	工程名称	工程内容	金额(元)	备注
1	玻璃幕墙工程	玻璃幕墙工程(含预埋件)	800000	
	合计		800000	

说明:此表中"金额"由招标人填写。投标时,投标人应按招标人所列金额计入投标总价中,结算时按合同约定结算金额填写。

安徽省建设工程造价计价软件测评合格编号:2018-JS-12

计 日 工 表

工程名称：建筑工程　　　　　　　标段：1号办公大厦项目　　　　　　　第 1 页 共 1 页

编码	项目名称	单位	数量	综合单价	合价(元)
一	人工				
1	木工	工日	10	250	2500
2	瓦工	工日	10	300	3000
3	钢筋工	工日	10	280	2800
	人工费小计				8300
二	材料				
1	黄砂(中粗)	t	5	200	1000
2	水泥	t	5	500	2500
	材料费小计				3500
三	施工机械				
1	载重汽车	台班	1	1000	1000
	施工机械费小计				1000
	合计				12800

说明：此表项目名称、数量由招标人填写，编制最高投标限价时，综合单价由招标人按有关计价规定确定；投标时，综合单价由投标人自主报价，按招标人所列数量计算合价计入投标总价中。结算时，按发承包双方确认的实际数量计算。

安徽省建设工程造价计价软件测评合格编号：2018-JS-12

税金计价表

工程名称:建筑工程　　　　　　　标段:1号办公大厦项目　　　　　　　第1页 共1页

序号	项目名称	计算基础	计算基数	费率(%)	金额(元)
1	增值税	分部分项工程项目费+措施项目费+不可竞争费+其他项目费–分部分项税后独立费合计	7561415.48	9	680527.39
	合计				680527.39

安徽省建设工程造价计价软件测评合格编号:2018-JS-12

材料（工程设备）暂估单价一览表

工程名称:建筑工程　　　　　　标段:1号办公大厦项目　　　　　　第 1 页 共 1 页

序号	材料(工程设备)名称、规格、型号	计量单位	数量	单价(元)
1	内墙面砖 200 mm×300 mm	m²	757.00976	60
2	外墙面砖 200 mm×300 mm	m²	1170.069763	80
3	地砖 800 mm×800 mm 以内	m²	1624.667625	100
4	地砖 400 mm×400 mm 防滑地砖	m²	270.0096	80
5	石材 800 mm×800 mm	m²	957.607445	200
6	石材板(综合)	m²	18.072576	240

说明:此表由招标人填写,投标人应将上述材料(工程设备)暂估单价计入工程量清单综合单价报价中。

安徽省建设工程造价计价软件测评合格编号:2018-JS-12

发包人提供材料(工程设备) 一览表

工程名称:建筑工程　　　　　标段:1号办公大厦项目　　　　第 1 页 共 1 页

序号	材料(工程设备)名称、规格、型号	计量单位	数量	单价(元)	合价(元)	备注
1	商品混凝土 C15(泵送)	m³	160.870895	580	93305.12	
2	商品混凝土 C25(泵送)	m³	42.598857	640	27263.27	
3	商品抗渗混凝土 C30 P6	m³	459.437481	675	310120.3	
4	商品混凝土 C30(泵送)	m³	859.639083	660	567361.79	

说明:此表由招标人填写,供投标人在投标报价、确定总承包服务费时参考。

安徽省建设工程造价计价软件测评合格编号:2018-JS-12

人材机汇总表

工程名称:建筑工程　　　　　　　　　　标段:1号办公大厦项目　　　　第1页 共6页

序号	材料名称及规格型号	单位	材料量	单价(元)			合价(元)			备注
				定额价	市场价	价差	定额价	市场价	价差	
1	综合工日	工日	6347.959	140	175.4	35.4	888714.21	1113431.95	224717.74	
2	综合工日(建筑工程)	工日	14.599	31	31		452.56	452.56		
3	综合工日(装饰工程)	工日	3.456	31	31		107.13	107.13		
4	其他材料费	元	20397.254	1	1		20397.25	20397.25		
5	其他材料费占材料费	元	0.173	1	1		0.17	0.17		
6	型钢	kg	181.221	3.7	4.571	0.871	670.52	828.36	157.84	
7	钢筋(综合)	kg	33.744	3.45	3.45		116.42	116.42		
8	螺纹钢筋HRB400	t	53.02	3500	5146.28	1646.28	185568.6	272853.71	87285.11	
9	螺纹钢筋HRB400	kg	160.566	3.5	6.434	2.934	561.98	1033.08	471.1	
10	螺纹钢筋HRB335	t	0.088	3400	6079.95	2679.95	298.25	533.33	235.09	
11	螺纹钢筋HRB400	t	124.584	3500	4678.11	1178.11	436043.37	582816.81	146773.44	
12	镀锌铁丝	kg	31.025	3.57	5.14	1.57	110.76	159.47	48.71	
13	镀锌铁丝	kg	65	3.57	5.14	1.57	232.05	334.1	102.05	
14	镀锌铁丝	kg	836.611	3.57	4.06	0.49	2986.7	3396.64	409.94	
15	镀锌铁丝	kg	120.282	3.57	3.96	0.39	429.41	476.32	46.91	
16	圆钢	t	6.634	3400	5196.81	1796.81	22555.87	34476.05	11920.18	
17	圆钢	t	0.288	3400	4625.9	1225.9	977.98	1330.59	352.62	
18	铜丝	kg	11.342	46.93	46.93		532.27	532.27		
19	角铝	m	110.122	2.59	2.59		285.22	285.22		
20	塑料薄膜	m²	971.477	0.2	0.2		194.3	194.3		
21	棉纱头	kg	47.261	6	6		283.57	283.57		
22	草袋	m²	30	2.2	1.75	−0.45	66	52.5	−13.5	
23	铆钉	个	1725.996	0.06	0.06		103.56	103.56		
24	钢钉	kg	1.859	7.69	7.69		14.3	14.3		
25	配套穿心螺丝	套	1531.486	0.16	0.16		245.04	245.04		
26	配套穿心螺丝	套	234.734	0.35	0.35		82.16	82.16		
27	不锈钢带帽螺栓	套	27.511	0.4	0.4		11	11		
28	带帽螺栓	套	64	0.75	0.91	0.16	48	58.24	10.24	

编制日期:2022-5-7　　　　　　安徽省建设工程造价计价软件测评合格编号:2018-JS-12

人材机汇总表

工程名称：建筑工程　　　　　　　　　标段：1号办公大厦项目　　　　第2页 共6页

序号	材料名称及规格型号	单位	材料量	单价(元)			合价(元)			备注
				定额价	市场价	价差	定额价	市场价	价差	
29	对拉螺栓	kg	2325.422	7.69	7.69		17882.49	17882.49		
30	膨胀螺栓	套	452.504	0.58	0.58		262.45	262.45		
31	膨胀螺栓	套	153.355	0.3	0.3		46.01	46.01		
32	膨胀螺栓	套	167.662	1.1	1.1		184.43	184.43		
33	镀锌膨胀头组	只	1531.486	0.66	0.66		1010.78	1010.78		
34	镀锌膨胀头组	只	234.734	0.9	0.9		211.26	211.26		
35	不锈钢单爪件	套	0.665	80	80		53.22	53.22		
36	不锈钢双爪件	套	5.073	140	140		710.19	710.19		
37	不锈钢四爪件	套	8.787	200	200		1757.45	1757.45		
38	不锈钢焊条	kg	26.066	38.46	38.46		1002.51	1002.51		
39	电焊条	kg	446.8	5.98	5.98		2671.86	2671.86		
40	石料切割锯片	片	17.62	39	39		687.18	687.18		
41	铁砂布	张	0.451	0.85	0.85		0.38	0.38		
42	合金钢钻头	个	2.569	7.8	7.8		20.04	20.04		
43	合金钢钻头	个	9.561	11	11		105.17	105.17		
44	锯条（各种规格）	根	3.255	0.62	0.62		2.02	2.02		
45	铁钉	kg	751.178	3.56	3.56		2674.19	2674.19		
46	铸铁花片	m²	30.33	140	140		4246.19	4246.19		
47	零星卡具	kg	895.925	5.56	5.56		4981.34	4981.34		
48	支撑卡	个	295.587	0.3	0.3		88.68	88.68		
49	镀锌丝杆	kg	375.903	4.8	4.8		1804.34	1804.34		
50	镦粗直螺纹接头	个	3082.44	7.48	7.48		23056.65	23056.65		
51	水泥	kg	220409.486	0.29	0.5	0.21	63918.75	110204.74	46285.99	
52	水泥	kg	7405.568	0.29	0.5	0.21	2147.61	3702.78	1555.17	
53	白水泥	kg	597.966	0.78	0.584	-0.196	466.41	349.21	-117.2	
54	中(粗)砂	t	692.53	87	165.05	78.05	60250.13	114302.12	54051.99	
55	中(粗)砂	t	16.216	87	208.74	121.74	1410.82	3385	1974.18	
56	碎石	t	813.705	106.8	177.67	70.87	86903.71	144571	57667.29	
57	石膏腻子	t	3.467	450	450		1560.07	1560.07		
58	石灰膏	t	0.079	195.01	587.39	392.38	15.39	46.36	30.97	
59	标准砖	百块	255.685	41.45	41.45		10598.14	10598.14		

编制日期:2022-5-7　　　　　　　安徽省建设工程造价计价软件测评合格编号:2018-JS-12

人材机汇总表

工程名称：建筑工程　　　　　　　标段：1号办公大厦项目　　　　第 3 页 共 6 页

序号	材料名称及规格型号	单位	材料量	单价（元）			合价（元）			备注
				定额价	市场价	价差	定额价	市场价	价差	
60	空心砌块	块	6348.925	0.62	0.62		3936.33	3936.33		
61	空心砌块	块	8281.206	2.7	2.7		22359.26	22359.26		
62	空心砌块	块	29806.821	5.5	5.5		163937.51	163937.51		
63	水泥	kg	192.218	0.23	0.5	0.27	44.21	96.11	51.9	
64	工程用材	m³	1.03	2250	2250		2316.73	2316.73		
65	木方	m³	0.034	1675.21	1675.21		57.11	57.11		
66	枕木	m³	0.09	1230.77	1220.58	-10.19	110.77	109.85	-0.92	
67	垫木	m³	0.316	2350	2515.68	165.68	742.63	794.99	52.36	
68	竹笆	m²	625.31	8.55	8.55		5346.4	5346.4		
69	钢化玻璃	m²	6.048	50.43	112.03	61.6	305	677.56	372.56	
70	夹胶钢化玻璃	m²	28.552	240	282.32	42.32	6852.38	8060.69	1208.3	
71	内墙面砖	m²	757.01	60	60		45420.59	45420.59		
72	外墙面砖	m²	1170.07	80	80		93605.58	93605.58		
73	地砖	m²	1624.668	100	100		162466.76	162466.76		
74	地砖	m²	270.01	80	80		21600.77	21600.77		
75	石材	m²	957.607	200	200		191521.49	191521.49		
76	石材板（综合）	m²	18.073	240	240		4337.42	4337.42		
77	铝合金条板	m²	1167.8	89.74	97.22	7.48	104798.33	113533.47	8735.14	
78	穿心龙骨	m	67.657	2.8	2.8		189.44	189.44		
79	轻钢龙骨	m	137.707	7.84	5.4	-2.44	1079.62	743.62	-336.01	
80	轻钢龙骨	m	386.818	9.37	6.73	-2.64	3624.48	2603.28	-1021.2	
81	50轻钢副龙骨	m	5706.313	4.6	3.11	-1.49	26249.04	17746.63	-8502.41	
82	50轻钢主龙骨	m	1743.761	5.6	5.6		9765.06	9765.06		
83	生石灰	kg	4455.258	0.17	0.587	0.417	757.39	2615.24	1857.84	
84	铝合金T形次龙骨	m	306.842	2.7	2.7		828.47	828.47		
85	铝合金T形主龙骨	m	322.866	3.9	3.9		1259.18	1259.18		
86	50主龙骨连接件	个	74.307	0.35	0.35		26.01	26.01		
87	C38主吊件	个	1531.486	0.36	0.36		551.33	551.33		
88	C50不上人型主吊件	个	234.734	0.45	0.45		105.63	105.63		
89	T形主龙骨挂件	个	333.845	0.3	0.3		100.15	100.15		

编制日期：2022-5-7　　　　　　安徽省建设工程造价计价软件测评合格编号：2018-JS-12

人材机汇总表

工程名称：建筑工程　　　　　　　　标段：1号办公大厦项目　　　　第4页 共6页

序号	材料名称及规格型号	单位	材料量	单价（元）			合价（元）			备注
				定额价	市场价	价差	定额价	市场价	价差	
90	连接件	个	9547.929	0.3	0.3		2864.38	2864.38		
91	成品固定窗	m²	54	150	400	250	8100	21600	13500	
92	成品平开门	m²	213.696	496	500	4	105993.22	106848	854.78	
93	成品推拉窗(含玻璃)	m²	277.125	444	500	56	123043.55	138562.56	15519.01	
94	钢质防火门(成品)	m²	8.82	446.59	600	153.41	3938.92	5292	1353.08	
95	全玻旋转门	樘	1	30000	30000		30000	30000		
96	钢压条	kg	30.991	5	5		154.95	154.95		
97	乳胶漆面漆	kg	1690.909	14	14		23672.73	23672.73		
98	外墙弹性乳胶漆	kg	43.68	25	25		1092	1092		
99	单组分聚氨酯防水涂料	kg	1243.784	15.88	15.88		19751.3	19751.3		
100	防锈漆	kg	102.092	5.62	6.37	0.75	573.76	650.33	76.57	
101	SBS改性沥青卷材	m²	1474.528	22	22		32439.62	32439.62		
102	SBS封口油膏	kg	68.179	6.84	6.84		466.35	466.35		
103	油膏	kg	110.029	1.9	1.9		209.05	209.05		
104	油漆溶剂油	kg	11.673	2.62	2.62		30.58	30.58		
105	色粉	kg	3.908	7.91	7.91		30.91	30.91		
106	草酸	kg	0.147	6.9	6.9		1.02	1.02		
107	APP及SBS基层处理剂	kg	193.381	7.8	7.8		1508.37	1508.37		
108	界面剂	kg	389.799	1.54	1.54		600.29	600.29		
109	氩气	m³	67.517	19.59	19.59		1322.66	1322.66		
110	氧气	m³	1.128	3.63	3.63		4.09	4.09		
111	乙炔气	m³	2.111	11.48	11.48		24.23	24.23		
112	108胶	kg	1090.619	2	2		2181.24	2181.24		
113	黏结剂	kg	12266.222	2.88	2.88		35326.72	35326.72		
114	玻璃胶	支	51.84	7.8	7.8		404.35	404.35		
115	改性沥青黏结剂	kg	1642.497	7.5	7.5		12318.72	12318.72		
116	矿棉板	m²	178.991	21.17	30.98	9.81	3789.25	5545.15	1755.91	
117	聚苯板	m³	162.488	450	553.13	103.13	73119.43	89876.78	16757.35	

编制日期：2022-5-7　　　　　　　安徽省建设工程造价计价软件测评合格编号：2018-JS-12

人材机汇总表

工程名称:建筑工程　　　　　　　标段:1号办公大厦项目　　　　　　第5页 共6页

序号	材料名称及规格型号	单位	材料量	单价(元)			合价(元)			备注
				定额价	市场价	价差	定额价	市场价	价差	
118	钢管	kg	176.615	4.06	4.06		717.06	717.06		
119	钢管	kg	2532.369	4.43	4.186	−0.244	11218.39	10600.49	−617.9	
120	不锈钢管	kg	2043.539	11.5	11.5		23500.7	23500.7		
121	不锈钢管	只	27.511	2.16	2.16		59.42	59.42		
122	不锈钢弯头	个	45.358	24	24		1088.6	1088.6		
123	不锈钢弯头	个	1.454	15	15		21.82	21.82		
124	不锈钢法兰盖	个	422.482	4	4		1689.93	1689.93		
125	水	m³	3.097	1.34	1.34		4.15	4.15		
126	黏土	m³	17.427	12.19	12.19		212.44	212.44		
127	插接件	个	3770.324	0.4	0.4		1508.13	1508.13		
128	1.2 mm厚专用美纹纸	m	166.32	0.15	0.15		24.95	24.95		
129	钢支撑	kg	12.177	3.5	3.5		42.62	42.62		
130	锯木屑	m³	15.534	14.86	14.86		230.84	230.84		
131	电	kW·h	638.519	0.68	0.68		434.19	434.19		
132	水	m³	1082.986	7.96	7.96		8620.57	8620.57		
133	复合木模板	m²	1576.085	29.06	33.63	4.57	45801.03	53003.74	7202.71	
134	模板木材	m³	1.897	1880.34	2141.7	261.36	3566.82	4062.6	495.77	
135	钢扣件	kg	584.426	5.7	5.7		3331.23	3331.23		
136	钢支撑及扣件	kg	2318.404	4.78	4.78		11081.97	11081.97		
137	梁卡具	kg	121.856	4.2	4.2		511.8	511.8		
138	木支撑	m³	7.196	1631.34	1631.34		11739.22	11739.22		
139	密目网	m²	779.762	6.84	6.84		5333.57	5333.57		
140	石膏砂浆	t	19.53	370	370		7226.03	7226.03		
141	混合砂浆	m³	56.857	244.44	244.44		13898.24	13898.24		
142	垫层	m³	65.815	109.97	109.97		7237.68	7237.68		
143	商品混凝土	m³	160.871	326.48	580	253.52	52521.13	93305.12	40783.99	
144	商品混凝土	m³	42.599	389.11	640	250.89	16575.64	27263.27	10687.63	
145	商品混凝土	m³	859.639	403.82	660	256.18	347139.45	567361.79	220222.34	
146	商品抗渗混凝土P6	m³	459.437	472	675	203	216854.49	310120.3	93265.81	

编制日期:2022-5-7　　　　　　　安徽省建设工程造价计价软件测评合格编号:2018-JS-12

人材机汇总表

工程名称:建筑工程　　　　　　　　　标段:1号办公大厦项目　　　　　第6页 共6页

序号	材料名称及规格型号	单位	材料量	单价(元)			合价(元)			备注
				定额价	市场价	价差	定额价	市场价	价差	
147	商品混凝土	m³	5.846	198.89	580	381.11	1162.69	3390.62	2227.93	
148	塑料排水管	m	58.984	22.14	22.14		1305.91	1305.91		
149	塑料排水管电熔直接	个	15.325	2	2		30.65	30.65		
150	电	kW•h	10.959	0.52	0.52		5.7	5.7		
151	抛光机	台班	9.041	27.33	27.33		247.09	247.09		
152	电动切割机	台班	4.846	12.1	12.1		58.64	58.64		
153	电熔焊接机	台班	0.653	26.81	26.81		17.52	17.52		
154	其他机械费	元	6889.852	1	1		6889.85	6889.85		
155	自升式塔式起重机	台班	0.5	1001.14	1001.14		500.57	500.57		
156	履带式挖掘机	台班	0.5	1142.21	1142.21		571.11	571.11		
157	回程费占以上费用	元	5660.511	1	1		5660.51	5660.51		
158	折旧费	元	19554.588	1	1		19554.59	19554.59		
159	检修费	元	5368.855	1	1		5368.85	5368.85		
160	维护费	元	14364.203	1	1		14364.2	14364.2		
161	安拆费及场外运费	元	2453.981	1	1		2453.98	2453.98		
162	其他费	元	1768.607	1	1		1768.61	1768.61		
163	人工	工日	397.648	140	140		55670.76	55670.76		
164	汽油	kg	330.827	6.769	6.769		2239.37	2239.37		
165	柴油	kg	4764.263	5.923	5.923		28218.73	28218.73		
166	电	kW•h	10805.971	0.68	0.68		7348.06	7348.06		
167	混凝土振捣器	台班	0.369	12.33	12.33		4.54	4.54		
168	机械费调整	元	-0.049	1	1		-0.05	-0.05		
169	D安拆费及场外运费	元	1.551	1	1		1.55	1.55		
170	D大修理费	元	0.568	1	1		0.57	0.57		
171	D经常修理费	元	2.641	1	1		2.64	2.64		
172	D折旧费	元	2.542	1	1		2.54	2.54		
	合计						4155716.56	5216184.97	1060468.4	

编制日期:2022-5-7　　　　　　　　安徽省建设工程造价计价软件测评合格编号:2018-JS-12